W0258688

Teubner Studienbücher

Physik/Chemie

Becher/Böhm/Joos: **Eichtheorien der starken und elektroschwachen Wechselwirkung.** 2. Aufl. DM 38,–

Bourne/Kendall: **Vektoranalysis.** 2. Aufl. DM 26,80

Daniel: **Beschleuniger.** DM 26,80

Elschenbroich/Salzer: **Organometallchemie.** DM 42,–

Engelke: **Aufbau der Moleküle.** DM 38,–

Goetzberger/Wittwer: **Sonnenenergie.** DM 24,80

Gross/Runge: **Vielteilchentheorie.** DM 38,–

Großer: **Einführung in die Teilchenoptik.** DM 23,80

Großmann: **Mathematischer Einführungskurs für die Physik.** 4. Aufl. DM 32,–

Heil/Kitzka: **Grundkurs Theoretische Mechanik.** DM 39,–

Heinloth: **Energie.** DM 39,80

Kamke/Krämer: **Physikalische Grundlagen der Maßeinheiten.** DM 21,80

Kleinknecht: **Detektoren für Teilchenstrahlung.** 2. Aufl. DM 28,80

Kneubühl: **Repetitorium der Physik.** 3. Aufl. DM 46,–

Kneubühl/Sigrist: **Laser.** DM 42,–

Kopitzki: **Einführung in die Festkörperphysik.** DM 34,–

Kröger/Unbehauen: **Technische Elektrodynamik.** DM 39,80

Kunze: **Physikalische Meßmethoden.** DM 24,80

Lautz: **Elektromagnetische Felder.** 3. Aufl. DM 29,80

Lindner: **Drehimpulse in der Quantenmechanik.** DM 26,80

Lohrmann: **Einführung in die Elementarteilchenphysik.** DM 24,80

Lohrmann: **Hochenergiephysik.** 3. Aufl. DM 34,–

Mayer-Kuckuk: **Atomphysik.** 3. Aufl. DM 34,–

Mayer-Kuckuk: **Kernphysik.** 4. Aufl. DM 36,–

Mommsen: **Archäometrie.** DM 38,–

Neuert: **Atomare Stoßprozesse.** DM 26,80

Nolting: **Quantentheorie des Magnetismus**
Teil 1: Grundlagen. DM 34,–
Teil 2: Modelle. DM 34,–

Primas/Müller-Herold: **Elementare Quantenchemie.** DM 39,–

Raeder u. a.: **Kontrollierte Kernfusion.** DM 38,–

Rohe: **Elektronik für Physiker.** 3. Aufl. DM 27,80

Rohe/Kamke: **Digitalelektronik.** DM 26,80

Schatz/Weidinger: **Nukleare Festkörperphysik.** DM 29,80

Schmidt: **Meßelektronik in der Kernphysik.** DM 24,80

Fortsetzung auf der 3. Umschlagseite

Vektoranalysis

Von Dr. Donald E. BOURNE
Universität Sheffield

und Prof. Peter C. KENDALL
Universität Sheffield

Aus dem Englischen übersetzt von
Dr. rer. nat. I. Fuchs, Langerwehe

2., überarbeitete und erweiterte Auflage
Mit 102 Figuren, 251 Aufgaben
und zahlreichen Beispielen

B. G. Teubner Stuttgart 1988

Dr. Donald E. Bourne

Geboren 1932 in Yorkshire, England. 1952 bis 1957 Studium der Mathematik an der Universität Sheffield. Von 1957 bis 1968 Lecturer in Mathematics an der Universität Sheffield. Seit 1968 Senior Lecturer in Applied Mathematics an der Universität Sheffield.

Prof. Peter C. Kendall

Geboren 1934 in Yorkshire, England. 1952 bis 1958 Studium am Queen Mary College der Universität London. Von 1958 bis 1963 Lecturer in Applied Mathematics am Bedford College der Universität London. Von 1963 bis 1965 Lecturer in Applied Mathematics an der Universität Sheffield. Von 1965 bis 1973 Professor of Applied Mathematics an der Universität Sheffield. Von 1973 bis 1983 Professor of Applied Mathematics an der Universität Keele. Seit 1983 Independent Research Consultant in Electronics an der Universität Sheffield.

CIP-Titelaufnahme der Deutschen Bibliothek

Bourne, Donald E.:
Vektoranalysis / von Donald E. Bourne u. Peter C. Kendall.
Aus d. Engl. übers. von I. Fuchs. – 2., überarb. u. erw. Aufl. –
Stuttgart: Teubner, 1988
(Teubner-Studienbücher: Mathematik)
ISBN 978-3-519-12044-5 ISBN 978-3-322-94056-8 (eBook)
DOI 10.1007/978-3-322-94056-8

NE: Kendall, Peter C.:

Satz: Schmitt u. Köhler, Würzburg
Umschlaggestaltung: W. Koch, Sindelfingen

Vorwort

Bücher über Vektoranalysis beginnen üblicherweise mit der Definition eines Vektors als Äquivalenzklasse gerichteter Strecken – oder weniger genau, als Größe, die sowohl eine Richtung als auch eine Länge hat. Diese Einführung ist wegen ihres einfach erscheinenden Konzeptes einprägsam, aber sie führt zu logischen Schwierigkeiten, die nur durch sorgfältiges Vorgehen gelöst werden können. Folgerichtig haben Studenten oft Probleme, die Anfänge der Vektoranalysis vollständig zu verstehen und verlieren schnell an Vertrauen. Eine andere Unzulänglichkeit ist es, daß bei der weiteren Entwicklung häufig auf die geometrische Anschauung zurückgegriffen wird und viel Sorgfalt nötig ist, um analytische Zusammenhänge nicht zu verwischen oder zu übersehen. So wird z.B. selten klar, daß bei der Definition des Gradienten eines Skalarfeldes, der Divergenz oder der Rotation eines Vektorfeldes vorausgesetzt werden muß, daß die Felder stetig differenzierbar sind und daß die bloße Existenz der partiellen Ableitungen erster Ordnung unzureichend ist.
Der Einstieg in die Vektoranalysis, der in diesem Band gewählt wurde, basiert auf der Definition eines Vektors mit Hilfe rechtwinkliger kartesischer Komponenten, die bei einer Änderung der Achsen vorgegebene Transformationsgesetze erfüllen. Dieser Einstieg wurde seit 10 Jahren erfolgreich in Anfängervorlesungen für Mathematiker und andere Naturwissenschaftler benutzt und bietet einige Vorteile. Regeln zur Addition und Subtraktion von Vektoren, zur Berechnung des Skalar- und Vektorproduktes und zum Differenzieren sind schnell greifbar und die Möglichkeit, Vektoren so einfach zu handhaben, gibt den Studenten unmittelbares Zutrauen. Der spätere Einstieg in die Theorie der Vektorfelder erscheint natürlich, da Gradient, Divergenz und Rotation in ihrer Koordinatenform definiert sind. Dabei werden die anderen, komplizierteren Definitionen über Grenzwerte von Integralen vermieden. Ein weiterer Vorteil der direkten Behandlung von Vektoren in Komponentenform ist es, daß die Studenten in einem späteren Stadium leicht zur Tensoranalysis übergehen können. Zu diesem Zeitpunkt erscheinen Tensoren als eine Erweiterung des Vektorbegriffes, und es ist nicht nötig, den Ausgangspunkt neu festzulegen.
Mit der Einführung des Vektors durch rechtwinklige kartesische Komponenten wird die intuitive Vorstellung vom Vektor als Größe mit Richtung und Länge nicht unterschlagen. Diese Beziehung folgt unmittelbar aus der Definition und ist sogar noch verstärkt, da beide, Länge und Richtung, exakte analytische Interpretationen erhalten. Das bekannte Parallelogrammgesetz der Addition folgt genauso einfach.
Die grundlegenden Ideen der Drehung eines rechtwinkligen kartesischen Koordinatensystems werden in Kapitel 1 entwickelt, beginnend mit dem Wissensstand eines Studenten im ersten Jahr. Das zweite und dritte Kapitel behandeln die Grundlagen der Vektoralgebra bzw. der Differentiation von Vektoren; als Vorbereitung der späteren Arbeit werden einige Anwendungen auf die Differentialgeometrie der Kurven gegeben.

Die Theorie der Vektorfelder beginnt im vierten Kapitel mit der Definition des Gradienten, der Divergenz und der Rotation. Wir zeigen außerdem in diesem Kapitel, wie krummlinige orthogonale Koordinatensysteme im Rahmen der rechtwinkligen kartesischen Theorie behandelt werden können.
Eine Abhandlung der Kurven-, Flächen- und Volumenintegrale wird in Kapitel 5 gegeben, die die Integralsätze von Gauß, Stokes und Green in Kapitel 6 vorbereitet. Der elementare Einstieg in die Vektoren, den wir gewählt haben, ermöglicht es, exakte Beweise zu geben, die trotzdem noch innerhalb der Fähigkeiten eines durchschnittlichen Studenten liegen. Kapitel 7 handelt von einigen Anwendungen der Vektoranalysis auf die Potentialtheorie, wobei wichtige Sätze bewiesen werden.
Kapitel 8 und 9 über kartesische Tensoren wurden in der zweiten Auflage als Antwort auf den Vorschlag eingefügt, daß es nützlich sei, alles, was ein Student in den Anfangssemestern über Vektor- und Tensoranalysis braucht, zwischen zwei Buchdeckeln zusammenzufassen. Das Anfügen dieses Stoffes wurde durch die Tatsache gefördert, daß die Einführung der Vektoren im Anfangskapitel ein Übertragen auf Tensoren folgerichtig erscheinen läßt. Kapitel 8 behandelt algebraische Grundlagen und Rechentechniken für kartesische Tensoren einschließlich einer Darstellung invarianter Tensoren zweiter, dritter und vierter Stufe. Kapitel 9 diskutiert kurz solche Eigenschaften von Tensoren zweiter Stufe, die in den letzten zwanzig Jahren in der Mechanik des Kontinuums an Bedeutung gewonnen haben. Einige Sätze über Invarianten und die Darstellung invarianter Tensorfunktionen werden bewiesen.
Wir danken herzlich für die vielen nützlichen Kommentare von Studenten und Kollegen, die mit der ersten Ausgabe gearbeitet haben. Dadurch wurde es uns möglich, den ursprünglichen Text noch zu verbessern. Wir bedanken uns besonders bei den Folgenden: Dr. G.T. Kneebone und Professor L. Mirsky für ihr frühes Interesse an der ersten Ausgabe und Professor A. Jeffrey und Thomas Nelson und Söhne Ltd., ohne die diese neue Ausgabe nicht erschienen wäre.

D.E. Bourne P.C. Kendall

Inhalt

Verzeichnis der wichtigsten Symbole

$\mathbf{a}$	Beschleunigung
$\hat{\mathbf{a}}$	Vektor der Länge 1 in Richtung $\mathbf{a}$
$a, \lvert\mathbf{a}\rvert$	Länge, Betrag bzw. Norm des Vektors $\mathbf{a}$
$\mathbf{a} = (a_1, a_2, a_3)$	Vektor $\mathbf{a}$ im Koordinatensystem Oxyz
$A = a_{ij\ldots}$	Tensor n-ter Stufe A im Koordinatensystem Oxyz
$\mathbf{a} \cdot \mathbf{b}$	Inneres Produkt der Vektoren $\mathbf{a}$ und $\mathbf{b}$
$\mathbf{a} \times \mathbf{b}$	Vektorprodukt der Vektoren $\mathbf{a}$ und $\mathbf{b}$
$\hat{\mathbf{B}}$	Binormaleneinheitsvektor
δ_{ij}	$= \begin{cases} 0 & \text{für } i \neq j \\ 1 & \phantom{\text{für }} i = j \end{cases}$ Kroneckersymbol
$\mathbf{e}_1, \mathbf{e}_2, \mathbf{e}_3$	Einheitsvektoren in rechtwinkligen kartesischen Koordinaten
$\mathbf{e}_R, \mathbf{e}_\varphi, \mathbf{e}_z$	Einheitsvektoren in Zylinderkoordinaten
$\mathbf{e}_r, \mathbf{e}_\vartheta, \mathbf{e}_\varphi$	Einheitsvektoren in sphärischen Polarkoordinaten
$\mathbf{e}_u, \mathbf{e}_v, \mathbf{e}_w$	Einheitsvektoren in allgemeinen krummlinigen Koordinaten
ε_{ijk}	$= \begin{cases} 0 & & i = j \text{ oder } j = k \text{ oder } k = i \\ 1 & \text{falls} & i, j, k \text{ zyklisch} \\ -1 & & \text{sonst} \end{cases}$
$\mathbf{i}, \mathbf{j}, \mathbf{k}$	Einheitsvektoren (1, 0, 0); (0, 1, 0); (0, 0, 1)
$\varkappa$	Krümmung
$\hat{\mathbf{N}}$	Hauptnormaleneinheitsvektor
$\mathbf{n}$	Normalenvektor an die Fläche S
Oxyz	Rechtwinkliges kartesisches Koordinatensystem mit dem Ursprung O
Ox, Oy, Oz	x-Achse, y-Achse und z-Achse
P (x, y, z)	Der Punkt P hat die Koordinaten x, y, z
R, φ, z	Zylinderkoordinaten
r, ϑ, φ	sphärische Polarkoordinaten
$\rho = \varkappa^{-1}$	Krümmungsradius
$\mathbf{r} = (x, y, z)$	Ortsvektor des Punktes P (x, y, z)
$\hat{\mathbf{T}}$	Tangenteneinheitsvektor
τ	Torsion
u, v, w	allgemeine krummlinige Koordinaten
$\mathbf{v}$	Geschwindigkeit
$T = (\ell_{ij})$	$= \begin{bmatrix} \ell_{11} & \ell_{12} & \ell_{13} \\ \ell_{21} & \ell_{22} & \ell_{23} \\ \ell_{31} & \ell_{32} & \ell_{33} \end{bmatrix}$ Transformationsmatrix für Drehungen

1. Rechtwinklige kartesische Koordinaten und Drehung der Achsen

1.1. Rechtwinklige kartesische Koordinaten

Von einem festen Punkt O, den wir Koordinatenursprung nennen werden, ziehe man (Fig. 1) drei feste Geraden Ox, Oy, Oz, die rechtwinklig zueinander stehen. Sie heißen x-Achse, y-Achse bzw. z-Achse; und sie werden gemeinsam rechtwinkliges kartesisches Koordinatensystem Oxyz genannt. Die Ebenen Oyz, Ozx und Oxy heißen Koordinatenebenen und werden mit yz-Ebene, zx-Ebene bzw. xy-Ebene bezeichnet.

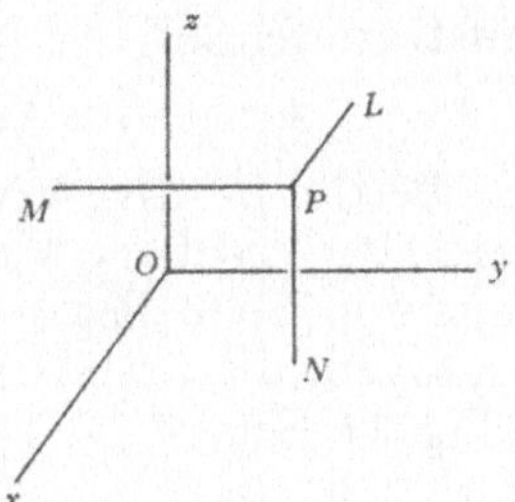

Fig. 1
Rechtwinklige kartesische Koordinaten

Es ist üblich, die Achsen so zu wählen, daß sie in der Reihenfolge Ox, Oy, Oz ein rechtsorientiertes oder rechtshändiges System bilden. Das bedeutet, daß für einen Beobachter, der entlang Oz schaut, der kleinere Bogen im Uhrzeigersinn von einem Punkt auf Ox zu einem Punkt auf Oy läuft. Fig. 2a stellt das dar[1]); Fig. 2b zeigt die Beziehung von Fig. 2a zur rechten Hand. Man beachte, daß für einen Beobachter, der entlang Ox schaut, der kleinere

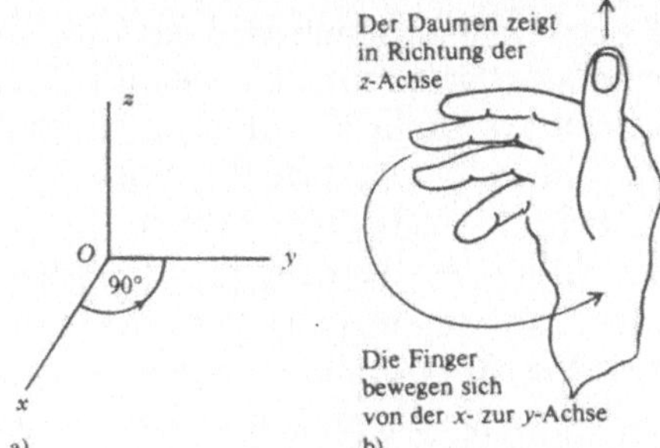

Fig. 2
a) Der Pfeil zeigt für einen Beobachter, der entlang OZ sieht, im Uhrzeigersinn
b) Die Beziehung zur rechten Hand

[1]) Diese Beziehung wird auch Rechtsschraubenregel genannt, denn wenn man eine Rechtsschraube von Ox nach Oy dreht, so wird sie in Oz-Richtung in die Wand getrieben.

Bogen von Oy nach Oz im Uhrzeigersinn verläuft; und für einen Beobachter, der entlang Oy sieht, läuft der kleinere Bogen von Oz nach Ox im Uhrzeigersinn.

Die drei Darstellungen, die von der Blickrichtung des Beobachters entlang den einzelnen Achsen ausgehen, zeigen die zyklische Symmetrie von x, y, z; d. h. wird in einer der drei Darstellungen x durch y, y durch z und z durch x ersetzt, so erhält man eine der anderen beiden Darstellungen. Das Ersetzen von x durch y, y durch z und z durch x heißt zyklische Vertauschung von x, y, z.

Die Lage eines Punktes P relativ zu einem gegebenen System rechtwinkliger kartesischer Koordinaten kann auf die folgende Weise angegeben werden. Man ziehe eine Parallele durch P zur x-Achse, die die yz-Ebene in L treffe. Sei

$$x = \pm \text{ Abstand von } P \text{ zu } L,$$

wobei das positive Vorzeichen genommen wird, wenn P auf der gleichen Seite der yz-Ebene wie Ox liegt, das negative Vorzeichen, wenn P auf der anderen Seite liegt. Analog werden Parallelen zur y- bzw. z-Achse gezogen, die jeweils auf die zx- bzw. xy-Ebene in M bzw. N treffen (Fig. 1). Sei

$$y = \pm \text{ Abstand von } P \text{ zu } M,$$
$$z = \pm \text{ Abstand von } P \text{ zu } N,$$

wobei das positive oder negative Vorzeichen von y gewählt wird, je nachdem, ob P auf der selben oder der entgegengesetzten Seite der zx-Ebene wie Oy liegt, und das positive oder negative Vorzeichen von z, je nachdem, ob P auf der selben oder der entgegengesetzten Seite der xy-Ebene wie Oz liegt. Die Zahlen x, y, z heißen die x-Koordinate, y-Koordinate bzw. z-Koordinate von P. Wir bezeichnen P auch als den Punkt (x, y, z).

Es ist leicht zu sehen, daß die Lage von P relativ zu den gegebenen Achsen eindeutig bestimmt ist, wenn x, y, z bekannt sind. Umgekehrt legt ein gegebener Punkt P seine Koordinaten eindeutig fest. Mit anderen Worten, es gibt eine ein-ein-deutige Zuordnung zwischen Punkten P und Tripeln (x, y, z) reeller Zahlen.

Abstand vom Ursprung. Um den Abstand von P zum Ursprung O zu bestimmen, konstruiere man den rechtwinkligen Quader, der PL, PM, PN als Kanten hat (Fig. 3). Wendet man den Satz von Pythagoras an, so erhält man

$$OP^2 = ON^2 + PN^2 = PL^2 + PM^2 + PN^2.$$

Da der senkrechte Abstand von P zu den Koordinatenebenen $|x|$, $|y|$, $|z|$ beträgt, folgt daraus

$$OP = \sqrt{(x^2 + y^2 + z^2)}. \tag{1.1}$$

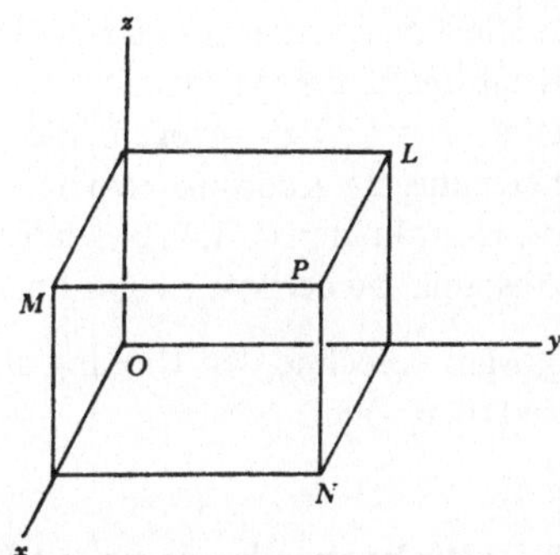

Fig. 3
Konstruktion zur Bestimmung des Abstandes OP

Abstand zweier Punkte. Den Abstand zwischen den Punkten P (x, y, z) und P′ (x′, y′, z′) kann man auf die folgende Weise bestimmen. Im Punkt P konstruiere man parallel zu den anfangs gegebenen Achsen Ox, Oy, Oz drei neue Koordinatenachsen PX, PY, PZ (Fig. 4). Die Koordinaten von P′ relativ zu diesen neuen Achsen seien X, Y, Z. Wie man leicht sehen kann, gilt

$$X = x' - x, \; Y = y' - y, \; Z = z' - z.$$

Wendet man das Ergebnis (1.1) an, so erhält man

$$PP' = \sqrt{(X^2 + Y^2 + Z^2)}.$$

Daraus folgt für die Größen des ursprünglichen Koordinatensystems

$$PP' = \sqrt{((x' - x)^2 + (y' - y)^2 + (z' - z)^2)}. \tag{1.2}$$

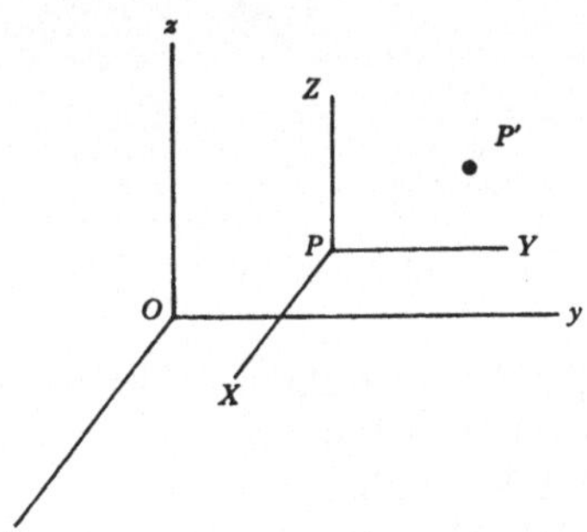

Fig. 4
Konstruktion zur Bestimmung von PP′

Übungsaufgaben. 1. Man suche die Punkte, deren Abstand vom Ursprung 5 Einheiten beträgt, und die sowohl von der xy- als auch von der zx-Ebene $2\sqrt{2}$ Einheiten entfernt sind.

2. Die Koordinaten des Punktes O′ relativ zu dem System rechtwinkliger kartesischer Koordinatenachsen Ox, Oy, Oz seien (1, 1, − 1). Durch O′ seien neue Achsen O′x′, O′y′, O′z′ gezogen, die jeweils parallel zu den alten Achsen sind. Man berechne die Koordinaten von O relativ zu dem neuen System. Ein Punkt P habe die Koordinaten (− 1, 2, 0) relativ zum neuen System. Man finde seinen senkrechten Abstand von der xy-, zx-, yz-Ebene.

3. Man berechne den Umfang des Dreiecks mit den Eckpunkten (1, 0, 0), (0, 1, 0) und (0, 0, 1).

1.2. Richtungskosinus und Richtungsparameter

Richtungskosinus. Sei OP eine Gerade, die von O (dem Ursprung) zu einem Punkt P läuft, und seien α, β, γ die Winkel, die OP mit Ox, Oy, Oz bildet (Fig. 5). Wir definieren cosα, cosβ, cosγ als R i c h t u n g s k o s i n u s von OP. Einfachheitshalber schreiben wir

$$\ell = \cos\alpha, \quad m = \cos\beta, \quad n = \cos\gamma. \tag{1.3}$$

Die Richtungskosinus der x-Achse z. B. sind 1, 0, 0.

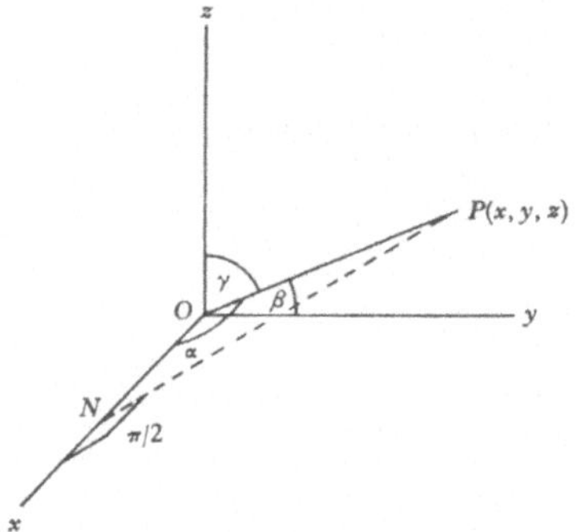

Fig. 5
Die Gerade OP bildet mit den Achsen die Winkel α, β, γ

Sei N der Fußpunkt der Senkrechten von P auf die x-Achse, sei OP = r und habe P die Koordinaten (x, y, z). Dann erhalten wir aus dem Dreieck OPN die Beziehung ON = |x| = r |cosα|. Ist α ein spitzer Winkel, so sind sowohl x als auch cosα positiv; cosα und x sind dagegen beide negativ, wenn α ein stumpfer Winkel ist. Daraus folgt x = r cosα, und ebenso können wir zeigen, daß y = r cosβ und z = r cosγ gilt. Für die Richtungskosinus von OP erhalten wir also

$$\ell = x/r, \quad m = y/r, \quad n = z/r. \tag{1.4}$$

Da $r^2 = x^2 + y^2 + z^2$, folgt daraus

$$\ell^2 + m^2 + n^2 = 1. \tag{1.5}$$

Das zeigt, daß die Richtungskosinus einer Geraden nicht unabhängig voneinander sind, sie müssen (1.5) erfüllen.
Läuft eine Gerade L nicht durch den Ursprung, so werden ihr die gleichen Richtungskosinus zugeordnet wie der Parallelen durch den Ursprung, die die gleiche Richtung wie L hat.

Richtungsparameter. Erfüllen drei Zahlen a, b, c die Gleichung

$$a : b : c = \ell : m : n, \tag{1.6}$$

so werden sie Richtungsparameter von OP genannt. Gilt (1.6), so folgt

$$\ell = a/d, \quad m = b/d, \quad n = c/d, \tag{1.7}$$

und Einsetzen in Gleichung (1.5) liefert

$$d = \pm \sqrt{(a^2 + b^2 + c^2)}. \tag{1.8}$$

Die Freiheit der Vorzeichenwahl in (1.8) bedeutet, daß gegebenen Richtungsparametern zwei mögliche Tripel von Richtungskosinus entsprechen. Sie beziehen sich auf parallele Geraden, die in entgegengesetzter Richtung laufen.

Übungsaufgaben. 4. Man berechne die Richtungskosinus der Geraden, die vom Ursprung zum Punkt (6, 2, 5) läuft.

5. Eine Gerade bilde mit der x-Achse und mit der y-Achse einen Winkel von 60° und neige sich von der z-Achse in einem stumpfen Winkel. Man zeige, daß ihre Richtungskosinus $1/2, 1/2, -(1/2)\sqrt{2}$ sind und schreibe den Winkel auf, den sie mit der z-Achse bildet.

1.3. Der Winkel zwischen Geraden durch den Ursprung

Gegeben seien zwei Geraden OA und OA′ mit Richtungskosinus ℓ, m, n und ℓ', m′, n′. Um den Winkel ϑ zwischen ihnen zu bestimmen, wähle man (oder konstruiere, falls notwendig) die Punkte B, B′ auf OA und OA′, so daß OB = OB′ = 1 ist (Fig. 6). Aus Gleichung (1.4) erhält man dann, da r = 1, als Koordinaten von B und B′ die Tripel (ℓ, m, n) und (ℓ', m′, n′). Wendet man im Dreieck OBB′ den Kosinussatz an, so gilt

$$\cos\vartheta = \frac{OB^2 + OB'^2 - BB'^2}{2OB \cdot OB'} = 1 - \frac{1}{2} BB'^2.$$

Aus (1.2) folgt

$$\begin{aligned} BB'^2 &= (\ell' - \ell)^2 + (m' - m)^2 + (n' - n)^2 \\ &= (\ell'^2 + m'^2 + n'^2) + (\ell^2 + m^2 + n^2) - 2(\ell\ell' + mm' + nn'). \end{aligned}$$

Nutzt man $\ell^2 + m^2 + n^2 = 1$ und $\ell'^2 + m'^2 + n'^2 = 1$ aus, so erhält man

$$\cos\vartheta = \ell\ell' + mm' + nn'. \tag{1.9}$$

Man beachte, daß wegen $\cos(2\pi - \vartheta) = \cos\vartheta$, Gleichung (1.9) auch noch gilt, wenn der Winkel zwischen OA und OA′ als $2\pi - \vartheta$ gewählt wird.

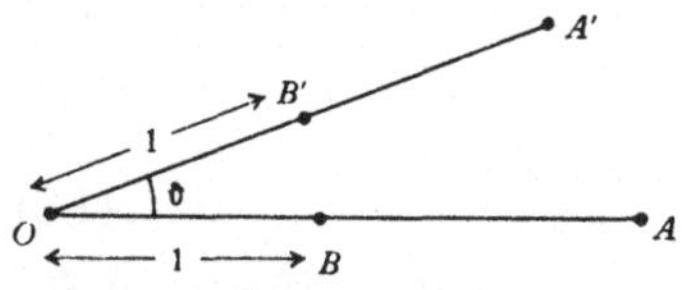

Fig. 6

Bedingung dafür, daß Geraden senkrecht aufeinander stehen. Zwei Geraden durch den Ursprung stehen genau dann senkrecht aufeinander, wenn gilt

$$\ell\ell' + mm' + nn' = 0. \tag{1.10}$$

Beweis. Die beiden Geraden OA und OA′ sind genau dann rechtwinklig zueinander, wenn $\vartheta = (1/2)\pi$ oder $\vartheta = (3/2)\pi$ ist, d. h. genau dann, wenn $\cos\vartheta = 0$ gilt. Die Behauptung folgt nun aus (1.9).

Übungsaufgabe. 6. Man berechne den Winkel zwischen zwei beliebigen Diagonalen eines Würfels.

Hinweis. Man wähle geeignete Achsen mit dem Ursprung im Mittelpunkt des Würfels.

1.4. Rechtwinklige Projektion einer Geraden auf eine andere

Seien OP und OA Geraden, die sich im Winkel ϑ schneiden. Dann definieren wir als rechtwinklige Projektion von OP auf OA die Strecke OP $\cos\vartheta$ (Fig. 7).

Man beachte: Ist N der Fußpunkt der Senkrechten von P auf OA (er liegt gegebenenfalls unterhalb von O oder oberhalb von A), so gilt $ON = OP\,|\cos\vartheta|$.

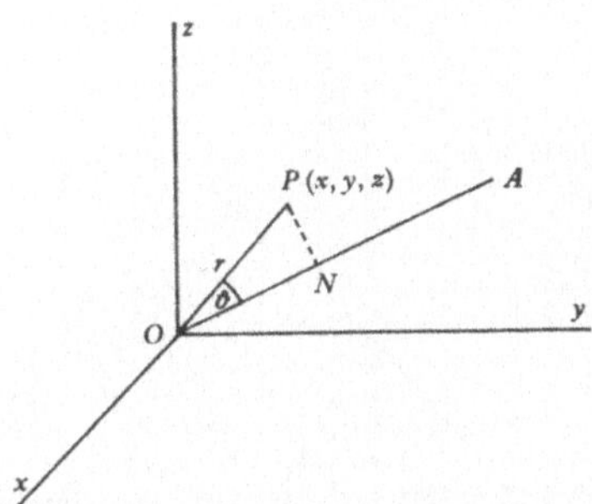

Fig. 7
ON ist die rechtwinklige Projektion von OP auf die Gerade OA

Die Überlegungen aus 1.2 zeigen, daß die rechtwinklige Projektion von OP auf die rechtwinkligen kartesischen Achsen mit dem Ursprung O die x-, y-, z-Koordinate von P bezüglich dieser Achsen sind. Wir dehnen dieses Ergebnis nun aus, um die rechtwinklige Projektion von OP auf eine Gerade OA zu berechnen, die nicht notwendig Teil einer Koordinatenachse ist. Die Richtungskosinus von OA seien ℓ, m, n und P sei der Punkt (x, y, z). Dann ist die rechtwinklige Projektion von OP auf OA gegeben durch

$$\ell x + my + nz. \tag{1.11}$$

Beweis. Nach Gleichung (1.4) sind die Richtungskosinus von OP durch x/r, y/r, z/r gegeben, wobei r = OP ist. Also ist der Winkel ϑ zwischen OP und OA nach Formel (1.9) gegeben durch

$$\cos \vartheta = (\ell x + my + nz)/r.$$

Nun folgt (1.11) sofort aus der Definition der rechtwinkligen Projektion von OP auf OA.

Übungsaufgabe. 7. Die Punkte A und B haben die Koordinaten (1, 4, -1) bzw. (-1, 3, 2). Man finde den Punkt P auf OA, der die Eigenschaft hat, daß die rechtwinklige Projektion von OP auf OB die Länge $9\sqrt{14}/7$ hat.

1.5. Drehung der Achsen

Die Transformationsmatrix und ihre Eigenschaften. Gegeben seien zwei Systeme rechtsorientierter rechtwinkliger Koordinaten Oxyz und Ox′y′z′. Wie man leicht sieht, läßt sich das System Oxyz mit einer geeigneten stetigen Bewegung um O (bei der Ox, Oy, Oz relativ zueinander fest bleiben) auf das System Ox′y′z′ schieben. Eine solche Bewegung heißt Drehung der Achsen. Dabei ist zu beachten, daß ein rechtsorientiertes Koordinatensystem

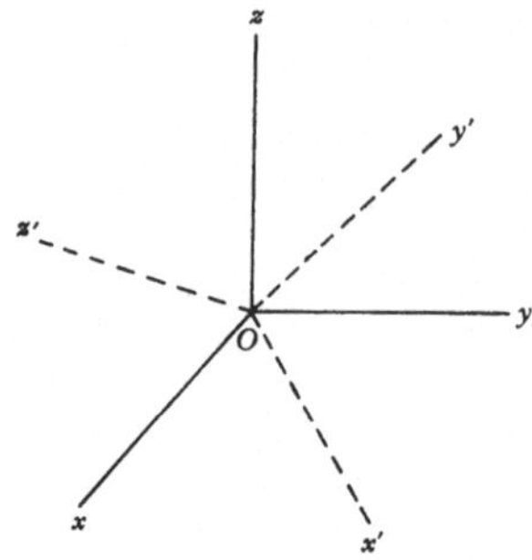

Fig. 8
Eine Drehung der Achsen

nie durch Drehung in ein linksorientiertes überführt werden kann. Im Weiteren wird es bequem sein, Oxyz als das ursprüngliche System und Ox'y'z' als neues System zu bezeichnen.

Die Richtungskosinus von Ox' bezüglich der Achsen Oxyz seien ℓ_{11}, ℓ_{12}, ℓ_{13}, die von Oy' und Oz' seien ℓ_{21}, ℓ_{22}, ℓ_{23} bzw. ℓ_{31}, ℓ_{32}, ℓ_{33}. Wir können das im folgenden Diagramm zusammenfassen:

O	x	y	z
x'	ℓ_{11}	ℓ_{12}	ℓ_{13}
y'	ℓ_{21}	ℓ_{22}	ℓ_{23}
z'	ℓ_{31}	ℓ_{32}	ℓ_{33}

(1.12)

In diesem Diagramm stehen die Richtungskosinus von Ox' bezüglich der Achsen Oxyz in der ersten Zeile, die von Oy' in der zweiten und die von Oz' in der dritten. Außerdem stehen, wie man leicht sieht, in den drei senkrechten Spalten die Richtungskosinus der Achsen Ox, Oy, Oz bezüglich des Systems Ox'y'z'. Das Diagramm der Richtungskosinus (1.12) heißt Transformationsmatrix.

Da die Achsen Ox', Oy', Oz' aufeinander senkrecht stehen, gilt

$$\begin{aligned} \ell_{11}\ell_{21} + \ell_{12}\ell_{22} + \ell_{13}\ell_{23} &= 0, \\ \ell_{21}\ell_{31} + \ell_{22}\ell_{32} + \ell_{23}\ell_{33} &= 0, \\ \ell_{31}\ell_{11} + \ell_{32}\ell_{12} + \ell_{33}\ell_{13} &= 0. \end{aligned} \tag{1.13}$$

Außerdem sind die Summen der Quadrate der Richtungskosinus nach 1.2 alle 1, also gilt

$$\begin{aligned} \ell_{11}^2 + \ell_{12}^2 + \ell_{13}^2 &= 1, \\ \ell_{21}^2 + \ell_{22}^2 + \ell_{23}^2 &= 1, \\ \ell_{31}^2 + \ell_{32}^2 + \ell_{33}^2 &= 1. \end{aligned} \tag{1.14}$$

Die sechs Gleichungen (1.13) und (1.14) werden Orthonormalitätsrelationen genannt. Man überlege, wie sie sich aus dem Diagramm (1.12) bilden lassen.
Die Spalten von (1.12) werden aus den Richtungskosinus der Achsen Ox, Oy, Oz bezüglich des Koordinatensystems Ox'y'z' gebildet, es folgt also aus ähnlichen Argumenten

$$\begin{aligned} \ell_{11}\ell_{12}+\ell_{21}\ell_{22}+\ell_{31}\ell_{32}&=0,\\ \ell_{12}\ell_{13}+\ell_{22}\ell_{23}+\ell_{32}\ell_{33}&=0,\\ \ell_{13}\ell_{11}+\ell_{23}\ell_{21}+\ell_{33}\ell_{31}&=0; \end{aligned} \tag{1.15}$$

und

$$\begin{aligned} \ell_{11}^2+\ell_{21}^2+\ell_{31}^2&=1,\\ \ell_{12}^2+\ell_{22}^2+\ell_{32}^2&=1,\\ \ell_{13}^2+\ell_{23}^2+\ell_{33}^2&=1. \end{aligned} \tag{1.16}$$

Die Gleichungen (1.15) und (1.16) sind ebenfalls wichtige Formen der Orthonormalitätsrelationen. Sie lassen sich aus den Beziehungen (1.13) und (1.14) auch durch rein algebraische Umformung herleiten.
Die Transformationsmatrix erfüllt noch eine weitere Bedingung, die sich daraus ergibt, daß Oxyz und Ox'y'z' beide rechtsorientiert sind. Man betrachtet dazu die Determinante

$$T=\begin{vmatrix} \ell_{11} & \ell_{12} & \ell_{13}\\ \ell_{21} & \ell_{22} & \ell_{23}\\ \ell_{31} & \ell_{32} & \ell_{33} \end{vmatrix}.$$

(Für den Leser, der ungeübt im Rechnen mit Determinanten ist, wird in Anhang 1 eine Zusammenfassung der Theorie gegeben, soweit sie in diesem Buch benötigt wird.)

Bezeichnet man die zu T transportierte mit T', so gilt

$$T^2=TT'=\begin{vmatrix} \ell_{11} & \ell_{12} & \ell_{13}\\ \ell_{21} & \ell_{22} & \ell_{23}\\ \ell_{31} & \ell_{32} & \ell_{33} \end{vmatrix}\times\begin{vmatrix} \ell_{11} & \ell_{21} & \ell_{31}\\ \ell_{12} & \ell_{22} & \ell_{32}\\ \ell_{13} & \ell_{23} & \ell_{33} \end{vmatrix}.$$

Daraus folgt durch Multiplikation der zwei Determinanten, wenn man die Orthonormalitätsrelationen (1.13) und (1.14) benutzt,

$$T^2=\begin{vmatrix} 1 & 0 & 0\\ 0 & 1 & 0\\ 0 & 0 & 1 \end{vmatrix}=1.$$

Also ist $T=\pm 1$.

Stimmen die Systeme Oxyz und Ox'y'z' überein, so sieht man sofort, daß für die entsprechenden Werte der Richtungskosinus im Diagramm (1.12) gilt: $\ell_{ij} = 1$, falls $i = j$ und $\ell_{ij} = 0$, falls $i \neq j$. In diesem speziellen Fall erhält man

$$T = \begin{vmatrix} 1 & 0 & 0 \\ 0 & 1 & 0 \\ 0 & 0 & 1 \end{vmatrix} = 1.$$

Dreht man die Koordinatensysteme voneinander weg, so ändern sich die Richtungskosinus ℓ_{ij} bei der Drehung stetig (d. h. die Werte „springen" nicht), und da die Determinante T Summe aus Produkten der Richtungskosinus ist, wird ihr Wert sich auch nur stetig ändern. Da während der Drehung T nur 1 oder − 1 sein kann, andererseits aber keine Unstetigkeit im Wert auftreten kann, muß T entweder den Wert 1 oder den Wert −1 während der Drehung beibehalten. Da T = 1 ist, wenn die Koordinatensysteme übereinstimmen, folgt auch für alle anderen Positionen

$$T = \begin{vmatrix} \ell_{11} & \ell_{12} & \ell_{13} \\ \ell_{21} & \ell_{22} & \ell_{23} \\ \ell_{31} & \ell_{32} & \ell_{33} \end{vmatrix} = 1. \tag{1.17}$$

Das ist die zusätzliche Bedingung, die die Transformationsmatrix erfüllen muß.

Wir haben gezeigt, daß die Bedingungen (1.13), (1.14) und (1.17) notwendigerweise erfüllt sind, wenn die Komponenten im Diagramm (1.12) die Richtungskosinus der neuen Achsen relativ zu den ursprünglichen Achsen sind. Diese Bedingung ist auch hinreichend dafür, daß das Diagramm eine Drehung eines rechtsorientierten Systems Oxyz darstellt. Denn ist erstens Gleichung (1.13) erfüllt, stehen die Achsen Ox', Oy', Oz' senkrecht aufeinander; ist zweitens Gleichung (1.14) erfüllt, stellen die Reihen der Transformationsmatrix die Richtungskosinus von Ox', Oy', Oz' dar; und ist drittens Gleichung (1.17) erfüllt, ist das System Ox'y'z' rechtsorientiert.

Transformation der Koordinaten. Sei P ein Punkt mit den Koordinaten (x, y, z) und (x', y', z') bezüglich der Achsen Oxyz bzw. Ox'y'z'. Die x'-, y'-, z'-Koordinaten von P sind die senkrechten Projektionen von OP auf Ox', Oy', Oz'. Benutzt man also (1.11), um sie zu berechnen, so erhält man

$$\begin{aligned} x' &= \ell_{11}x + \ell_{12}y + \ell_{13}z, \\ y' &= \ell_{21}x + \ell_{22}y + \ell_{23}z, \\ z' &= \ell_{31}x + \ell_{32}y + \ell_{33}z. \end{aligned} \tag{1.18}$$

Die Gleichungen (1.18) zeigen, wie die Koordinaten von P bei einer Drehung der Achsen transformiert werden; man sollte sich wieder überlegen, wie diese Beziehungen aus dem Diagramm (1.12) zu erhalten sind.
Wir können jetzt natürlich noch das Koordinatensystem Ox'y'z' als ursprüngliches und das System Oxyz als neues betrachten, und die Koordinaten (x, y, z) in Abhängigkeit von x', y', z' berechnen. Erinnern wir uns daran, daß die Spalten von (1.12) die Richtungskosinus der x-, y-, z-Achse bezüglich des Koordinatensystems Ox'y'z' sind, und wenden wir (1.11) erneut an, so folgt

$$\begin{aligned} x &= \ell_{11}x' + \ell_{21}y' + \ell_{31}z', \\ y &= \ell_{12}x' + \ell_{22}y' + \ell_{32}z', \\ z &= \ell_{13}x' + \ell_{23}y' + \ell_{33}z'. \end{aligned} \tag{1.19}$$

Der Leser mag als Übung überprüfen, daß die Gleichungen (1.19) ebenfalls aus den Gleichungen (1.18) folgen, wenn man diese algebraisch nach x, y, z auflöst.

Übungsaufgaben. 8. Zwei Koordinatensysteme Oxyz und Ox'y'z' seien gegeben, so daß das zweite aus dem ersten durch Drehung um 180° um die x-Achse entsteht. Man schreibe die Richtungskosinus, die dieser Drehung entsprechen, in Form des Diagramms (1.12) auf. Ein Punkt habe, bezogen auf das System Oxyz, die Koordinaten (1, 1, 1). Man finde seine Koordinaten relativ zum System Ox'y'z'.

9. Man zeige, daß die folgenden Gleichungen eine Drehung eines Koordinatensystems um einen festen Punkt darstellen:

$$\begin{aligned} x' &= x \sin\vartheta \cos\varphi + y \sin\vartheta \sin\varphi + z\cos\vartheta, \\ y' &= x \cos\vartheta \cos\varphi + y \cos\vartheta \sin\varphi - z \sin\vartheta, \\ z' &= -x \sin\varphi + y\cos\varphi. \end{aligned}$$

Hinweis. Man zeige, daß die Koeffizienten von x, y, z die Orthonormalitätsrelationen und (1.17) erfüllen.

10. Mit Hilfe der Transformationsmatrix (1.12) im Text zeige man, daß gilt

$$\begin{aligned} \ell_{11} &= \ell_{22}\ell_{33} - \ell_{23}\ell_{32}, \\ \ell_{12} &= \ell_{23}\ell_{31} - \ell_{21}\ell_{33}, \\ \ell_{13} &= \ell_{21}\ell_{32} - \ell_{22}\ell_{31}. \end{aligned}$$

Man schreibe auch die zwei Sätze der analogen drei Gleichungen auf.

Hinweis. Mit Hilfe von (1.17) zeige man, daß $\ell_{11}^2 + \ell_{12}^2 + \ell_{13}^2 = 1$ gilt, wenn $\ell_{11}, \ell_{12}, \ell_{13}$ die oben gegebenen Werte haben. Die Lösung dieser Aufgabe ist mit den Antworten am Schluß dieses Buches gegeben.

1.6. Die Summenkonvention und ihr Gebrauch

Es ist möglich, die Schreibweise von den Gleichungen (1.18) und (1.19) zu vereinfachen, wenn die Koordinaten (x, y, z) in (x_1, x_2, x_3) und die Koordinaten (x', y', z') in (x_1', x_2', x_3') umgenannt werden. Dadurch wird Gleichung (1.18) zu

$$x_1' = \ell_{11} x_1 + \ell_{12} x_2 + \ell_{13} x_3 = \sum_{j=1}^{3} \ell_{1j} x_j \tag{1.20}$$

und
$$x_2' = \sum_{j=1}^{3} \ell_{2j} x_j, \tag{1.21}$$

$$x_3' = \sum_{j=1}^{3} \ell_{3j} x_j. \tag{1.22}$$

Noch kürzer können wir die Gleichungen (1.20) bis (1.22) in der Form

$$x_i' = \sum_{j=1}^{3} \ell_{ij} x_j, \quad i = 1, 2, 3. \tag{1.23}$$

schreiben. Analog läßt sich (1.19) reduzieren auf

$$x_i = \sum_{j=1}^{3} \ell_{ji} x_j', \quad i = 1, 2, 3. \tag{1.24}$$

In (1.23) und (1.24) erscheint der Index j zweimal in der Summe auf der rechten Seite, und wir summieren über alle drei möglichen Werte von j. Dieser Sachverhalt tritt so oft auf, daß es bequem ist, eine Vereinbarung zu treffen, die das Schreiben von Summenzeichen oft unnötig macht.

Summenkonvention: *Tritt im selben Ausdruck ein Index zweimal auf, so wird der Ausdruck stets über alle möglichen Werte dieses Index summiert.*

Benutzen wir die Summenkonvention, so lauten die Gleichungen (1.23) und (1.24) einfach

$$x_i' = \ell_{ij} x_j, \tag{1.25}$$

$$x_i = \ell_{ji} x_j'. \tag{1.26}$$

Tritt ein Index in einer Gleichung nur einmal auf (so, wie das i auf der rechten bzw. linken Seite von (1.25) und (1.26)), so bedeutet das, daß die fragliche Gleichung für alle Werte gilt, die der Index durchlaufen kann. Der Leser wird merken, daß die Gleichungen (1.25) und (1.26) wesentlich eleganter und handlicher sind als die ursprünglichen Gleichungen (1.18) und (1.19).

Das Kroneckersymbol. Das Kroneckersymbol ist definiert durch

$$\delta_{ij} = \begin{cases} 0 & \text{für} \quad i \neq j \\ 1 & \phantom{\text{für}} \quad i = j. \end{cases} \tag{1.27}$$

Führt man dieses Symbol ein und benutzt außerdem noch die Summenkonvention, so lassen sich die Orthonormalitätsrelationen (1.13) und (1.14) zu einer Gleichung zusammenfassen

$$\ell_{ik}\,\ell_{jk} = \delta_{ij}. \tag{1.28}$$

Nimmt man zum Beispiel i = 1, j = 2, so wird (1.28) zu

$$\ell_{1k}\,\ell_{2k} = 0;$$

d.h. $\quad \ell_{11}\ell_{21} + \ell_{12}\,\ell_{22} + \ell_{13}\,\ell_{23} = 0,$

was mit $(1.13)_1$ übereinstimmt. Nochmals, sei i = j = 1 in (1.28),

$$\ell_{1k}\,\ell_{1k} = 1;$$

d. h. $\quad \ell_{11}^2 + \ell_{12}^2 + \ell_{13}^2 = 1,$

was mit $(1.14)_1$ übereinstimmt. Ähnlich erhalten wir die übrigen vier Orthonormalitätsrelationen, indem wir die anderen möglichen Kombinationen der Indizes i und j einsetzen.
Die andere Form der Orthonormalitätsrelationen, wie sie in (1.15) und (1.16) gegeben sind, werden zusammengefaßt in der Gleichung

$$\ell_{ki}\,\ell_{kj} = \delta_{ij}. \tag{1.29}$$

Das Kroneckerdelta ist außer in der Vektoranalysis auch in anderem Zusammenhang ein nützliches Symbol.

Weitere Bemerkungen über die Summenkonvention. 1. Ein wiederholter Index wird auch gebundener Index genannt, da er durch ein anderes geeignetes Symbol ersetzt werden kann. Als Beispiel

$$\ell_{1j}\,\ell_{2j} = \ell_{1k}\,\ell_{2k} = \ell_{1\alpha}\,\ell_{2\alpha},$$

denn jeder der Terme verlangt eine Summation über den wiederholten Index.

2. Wendet man die Summenkonvention an, so muß man sorgfältig vermeiden, einen Index mehr als zweimal im gleichen Ausdruck zu benutzen. (z. B. ist die Bedeutung von $\ell_{1j}\,\ell_{jj}$ nicht klar.)

3. Außer in 4.14 wird in diesem Buch ein Index nur drei Werte annehmen, nämlich 1, 2 und 3. Der Leser wird jedoch verstehen, daß es, wie etwa in 4.14, bequem ist, den Index auch mehr oder weniger Werte annehmen zu lassen.

Einige Teile der Vektoranalysis können erheblich kürzer gestaltet werden, wenn man diese Vereinbarung trifft. *Wir werden den Leser im allgemeinen darauf hinweisen, wenn die Summenkonvention benutzt wird.*

Übungsaufgaben. 11. Sei

$$\begin{aligned} a_{11} &= 1, & a_{12} &= -1, & a_{13} &= 0,\\ a_{21} &= -2, & a_{22} &= 3, & a_{23} &= 1,\\ a_{31} &= 2, & a_{32} &= 0, & a_{33} &= 4. \end{aligned}$$

Man zeige $a_{ii} = 8$, $a_{i1}\, a_{i2} = -7$, $a_{i2}\, a_{i3} = 3$, $a_{1i}\, a_{2i} = -5$, $a_{2i}\, a_{3i} = 0$, $a_{i1}\, a_{2i} = -6$.

12. Man zeige $\delta_{ij}\, b_j = \delta_{ji}\, b_j = b_i$.

13. Die Zahlen a_{ij} seien wie in Aufgabe 11 gegeben, und man berechne:
a) $a_{1j}\, \delta_{1j}$, b) $a_{12}\, \delta_{ii}$, c) $a_{1i}\, a_{2k}\, \delta_{ik}$.

14. Erfüllen die Größen e_{ij} und e'_{ij} die Gleichung $\ell_{mi}\, \ell_{nj}\, e_{ij} = e'_{mn}$, und gelte $\ell_{ki}\, \ell_{kj} = \delta_{ij}$, so zeige man $e_{ij} = \ell_{mi}\, \ell_{nj}\, e'_{mn}$.

Hinweis. Man multipliziere die erste Gleichung mit $\ell_{mp}\, \ell_{nq}$.

1.7. Invarianz bei Drehungen

Gegeben sei eine Funktion $f(\alpha_1, \alpha_2, \ldots)$, die von mehreren Variablen $\alpha_1, \alpha_2, \ldots$, deren Bildungsgesetz in rechtwinkligen kartesischen Koordinaten Oxyz bekannt ist, abhängig ist. Seien $\alpha'_1, \alpha'_2, \ldots$ diese Variablen bezogen auf irgendein anderes rechtwinkliges kartesisches Koordinatensystem $Ox'y'z'$, das den gleichen Ursprung O hat. Gilt

$$f(\alpha'_1, \alpha'_2, \ldots) = f(\alpha_1, \alpha_2, \ldots),$$

so wird die Funktion f drehungsinvariant genannt.

Die folgenden Beispiele sollen den Begriff der Drehungsinvarianz veranschaulichen.

Beispiele von Invarianten. 1. Die Funktion $\sqrt{(x^2 + y^2 + z^2)}$ ist invariant, denn (1.19) liefert

$$\begin{aligned} \sqrt{(x^2+y^2+z^2)} = \sqrt{\vphantom{x}} &[(\ell_{11}^2 + \ell_{12}^2 + \ell_{13}^2)\, x'^2 + (\ell_{21}^2 + \ell_{22}^2 + \ell_{23}^2)\, y'^2 +\\ &+ (\ell_{31}^2 + \ell_{32}^2 + \ell_{33}^2)\, z'^2 + 2(\ell_{11}\ell_{21} + \ell_{12}\ell_{22} + \ell_{13}\ell_{23})\, x'y' +\\ &+ 2(\ell_{21}\,\ell_{31} + \ell_{22}\,\ell_{32} + \ell_{23}\,\ell_{33})\, y'z' +\\ &+ 2(\ell_{31}\,\ell_{11} + \ell_{32}\ell_{12} + \ell_{33}\,\ell_{13})\, z'x'].\end{aligned}$$

Benutzt man die Orthonormalitätsrelationen (1.13) und (1.14), so reduziert sich das auf

$$\sqrt{(x^2 + y^2 + z^2)} = \sqrt{(x'^2 + y'^2 + z'^2)}.$$

Dieses Ergebnis läßt sich unmittelbar geometrisch interpretieren: Es bringt die Tatsache zum Ausdruck, daß der Abstand zwischen dem Ursprung und einem Punkt P unabhängig vom Koordinatensystem ist, in dem er berechnet wurde.

Der oben gegebene Beweis wird durch Benutzen der Summenkonvention erheblich kürzer (s. Aufgabe 18 im Anhang 5).

2. Wenn OA und OB Geraden durch den Ursprung sind, so ist die Formel für den Winkel zwischen ihnen natürlich drehungsinvariant. Um das algebraisch nachzurechnen, seien (a_1, a_2, a_3) und (b_1, b_2, b_3) die Koordinaten von A und B im System Oxyz. Wenn OA = a und OB = b ist, so erhält man die Richtungskosinus von OA und OB als

$$\frac{a_1}{a}, \frac{a_2}{a}, \frac{a_3}{a} \quad \text{und} \quad \frac{b_1}{b}, \frac{b_2}{b}, \frac{b_3}{b}.$$

Für den Winkel ϑ zwischen OA und OB liefert Formel (1.9)

$$\cos\vartheta = \frac{a_1 b_1 + a_2 b_2 + a_3 b_3}{ab} = \frac{a_i b_i}{ab},$$

wobei die Summenkonvention benutzt ist. Aus Beispiel 1 wissen wir, daß a und b drehungsinvariant sind. Um zu zeigen, daß $\cos\vartheta$ invariant ist, muß das auch noch für $a_i b_i$ bewiesen werden.

Wir benutzen (1.25). Bei der Transformation in das neue System Ox'y'z' gehen die Koordinaten von A und B in (a_1', a_2', a_3') und (b_1', b_2', b_3') über, wobei gilt

$$a_i' = \ell_{ij} a_j, \; b_i' = \ell_{ik} b_k.$$

Somit ist

$$a_i' b_i' = \ell_{ij} \ell_{ik} a_j b_k. \tag{1.30}$$

(Man beachte, daß man verschiedene gebundene Indizes in den Formeln für a_i' und b_i' wählen muß, ehe man den Ausdruck $a_i' b_i'$ bildet, da sonst ein Index mehr als zweimal auf der rechten Seite von (1.30) auftreten würde.) Wendet man die Orthonormalitätsrelation in der Form (1.29) an (dabei werden die Indizes in der notwendigen Weise geändert), so wird aus (1.30)

$$\begin{aligned} a_i' \, b_i' &= \delta_{jk} \, a_j b_k \\ &= a_k \, b_k = a_i \, b_i. \end{aligned}$$

Es folgt, wie vermutet, daß die Größe $a_i b_i$ ($= a_1 b_1 + a_2 b_2 + a_3 b_3$) drehungsinvariant ist, und damit auch, daß $\cos \vartheta$ drehungsinvariant ist.

Das Prinzip der Drehungsinvarianz ist so wichtig, weil die Vorgänge, die in physikalischen Systemen erkennbar sind, gewöhnlich diese Eigenschaft haben.

Der Abstand zwischen zwei Punkten beispielsweise, das Volumen eines bestimmten Bereiches und die Komponente einer Kraft in einer gegebenen Richtung sind alle unabhängig vom speziell gewählten Koordinatensystem, und die Terme, durch die sie dargestellt sind, sind drehungsinvariant.

1.8. Matrizenschreibweise

Einige Ergebnisse, die wir in diesem Kapitel erhalten haben, lassen sich mit Matrizen noch anders ausdrücken. Wir haben nicht vor, die Matrizenschreibweise in diesem Buch oft zu benutzen, aber die Leser, die mit Matrizen vertraut sind, werden die folgenden kurzen Bemerkungen begrüßen.

Die Matrix der Richtungskosinus aus (1.12) kann man schreiben als

$$L = \begin{bmatrix} \ell_{11} & \ell_{12} & \ell_{13} \\ \ell_{21} & \ell_{22} & \ell_{23} \\ \ell_{31} & \ell_{32} & \ell_{33} \end{bmatrix} \tag{1.31}$$

und ihre Transponierte als

$$L^T = \begin{bmatrix} \ell_{11} & \ell_{21} & \ell_{31} \\ \ell_{12} & \ell_{22} & \ell_{32} \\ \ell_{13} & \ell_{23} & \ell_{33} \end{bmatrix}. \tag{1.32}$$

Mit dieser Bezeichnung kann man die Orthonormalitätsrelationen (1.13) und (1.14) schreiben als

$$LL^T = I, \tag{1.33}$$

wobei
$$I = \begin{bmatrix} 1 & 0 & 0 \\ 0 & 1 & 0 \\ 0 & 0 & 1 \end{bmatrix} \tag{1.34}$$

die Einheitsmatrix ist. Multiplizieren wir (1.33) mit L^{-1}, der Inversen von L, von beiden Seiten, so erhalten wir die Beziehung

$$L^T = L^{-1}. \tag{1.35}$$

Setzen wir

$$\mathbf{x} = \begin{bmatrix} x_1 \\ x_2 \\ x_3 \end{bmatrix} \quad \text{und} \quad \mathbf{x}' = \begin{bmatrix} x'_1 \\ x'_2 \\ x'_3 \end{bmatrix}, \tag{1.36}$$

so lassen sich die Transformationsregeln (1.25) und (1.26) schreiben als

$$\mathbf{x}' = \mathrm{L}\mathbf{x} \tag{1.37}$$

und $$\mathbf{x} = \mathrm{L}^{\mathrm{T}}\mathbf{x}'. \tag{1.38}$$

Gleichung (1.38) erhält man sofort aus (1.37), wenn man beide Seiten mit L^{-1} multipliziert und (1.35) ausnutzt.

2. Skalar- und Vektoralgebra

2.1. Skalare

Eine mathematische Größe oder eine physikalische Eigenschaft heißt Skalar, wenn sie mit einer einzelnen reellen Zahl charakterisiert werden kann. Im Falle einer physikalischen Eigenschaft wird diese Zahl eine gemessene Größe sein, die in einer geeigneten Einheit angegeben wird (z. B. Kilogramm, Meter, Sekunden).

Einige Beispiele von Skalaren sind: 1. der Absolutbetrag einer komplexen Zahl, 2. die Masse, 3. der Rauminhalt, 4. die Temperatur. Natürlich sind auch die reellen Zahlen selbst Skalare.

Im weiteren bedeuten einzelne Buchstaben (etwa a, b, c, usw.) reelle Zahlen, die Skalare darstellen. Aus Bequemlichkeit werden Formulierungen wie „sei a eine reelle Zahl, die einen Skalar darstellt" abgekürzt mit „sei a ein Skalar".

Gleichheit von Skalaren. Zwei Skalare (gemessen in der gleichen Einheit, sofern es sich um physikalische Größen handelt) sind gleich, wenn sie von der gleichen reellen Zahl dargestellt werden.

In diesem Buch werden wir annehmen, daß bei physikalischen Größen stets gleiche Einheiten auf beiden Seiten des Gleichheitszeichens stehen.

Addition, Subtraktion, Multiplikation und Division von Skalaren. Die Summe zweier Skalare ist definiert als Summe der reellen Zahlen, die sie darstellen; analog werden Subtraktion, Multiplikation und Division durch die entsprechenden Operationen bei reellen Zahlen definiert. Für

physikalische Skalare sind Addition und Subtraktion nur bei ähnlichen Skalaren, also z. B. zwei Längen oder zwei Massen sinnvoll.
Etwas Vorsicht ist im Umgang mit Einheiten geboten. Sind z. B. a und b zwei physikalische Skalare, so sagt man sinnvollerweise: ihre Summe ist genau dann $a + b$, wenn sie gleiche Maßeinheiten haben.
Noch einmal, gegeben sei die Gleichung $T = mv^2/2$, die die kinetische Energie T eines Teilchens mit der Masse m und der Geschwindigkeit v verknüpft. Hat T den Wert 30 kg m^2/s^2, $v = 0{,}1$ km/s, so müssen erst gleiche Einheiten für Länge und Zeit eingeführt werden, ehe $m = 2T/v^2$ berechnet werden kann. Also formen wir die Geschwindigkeit in m/s um und finden $v = 100$ m/s. Nun berechnen wir m als $2 \cdot 30/10000$, also 0,006 kg.

In Zukunft versteht es sich von selbst, daß beim Rechnen mit physikalischen Größen übereinstimmende Maßeinheiten benutzt werden.

2.2. Vektoren, allgemeines

Von einem elementaren Standpunkt aus hat der Leser wahrscheinlich schon mit physikalischen Phänomenen gerechnet, zu deren vollständiger Charakterisierung eine skalare Länge und eine Richtung nötig ist - Beispiele sind etwa die Geschwindigkeit eines bewegten Punktes oder die Kraft auf einen Körper - solche Dinge werden Vektoren genannt. Formal definieren wir einen Vektor weiter unten. Da diese Definition aber ungewohnt erscheinen mag, werden wir zunächst versuchen, den Begriff auf intuitivem Weg zu erfassen.
Behandeln wir die Geschwindigkeit eines Punktes P, der sich relativ zu einem festen rechtwinkligen kartesischen Koordinatensystem Oxyz bewegt. Es bezeichne v_1, v_2, v_3 die Art, wie sich P von der yz-, zx-, xy-Ebene weg in Richtung wachsender x-, y- bzw. z-Werte bewegt. Man nennt v_1, v_2, v_3 Geschwindigkeitskomponenten; zusammen beschreiben sie die momentane Bewegung des Punktes P vollständig.
Verschiebt man das Koordinatensystem Oxyz in eine neue Position O'x'y'z' ohne es zu drehen, wird die Geschwindigkeit von P bezüglich der neuen Achsen v_1, v_2, v_3 sein, wie vorher auch, denn v_1 gibt die Art an, wie sich P von der yz-Ebene fortbewegt, und P wird sich auf gleiche Weise von der y'z'-Ebene fortbewegen, da die Ebenen parallel sind; ähnliches gilt für die anderen beiden Richtungen.
Dreht man die Achsen um O in eine neue Position Ox'y'z', so müssen die Geschwindigkeitskomponenten von P bezüglich der neuen Achsen, nennen wir sie v_1', v_2', v_3', mit den ursprünglichen Komponenten verwandt

sein, denn jedes der zwei Komponententripel reicht aus, die Bewegung von P festzulegen. Diese Verwandtschaft wird von der Position der beiden Koordinatensysteme zueinander (die durch die Richtungskosinus des einen Systems relativ zum anderen gegeben ist) abhängen, und wir könnten sie explizit berechnen, wenn die Diskussion auf intuitiver Basis fortgesetzt würde.
Die formale Definition, die nun folgt, soll in das Muster, das die kurzen Bemerkungen oben andeuteten, eingepaßt werden. Die Tatsache, daß Vektoren eine Länge und eine Richtung haben, wird nachher als eine Konsequenz aus der Definition folgen, und damit wird der Zusammenhang zur intuitiven Einführung wieder hergestellt sein.

Definition. Ein Vektor ist ein mathematisches oder physikalisches Ganzes mit den Eigenschaften:

1. im Zusammenhang mit einem rechtwinkligen kartesischen Koordinatensystem Oxyz kann die Größe durch drei Skalare a_1, a_2, a_3, die der Reihe nach der x-, y- bzw. z-Achse zugeordnet sind, vollständig beschrieben werden;

2. das Tripel von Skalaren aus 1 ist translationsinvariant, d. h. wenn Oxyz und O'x'y'z' rechtwinklige kartesische Koordinatensysteme (mit unterschiedlichem Ursprung O, O') sind, so daß Ox parallel zu O'x', Oy parallel zu O'y' und Oz parallel zu O'z' ist, und wenn die Tripel aus 1 jeweils auf die Koordinatensysteme bezogen, (a_1, a_2, a_3) bzw. (a_1', a_2', a_3') sind, so gilt $a_1 = a_1'$, $a_2 = a_2'$, $a_3 = a_3'$;

3. das Tripel von Skalaren sei bezüglich der Koordinatensysteme Oxyz und Ox'y'z' (beide haben den gleichen Ursprung O) durch (a_1, a_2, a_3) bzw. (a_1', a_2', a_3') gegeben, und die Richtungskosinus von Ox', Oy', Oz' bezüglich des Systems Oxyz seien durch die Transformationsmatrix (1.12) gegeben, dann gelte

$$\begin{aligned} a_1' &= \ell_{11} a_1 + \ell_{12} a_2 + \ell_{13} a_3, \\ a_2' &= \ell_{21} a_1 + \ell_{22} a_2 + \ell_{23} a_3, \\ a_3' &= \ell_{31} a_1 + \ell_{32} a_2 + \ell_{33} a_3. \end{aligned} \tag{2.1}$$

Führen wir die Summenkonvention ein, so reduziert sich (2.1) auf

$$a_i' = \ell_{ij} a_j \quad (i = 1, 2, 3). \tag{2.2}$$

Vektoren werden im Text durch halbfette Buchstaben gekennzeichnet. Also

$$\mathbf{a} = (a_1, a_2, a_3); \tag{2.3}$$

und a_1, a_2, a_3 werden x-Komponente, y-Komponente bzw. z-Komponente des Vektors **a** genannt.

Um Wiederholungen zu vermeiden, beziehen sich in Zukunft alle Vektoren auf das Koordinatensystem Oxyz, *es sei denn, etwas anderes wird ausdrücklich vereinbart.*

Gleichheit von Vektoren. Es wird definiert, daß zwei Vektoren $\mathbf{a} = (a_1, a_2, a_3)$ und $\mathbf{b} = (b_1, b_2, b_3)$, die im selben Koordinatensystem gegeben sind, genau dann gleich sind, wenn ihre Komponenten übereinstimmen; d. h.

$$\mathbf{a} = \mathbf{b} \quad \Leftrightarrow \quad a_1 = b_1, a_2 = b_2, a_3 = b_3. \tag{2.4}$$

Der Nullvektor. Der Vektor, dessen Komponenten alle gleich Null sind, heißt Nullvektor, und er wird geschrieben

$$\mathbf{0} = (0, 0, 0). \tag{2.5}$$

Der Ortsvektor. Seien A und B Punkte mit den Koordinaten (a_1, a_2, a_3) bzw. (b_1, b_2, b_3) bezogen auf ein System Oxyz. Dann wird die Lage von B bezüglich A durch folgenden Vektor beschrieben:

$$\overrightarrow{AB} = (b_1 - a_1, b_2 - a_2, b_3 - a_3).$$

Er heißt Ortsvektor von B bezüglich A.

Beweis. Um zu beweisen, daß $\overrightarrow{AB}$ ein Vektor ist, ist es notwendig, nachzuprüfen, daß die Bedingungen 1 bis 3 der Vektordefinition erfüllt sind.

1. Die Skalare $b_1 - a_1$, $b_2 - a_2$, $b_3 - a_3$ sind die Koordinaten von B bezogen auf ein Koordinatensystem Ax'y'z', welches parallel zum ursprünglichen Koordinatensystem Oxyz durch A gezogen wurde (Fig. 9). Die Beziehung dieser Skalare zu den Achsen Ox, Oy bzw. Oz ist offensichtlich, sie beschreiben die Lage von B bezogen auf A (im Koordinatensystem Oxyz) vollständig.

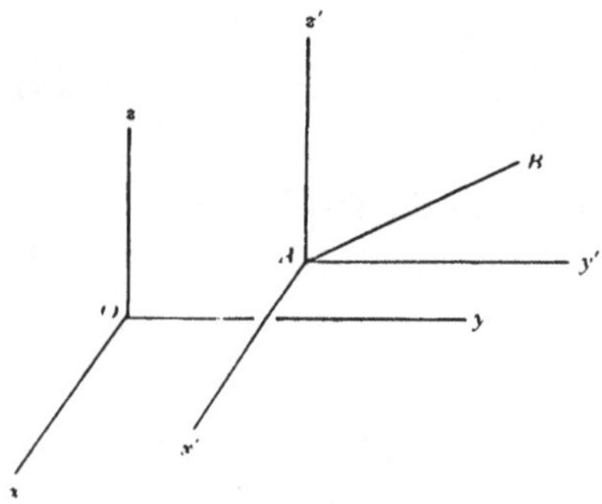

Fig. 9

2. Nehmen wir nun an, das Koordinatensystem Oxyz sei parallel zu sich selbst verschoben, so daß der neue Ursprung bezüglich des alten Koordinatensystems die Koordinaten $(-x_0, -y_0, -z_0)$ hat. Dann werden die Koordinaten von A in $(x_0 + a_1, y_0 + a_2, z_0 + a_3)$ und die von B in $(x_0 + b_1, y_0 + b_2, z_0 + b_3)$ übergehen. Wenn $(\overrightarrow{AB})'$ der Ortsvektor bezogen auf die neuen Achsen ist, so gilt

$$\begin{aligned}(\overrightarrow{AB})' &= [(x_0+b_1)-(x_0+a_1), (y_0+b_2)\\ &\quad -(y_0+a_2), (z_0+b_3)-(z_0+a_3)]\\ &= (b_1-a_1, b_2-a_2, b_3-a_3).\end{aligned}$$

Daraus folgt, daß die Komponenten von $\overrightarrow{AB}$ translationsinvariant sind.

3. Seien Ox′, Oy′, Oz′ rechtwinklige Koordinatenachsen, deren Richtungskosinus zum System Oxyz durch (1.12) gegeben sind. Benutzen wir (1.23), so erhalten wir die Koordinaten von A, B, die wir im neuen System mit (a_1', a_2', a_3') und (b_1', b_2', b_3') bezeichnen, als

$$a_i' = \sum_{j=1}^{3} \ell_{ij}\, a_j, \quad b_i' = \sum_{j=1}^{3} \ell_{ij}\, b_j \quad (i = 1, 2, 3),$$

und daraus folgt

$$b_i' - a_i' = \sum_{j=1}^{3} \ell_{ij}\,(b_j - a_j) \quad (i = 1, 2, 3). \tag{2.6}$$

Die Komponenten von $\overrightarrow{AB}$ gehorchen also dem Transformationsgesetz (2.2) für Vektoren. Da alle drei Bedingungen der Definition erfüllt sind, ist $\overrightarrow{AB}$ ein Vektor.

Der Vektor $\overrightarrow{OP}$, der die Lage des Punktes P (x, y, z) relativ zum Ursprung O angibt, heißt Ortsvektor von P. Später wird es günstig sein, diesen Vektor $\mathbf{r} = (x, y, z)$ zu nennen.

Man beachte, daß der Ortsvektor eines Punktes O relativ zu sich selbst stets der Nullvektor ist.

Beispiele von Vektoren, die in physikalischen Systemen vorkommen. Viele Eigenschaften physikalischer Systeme sind Vektoren. Beispielsweise sind Geschwindigkeit und Beschleunigung bewegter Teilchen, Kräfte, Winkelgeschwindigkeit und Winkelbeschleunigung Vektoren. In der elektromagnetischen Theorie sind die elektrische Feldstärke, die magnetische Feldstärke und die elektrische Stromdichte Vektoren.

In 3.7 werden Geschwindigkeits- und Beschleunigungsvektoren definiert. Gelegentlich werden wir auch mit einem der anderen oben genannten Vektoren arbeiten; ihre Definition ist in der entsprechenden Literatur zu finden.

Geometrische Darstellung eines Vektors. Sei $\mathbf{a} = (a_1, a_2, a_3)$ $(\neq \mathbf{0})$ ein Vektor, und sei A der Punkt, dessen x-, y- bzw. z-Koordinaten a_1, a_2, a_3 sind. Dann gilt $\overrightarrow{OA} = (a_1, a_2, a_3)$, also haben $\mathbf{a}$ und $\overrightarrow{OA}$ die selben Komponenten. Daher kann man die gerichtete Strecke OA als geometrische Darstellung von $\mathbf{a}$ interpretieren. Wenn eine gerichtete Strecke, so wie OA, einen Vektor darstellt, kann man das im Diagramm durch einen Pfeil andeuten, der von O nach A zeigt (Fig. 10). Der Nullvektor wird geometrisch entsprechend durch einen einzigen Punkt dargestellt.

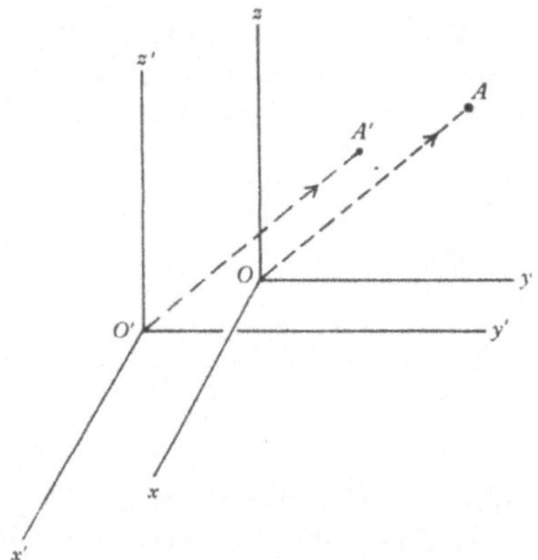

Fig. 10
$\overrightarrow{O'A'} = \overrightarrow{OA}$

Sei O′A′ eine Strecke, die die gleiche Länge wie OA hat, parallel dazu verläuft und in die gleiche Richtung wie OA zeigt. Sind O′x′, O′y′, O′z′ Achsen durch O′, die parallel zu Ox, Oy, Oz sind, so sind die Koordinaten von A′ bezüglich des neuen Systems a_1, a_2, a_3. Daher ist $\overrightarrow{O'A'}$ eine zweite geometrische Darstellung von $\mathbf{a}$. Es folgt also, daß die geometrische Darstellung von $\mathbf{a}$ als eine gerichtete Strecke nicht eindeutig ist: jede andere gerichtete Strecke O′A′, die parallel zu OA ist und die gleiche Länge hat, kann ebenfalls benutzt werden, um $\mathbf{a}$ darzustellen.

Die Richtung eines Vektors. Da jeder Vektor außer dem Nullvektor als eine gerichtete Strecke interpretiert werden kann, sagt man, ein Vektor habe eine (oder sei assoziiert mit einer) Richtung: natürlich ist das die Richtung der gerichteten Strecke, die den Vektor darstellt. Die Richtung des Vektors $\mathbf{a}$ ist also diejenige, in die OA zeigt. Eine Richtung des Nullvektors ist nicht definiert.

Zwei Vektoren werden parallel genannt, wenn sie die gleiche Richtung haben, und anti-parallel, wenn sie entgegengesetzte Richtung haben.

Die Länge eines Vektors. Die Länge eines Vektors $\mathbf{a} = (a_1, a_2, a_3)$ ist definiert als

$$a = \sqrt{(a_1^2 + a_2^2 + a_3^2)}. \tag{2.7}$$

Es wird gelegentlich bequem sein, die Länge eines Vektors $\mathbf{a}$ mit $|\mathbf{a}|$ zu bezeichnen.

Wird $\mathbf{a}$ durch $\vec{OA} = (a_1, a_2, a_3)$ geometrisch dargestellt, so sieht man, daß a gerade die Länge der Strecke OA ist. Da diese Länge drehungsinvariant ist (s. 1.7 Beispiel 1), ist die Länge eines Vektors das ebenfalls. Manchmal nennt man die Länge eines Vektors auch Absolutbetrag oder Norm.

Einheitsvektoren. Ein Vektor der Länge 1 heißt Einheitsvektor. Einheitsvektoren werden gelegentlich durch ein Dach gekennzeichnet; also $\hat{\mathbf{r}} = (\cos\vartheta, \sin\vartheta, 0)$ ist ein Einheitsvektor.

Sei $\mathbf{a}$ ein Vektor, dann ist $\hat{\mathbf{a}}$ der Einheitsvektor in $\mathbf{a}$-Richtung.

Übungsaufgaben. 1. Man zeige, daß die Gleichungen (2.2) äquivalent sind zu

$$a_k = \ell_{ik}\, a_i'.$$

Hinweis. Man multipliziere (2.2) mit ℓ_{ik} und benutze die Orthonormalitätsrelationen (1.29).

2. Die Punkte P und Q haben relativ zum Koordinatensystem Oxyz die Koordinaten (1, 2, 3), (0, 0, 1). Man berechne im System Oxyz die Komponenten: a) des Ortsvektors von P relativ zu O; b) des Ortsvektors von O relativ zu P; c) des Ortsvektors von P relativ zu Q.

3. Man finde die Länge der Vektoren $\mathbf{a} = (1, 3, 4)$ und $\mathbf{b} = (2, -1, 0)$.

4. Man zeige, daß die Vektoren $\mathbf{a} = (0, -3, 3)$ und $\mathbf{b} = (0, -5, 5)$ die gleiche Richtung haben. Wie groß ist der Quotient a/b?

5. Die Transformationsmatrix für eine Drehung des Systems Oxyz in Ox'y'z' sei

O	x	y	z
x'	0	1	0
y'	−1	0	0
z'	0	0	1

Man beschreibe (in Worten oder in einem Diagramm), wie die beiden Systeme zueinander liegen.

Der Vektor **a** habe im System Oxyz die Komponenten (2, 1, 2). Man berechne die Komponenten von **a** im System Ox′y′z′.

6. Man zeige, daß $\mathbf{a} = (\cos\vartheta, \sin\vartheta\cos\varphi, \sin\vartheta\sin\varphi)$ ein Einheitsvektor ist.

7. Man suche zwei Einheitsvektoren, die senkrecht zu den beiden Vektoren $\mathbf{a} = (0, 0, 1)$ und $\mathbf{b} = (0, 1, 1)$ sind. Gibt es noch mehr Einheitsvektoren, die zu den beiden Vektoren **a** und **b** senkrecht stehen?

2.3. Multiplikation eines Vektors mit einem Skalar

Multipliziert man jede der Komponenten des Vektors **a** in irgendeinem rechtwinkligen kartesischen Koordinatensystem mit einem Skalar λ, so definieren wir das geordnete Tripel von Skalaren, das wir erhalten haben, als die Komponenten des Vektors $\lambda\mathbf{a}$ (oder $\mathbf{a}\lambda$). Ist also $\mathbf{a} = (a_1, a_2, a_3)$, so ist, bezogen auf das Koordinatensystem Oxyz,

$$\lambda\mathbf{a} = \mathbf{a}\lambda = (\lambda a_1, \lambda a_2, \lambda a_3). \tag{2.8}$$

Man sieht leicht, daß $\lambda\mathbf{a}$ ein Vektor ist. Bedingung 1 der Definition in 2.2 ist offensichtlich erfüllt und ebenso Bedingung 2, da schon das Tripel (a_1, a_2, a_3) translationsinvariant ist. Weiterhin gelte, bezogen auf das System Ox′y′z′ (definiert in 2.2)

$$\mathbf{a} = (a_1', a_2', a_3'),$$

so daß $(\lambda a_1', \lambda a_2', \lambda a_3')$ die Komponenten von $\lambda\mathbf{a}$ im System Ox′y′z′ sind. Um 3 zu erfüllen, ist zu zeigen

$$\lambda a_i' = \ell_{ij}(\lambda a_j), \ (i = 1, 2, 3).$$

Da dies Gleichung (2.2) multipliziert mit λ ist, folgt die Behauptung. Man beachte: ist $\lambda = 0$, so ist $\lambda\mathbf{a}$ der in Gleichung (2.5) definierte Nullvektor. Aus Gleichung (2.8) und der Definition der Länge eines Vektors folgt

$$\begin{aligned} |\lambda\mathbf{a}| &= \sqrt{(\lambda^2 a_1^2 + \lambda^2 a_2^2 + \lambda^2 a_3^2)} \\ &= |\lambda| \sqrt{(a_1^2 + a_2^2 + a_3^2)} = |\lambda|\, a. \end{aligned}$$

Multipliziert man also einen Vektor mit einem Skalar λ, so wird seine Länge mit $|\lambda|$ multipliziert.

Bei Multiplikation eines Vektors ($\neq \mathbf{0}$) mit einem positiven Skalar bleibt die Richtung des Vektors erhalten, bei Multiplikation mit einem negativen Skalar dagegen dreht sich die Richtung um. Um das zu sehen, sei $\overrightarrow{OA} = (a_1, a_2, a_3)$ eine Darstellung von **a**; dann wird $\lambda\mathbf{a}$ durch $\lambda\overrightarrow{OA} =$

$= (\lambda a_1, \lambda a_2, \lambda a_3) = \overrightarrow{OA}'$ dargestellt. Da A bzw. A′ die Koordinaten (a_1, a_2, a_3) bzw. $(\lambda a_1, \lambda a_2, \lambda a_3)$ haben, sind die Richtungskosinus von OA und OA′ gegeben durch

$$\frac{a_1}{a}, \frac{a_2}{a}, \frac{a_3}{a} \quad \text{und} \quad \frac{\lambda a_1}{|\lambda| a}, \frac{\lambda a_2}{|\lambda| a}, \frac{\lambda a_3}{|\lambda| a},$$

wobei $a = \sqrt{(a_1^2 + a_2^2 + a_3^2)}$ ist. Ist $\lambda > 0$, so gilt $\lambda/|\lambda| = 1$, während für $\lambda < 0$ gilt $\lambda/|\lambda| = -1$. Es folgt also, daß OA und OA′ die gleiche Richtung haben, wenn $\lambda > 0$ ist, und entgegengesetzt sind, wenn $\lambda < 0$ ist (Fig. 11). Die Richtung von $\lambda\mathbf{a}$ ist daher die gleich oder die entgegengesetzte wie $\mathbf{a}$, je nachdem, ob λ positiv oder negativ ist.

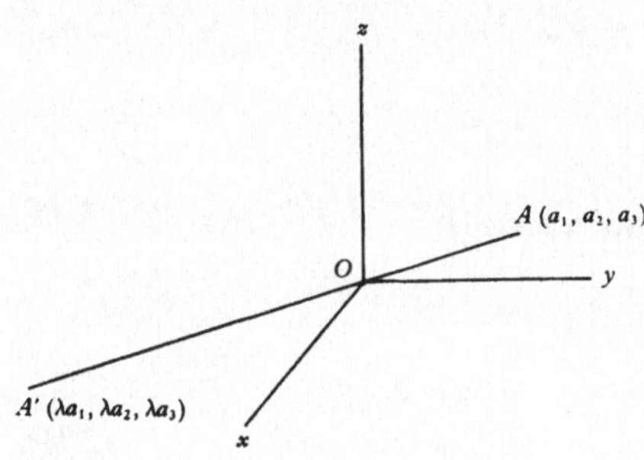

Fig. 11
Der Fall $\lambda < 0$

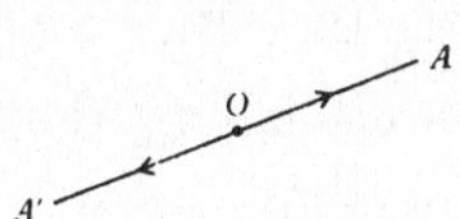

Fig. 12
Entgegengesetzt gerichtete Strecken gleicher Länge OA und OA′

Der Vektor $-\mathbf{a}$. Wir definieren

$$-\mathbf{a} = (-1)\,\mathbf{a}. \tag{2.9}$$

Werden $\mathbf{a}$ und $-\mathbf{a}$ durch $\overrightarrow{OA}$ bzw. $\overrightarrow{OA}'$ dargestellt, so sind OA und OA′ Strecken von entgegengesetzter Richtung und gleicher Länge (Fig. 12). Man beachte, daß $\overrightarrow{OA} = -\overrightarrow{AO}$ ist, denn AO und OA′ sind gerichtete Strecken gleicher Länge, die den selben Vektor darstellen.

Übungsaufgaben. 8. Ein Punkt P liege so auf der Geraden AB, daß $|AP| : |PB| = 3 : 2$ gilt. Man zeige $2\,\overrightarrow{AP} = \pm 3\,\overrightarrow{PB}$.

9. Man zeige, daß für einen beliebigen Vektor $\mathbf{a}$ gilt $\mathbf{a} = a\hat{\mathbf{a}}$, wobei $\hat{\mathbf{a}}$ der Einheitsvektor in Richtung $\mathbf{a}$ ist.

10. Man zeige, daß die vier Punkte mit den Ortsvektoren $\mathbf{r}_1$, $\mathbf{r}_2$, $(r_2/r_1)\,\mathbf{r}_1$, $(r_1/r_2)\,\mathbf{r}_2$ mit $r_1 \neq 0$ und $r_2 \neq 0$, auf einem Kreis liegen.

2.4. Addition und Subtraktion von Vektoren

Addition. Die Summe aus zwei Vektoren $\mathbf{a} = (a_1, a_2, a_3)$ und $\mathbf{b} = (b_1, b_2, b_3)$ ist definiert als

$$\mathbf{a} + \mathbf{b} = (a_1 + b_1, a_2 + b_2, a_3 + b_3). \tag{2.10}$$

Die Menge der Vektoren ist abgeschlossen unter der Addition; d. h. die Summe von zwei Vektoren $\mathbf{a}$ und $\mathbf{b}$ ist wieder ein Vektor. Wenn man die Bedingungen 1-3 der Vektordefinition betrachtet, so sieht man sofort, daß 1 und 2 erfüllt sind. Außerdem gilt (nach Gleichung (2.2)), wenn (a_1', a_2', a_3') und (b_1', b_2', b_3') die Komponenten von $\mathbf{a}$, $\mathbf{b}$ bezüglich des Koordinatensystems $Ox'y'z'$ sind,

$$a_i' = \ell_{ij}\, a_j \quad \text{und} \quad b_i' = \ell_{ij}\, b_j \quad (i = 1, 2, 3).$$

Addieren wir das auf, so folgt

$$a_i' + b_i' = \ell_{ij}\,(a_j + b_j),$$

womit gezeigt ist, daß $\mathbf{a} + \mathbf{b}$ die Forderung 3 erfüllt.

Da $\quad a_i + b_i = b_i + a_i \quad (i = 1, 2, 3)$

gilt, folgt aus (2.10) auch

$$\mathbf{a} + \mathbf{b} = \mathbf{b} + \mathbf{a}; \tag{2.11}$$

d. h. die Addition ist kommutativ.

Ist $\mathbf{c} = (c_1, c_2, c_3)$ ein dritter Vektor, so gilt wegen

$$(a_i + b_i) + c_i = a_i + (b_i + c_i) \quad (i = 1, 2, 3)$$

auch

$$(\mathbf{a} + \mathbf{b}) + \mathbf{c} = \mathbf{a} + (\mathbf{b} + \mathbf{c}); \tag{2.12}$$

d. h. die Addition ist assoziativ.

Es ist wichtig, diese Regeln aufzuschreiben, denn Kommutativ- und Assoziativgesetz gelten nicht in Analogie zu Gesetzen der reellen Zahlen. Es ist ein neues mathematisches System entwickelt worden, das Größen einschließt, die keine reellen Zahlen sind; und es gibt keinen Grund anzunehmen, daß die üblichen Rechenregeln gelten, ehe sie nicht bewiesen sind.

Dreiecksgleichung der Addition. Aus der Definition der Vektoraddition können wir die Dreiecksgleichung (manchmal auch Diagnoalenregel im Parallelogramm genannt) ableiten wie folgt:

Werden zwei Vektoren geometrisch durch $\vec{AB}$ und $\vec{BC}$ dargestellt, so läßt sich ihre Summe durch $\vec{AC}$ darstellen (Fig. 13).

$$\vec{AB} + \vec{BC} = \vec{AC}.$$

Man nennt $\vec{AC}$ auch Resultierende aus $\vec{AB}$ und $\vec{BC}$.

Beweis. Zunächst werden Achsen Axyz durch den Punkt A konstruiert, dann wird eine Gerade AD gezogen, die das Parallelogramm ABCD vervollständigt (Fig. 14). Die Koordinaten von B und D seien (b_1, b_2, b_3) bzw. (d_1, d_2, d_3). Da BC parallel zu AD ist, sind $(b_1 + d_1, b_2 + d_2, b_3 + d_3)$ die Koordinaten von C. Al so erhält man, bezogen auf das Koordinatensystem Axyz,

$$\vec{AB} = (b_1, b_2, b_3),$$
$$\vec{BC} = \vec{AD} = (d_1, d_2, d_3),$$
$$\vec{AC} = (b_1 + d_1, b_2 + d_2, b_3 + d_3).$$

Nach der Definition der Vektoraddition folgt sofort die Behauptung

$$\vec{AB} + \vec{BC} = \vec{AC}.$$

Subtraktion. Die Differenz zweier Vektoren **a** und **b** ist definiert als

$$\mathbf{a} - \mathbf{b} = \mathbf{a} + (-\mathbf{b}). \tag{2.13}$$

Man beachte, daß für einen beliebigen Vektor **a** gilt

$$\mathbf{a} - \mathbf{a} = \mathbf{0}.$$

Fig. 15 zeigt, wie man Summe und Differenz zweier Vektoren **a** und **b** geometrisch darstellen kann.

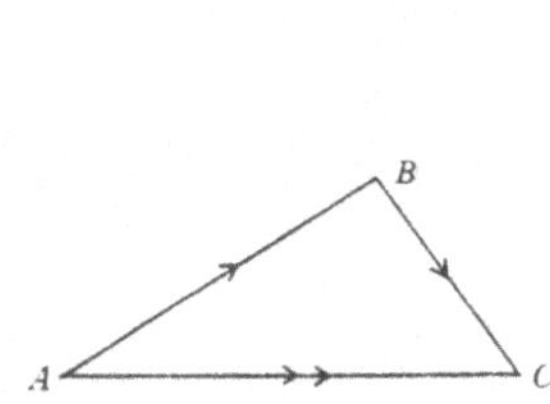

Fig. 13
$\vec{AB} + \vec{BC} = \vec{AC}$ (die Dreiecksgleichung der Addition)

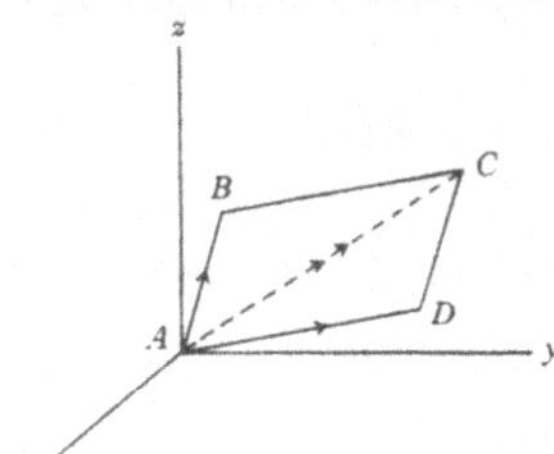

Fig. 14
Bilden ABCD ein Parallelogramm, so gilt $\vec{AB} + \vec{AD} = \vec{AC}$ (Diagonalenregel im Parallelogramm)

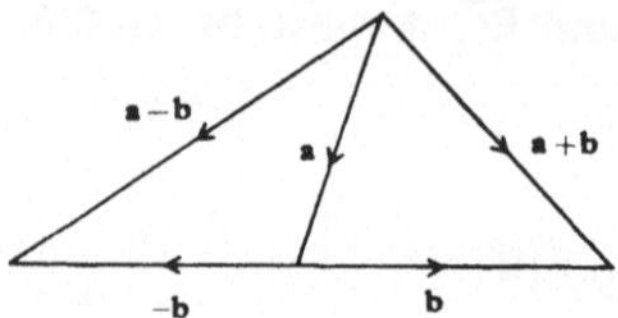

Fig. 15
Summe und Differenz zweier Vektoren **a** und **b**

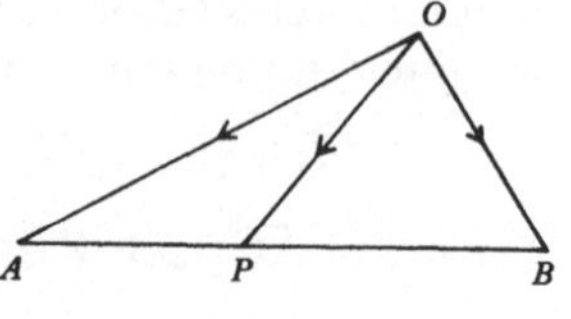

Fig. 16

Beispiel 1. Die Ortsvektoren der drei Punkte A, B und P seien relativ zu einem Ursprung O gegeben, so daß gilt

$$\overrightarrow{OP} = \frac{\lambda\overrightarrow{OA} + \mu\overrightarrow{OB}}{\lambda + \mu},$$

wobei λ, μ reelle Zahlen ($\neq 0$) sind. Man zeige, daß P auf AB liegt, und daß AP : PB = $|\mu| : |\lambda|$ ist (Fig. 16).

Lösung. Die Dreiecksgleichung liefert

$$\overrightarrow{OA} = \overrightarrow{OP} + \overrightarrow{PA}$$

und $$\overrightarrow{OB} = \overrightarrow{OP} + \overrightarrow{PB}.$$

Um die gegebene Beziehung zwischen $\overrightarrow{OP}$, $\overrightarrow{OA}$ und $\overrightarrow{OB}$ zu erfüllen, sei

$$\overrightarrow{OP} = \frac{\lambda(\overrightarrow{OP} + \overrightarrow{PA}) + \mu(\overrightarrow{OP} + \overrightarrow{PB})}{\lambda + \mu},$$

und damit

$$\mathbf{0} = \lambda\overrightarrow{PA} + \mu\overrightarrow{PB}.$$

Da $-\overrightarrow{PA} = \overrightarrow{AP}$ ist, kann man das schreiben als

$$\overrightarrow{AP} = \frac{\mu}{\lambda}\overrightarrow{PB} \quad (\lambda, \mu \neq 0). \tag{2.14}$$

Nimmt man auf beiden Seiten von (2.14) den Betrag, erhält man AP = $|\mu/\lambda|$ PB. Also gilt

$$AP : PB = |\mu| : |\lambda|.$$

Haben λ, μ das gleiche Vorzeichen, so zeigt (2.14), daß $\overrightarrow{AP}$ und $\overrightarrow{PB}$ gleiche Richtung haben, so daß P auf AB liegt, und zwar zwischen A und B. Haben λ, μ verschiedene Vorzeichen, so zeigen $\overrightarrow{AP}$ und $\overrightarrow{PB}$ in entgegengesetzte Richtung; dann liegt P auf AB, aber oberhalb von B (wenn $|\mu| / |\lambda| > 1$) oder unterhalb von A (wenn $|\mu| / |\lambda| < 1$).

Übungsaufgaben. 11. Sei $\mathbf{a} = (1, -2, 6)$ und $\mathbf{b} = (-1, -3, 7)$. Man finde $\mathbf{a} + \mathbf{b}$ und $\mathbf{a} - \mathbf{b}$.

12. Im Koordinatensystem Oxyz seien Punkte A, B gegeben, so daß gilt $\overrightarrow{OA} = (1, 1, 1)$, $\overrightarrow{AB} = (0, -1, 3)$. Wie ist der Ortsvektor von a) B relativ zu O und b) O relativ zu B?

13. Der Winkel zwischen den Vektoren **a** und **b** betrage 60°, und es gelte $a = b = 3$. Man zeige $|\mathbf{a} - \mathbf{b}| = 3$.

14. Aus der Beziehung $AC \leqq AB + BC$ im Dreieck ABC beweise man[1]) $|\mathbf{a} + \mathbf{b}| \leqq a + b$. In welchem Spezialfall gilt $|\mathbf{a} + \mathbf{b}| = a + b$?

15. Man zeige[1]) $|\mathbf{a} - \mathbf{b}| \leqq a + b$.

16. Seien $\hat{\mathbf{u}}$ und $\hat{\mathbf{v}}$ Einheitsvektoren in verschiedenen Richtungen. Man zeige, daß $\hat{\mathbf{u}} + \hat{\mathbf{v}}$ den Winkel zwischen ihnen halbiert. Ist $(\hat{\mathbf{u}} + \hat{\mathbf{v}})/2$ ein Einheitsvektor?

2.5. Die Einheitsvektoren i, j, k

Es seien **i**, **j**, **k** Einheitsvektoren in Richtung der x-Achse, y-Achse bzw. z-Achse. Dann ist

$$\mathbf{i} = (1, 0, 0), \quad \mathbf{j} = (0, 1, 0), \quad \mathbf{k} = (0, 0, 1).$$

Wendet man die Regeln für Multiplikation eines Vektors mit einem Skalar und Addition von Vektoren an, so kann man den Vektor $\mathbf{a} = (a_1, a_2, a_3)$ schreiben als

$$\mathbf{a} = a_1\mathbf{i} + a_2\mathbf{j} + a_3\mathbf{k}.$$

Man kann leicht zeigen, daß diese Darstellung **a** eindeutig bestimmt, wenn das Tripel **i**, **j**, **k** bekannt ist.
Die drei Vektoren **i**, **j**, **k** sind Einheitsvektoren, die aufeinander senkrecht stehen. Eine Menge dreier aufeinander senkrecht stehender Einheitsvektoren heißt *orthonormales* System. Da jeder Vektor als Linearkombination von **i**, **j**, **k** geschrieben werden kann, sagt man auch, daß diese Vektoren eine *Orthonormalbasis* für die Gesamtheit aller Vektoren bilden. Orthonormalbasen spielen in der Vektorrechnung eine wichtige Rolle.

---

[1]) Diese Beziehungen sind unter dem Namen *Dreiecksungleichung* bekannt.

Übungsaufgaben. 17. Die Ortsvektoren der Punkte A und B relativ zum Ursprung O des Koordinatensystems Oxyz seien $\mathbf{i} - \mathbf{j} + 2\mathbf{k}$ bzw. $5\mathbf{i} + \mathbf{j} + 6\mathbf{k}$. Man zeige $AB = 6$.

18. Man berechne a, b, c, wenn gilt

$$(a + b - 2)\,\mathbf{i} + (c - 1)\,\mathbf{j} + (a + c)\,\mathbf{k} = \mathbf{0}.$$

2.6. Das Skalarprodukt

Das Skalarprodukt (oder innere Produkt) zweier Vektoren $\mathbf{a} = (a_1, a_2, a_3)$ und $\mathbf{b} = (b_1, b_2, b_3)$ ist definiert als

$$\mathbf{a} \cdot \mathbf{b} = a_1 b_1 + a_2 b_2 + a_3 b_3. \tag{2.15}$$

Diese Operation zwischen zwei Vektoren ist kommutativ, denn es gilt

$$\mathbf{b} \cdot \mathbf{a} = b_1 a_1 + b_2 a_2 + b_3 a_3 = \mathbf{a} \cdot \mathbf{b}. \tag{2.16}$$

Das Skalarprodukt von $\mathbf{a}$ mit sich selbst ist

$$\mathbf{a} \cdot \mathbf{a} = a_1^2 + a_2^2 + a_3^2 = a^2;$$

also ist $\mathbf{a} \cdot \mathbf{a}$ das Quadrat der Länge von $\mathbf{a}$.
Es seien $\mathbf{a} = (a_1, a_2, a_3)$, $\mathbf{b} = (b_1, b_2, b_3)$ und $\mathbf{c} = (c_1, c_2, c_3)$, so gilt

$$\mathbf{a} \cdot (\mathbf{b} + \mathbf{c}) = \mathbf{a} \cdot \mathbf{b} + \mathbf{a} \cdot \mathbf{c}; \tag{2.17}$$

das ist das Distributivgesetz. Es ist leicht zu beweisen:

$$\begin{aligned} \mathbf{a} \cdot (\mathbf{b} + \mathbf{c}) &= (a_1, a_2, a_3) \cdot (b_1 + c_1, b_2 + c_2, b_3 + c_3) \\ &= (a_1 b_1 + a_1 c_1 + a_2 b_2 + a_2 c_2 + a_3 b_3 + a_3 c_3) \\ &= (a_1 b_1 + a_2 b_2 + a_3 b_3) + (a_1 c_1 + a_2 c_2 + a_3 c_3) \\ &= \mathbf{a} \cdot \mathbf{b} + \mathbf{a} \cdot \mathbf{c}. \end{aligned}$$

Skalare Invarianten. Jeder Skalar, der in verschiedenen Koordinatensystemen den gleichen Wert annimmt, heißt skalare Invariante. Die Komponenten eines Vektors $\mathbf{a} = (a_1, a_2, a_3)$ beispielsweise sind keine skalaren Invarianten, da sie in verschiedenen Koordinatensystemen unterschiedliche Werte annehmen. Dagegen ist die Länge eines Vektors $\mathbf{a}$, also $a = \sqrt{a_1^2 + a_2^2 + a_3^2}$ eine skalare Invariante.
Da $\mathbf{a} \cdot \mathbf{a} = a^2$ ist, ist das Skalarprodukt eines Vektors mit sich selbst eine skalare Invariante. Dies ist ein Spezialfall des folgenden allgemeinen Satzes.
Das Skalarprodukt ist eine skalare Invariante. Um das zu beweisen, seien (a_1', a_2', a_3') und (b_1', b_2', b_3') die Komponenten von $\mathbf{a}$ und $\mathbf{b}$ bezüglich des System $Ox'y'z'$. Aus Gleichung (2.2) folgt dann

$$a_i' = \ell_{ij}\, a_j \quad \text{und} \quad b_i' = \ell_{ik}\, b_k \quad (i = 1, 2, 3)$$

und daher auch

$$a_i'\, b_i' = \ell_{ij}\, \ell_{ik}\, a_j\, b_k.$$

Aus den Orthonormalitätsbedingungen (1.29) folgt aber

$$\ell_{ij}\, \ell_{ik} = \delta_{jk},$$

also auch

$$a_i'\, b_i' = \delta_{jk}\, a_j\, b_k = a_k\, b_k;$$

d. h. $a_1'\, b_1' + a_2'\, b_2' + a_3'\, b_3' = a_1\, b_1 + a_2\, b_2 + a_3\, b_3$. Damit ist gezeigt, daß das Skalarprodukt von **a** und **b** bei Drehungen des Koordinatensystems invariant ist. Da das Skalarprodukt offensichtlich translationsinvariant ist (denn die Komponenten von **a** und **b** selbst sind invariant bei Translationen des Koordinatensystems), folgt auch, daß es eine skalare Invariante ist.

Geometrische Darstellung. Zwei Vektoren $\mathbf{a} = (a_1, a_2, a_3)$ und $\mathbf{b} = (b_1, b_2, b_3)$ (beide $\neq \mathbf{0}$) seien durch $\overrightarrow{OA}$ und $\overrightarrow{OB}$ dargestellt, und die Richtungskosinus der gerichteten Strecken OA und OB bezüglich der Koordinaten Oxyz seien $\alpha_1, \alpha_2, \alpha_3$ und $\beta_1, \beta_2, \beta_3$. Sind die Koordinaten von A, B durch (a_1, a_2, a_3) bzw. (b_1, b_2, b_3) gegeben, so folgt aus Gleichung (1.4)

$$\alpha_i = \frac{a_i}{a}, \quad \beta_i = \frac{b_i}{b} \quad (i = 1, 2, 3).$$

Damit gilt, wenn man die Summenkonvention benutzt,

$$ab\alpha_i\, \beta_i = a_i\, b_i.$$

Wenn ϑ der Winkel zwischen OA und OB ist (Fig. 17), so besagt Gleichung (1.9)

$$\cos \vartheta = \alpha_i\, \beta_i.$$

Daraus folgt

$$\mathbf{a} \cdot \mathbf{b} = ab \cos \vartheta. \tag{2.18}$$

Das ist eine wichtige Beziehung, die oft auch als Definition des Skalarproduktes genommen wird.

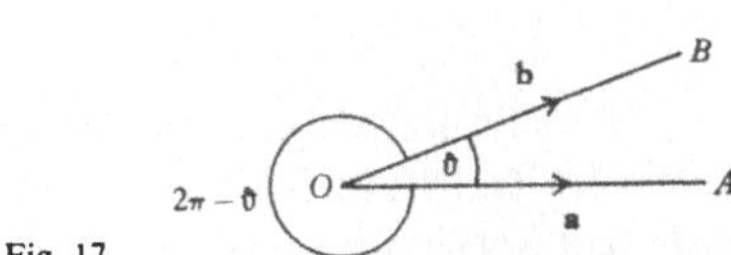

Fig. 17

Man beachte, daß wegen $\cos(2\pi - \vartheta) = \cos\vartheta$ keine Zweideutigkeiten entstehen, wenn $2\pi - \vartheta$ der Winkel zwischen OA und OB ist.

Zwei Vektoren **a** *und* **b** *(beide* $\neq \mathbf{0}$*) bilden genau dann einen rechten Winkel miteinander, wenn* $\mathbf{a} \cdot \mathbf{b} = 0$ *gilt.* Stehen nämlich **a** und **b** senkrecht aufeinander, so gilt $\vartheta = \pi/2$ (oder $= 3\pi/2$), und aus Gleichung (2.18) folgt $\mathbf{a} \cdot \mathbf{b} = 0$. Umgekehrt ist $\mathbf{a} \cdot \mathbf{b} = 0$ und $a \neq 0$, $b \neq 0$, so ist $\cos\vartheta = 0$; daraus folgt $\vartheta = \pi/2$ (oder $3\pi/2$), was zeigt, daß **a** und **b** senkrecht aufeinander stehen.

Skalarprodukte aus je zwei der i, j, k. Die Einheitsvektoren **i, j, k,** die im vorigen Abschnitt eingeführt wurden, sind so gewählt, daß das Skalarprodukt eines dieser Vektoren mit sich selbst Eins ergibt, während das Skalarprodukt eines von ihnen mit irgendeinem anderen Null wird. Diese Vektoren sind nämlich von der Länge 1 und stehen aufeinander senkrecht. Es gilt also

$$\left.\begin{aligned} &\mathbf{i} \cdot \mathbf{i} = \mathbf{j} \cdot \mathbf{j} = \mathbf{k} \cdot \mathbf{k} = 1; \\ \text{und}\quad &\mathbf{i} \cdot \mathbf{j} = \mathbf{j} \cdot \mathbf{k} = \mathbf{k} \cdot \mathbf{i} = 0. \end{aligned}\right\} \tag{2.19}$$

Benutzt man das zusammen mit dem Distributivgesetz, so kann das Skalarprodukt zweier Vektoren

$$\mathbf{a} = a_1\mathbf{i} + a_2\mathbf{j} + a_3\mathbf{k} \quad \text{und} \quad \mathbf{b} = b_1\mathbf{i} + b_2\mathbf{j} + b_3\mathbf{k}$$

auf die folgende Art berechnet werden:

$$\begin{aligned} \mathbf{a} \cdot \mathbf{b} &= (a_1\,\mathbf{i} + a_2\,\mathbf{j} + a_3\mathbf{k}) \cdot (b_1\,\mathbf{i} + b_2\,\mathbf{j} + b_3\mathbf{k}) \\ &= a_1\,b_1\,\mathbf{i} \cdot \mathbf{i} + a_1\,b_2\,\mathbf{i} \cdot \mathbf{j} + a_1\,b_3\,\mathbf{i} \cdot \mathbf{k} + \\ &\quad + a_2\,b_1\,\mathbf{j} \cdot \mathbf{i} + a_2\,b_2\,\mathbf{j} \cdot \mathbf{j} + a_2\,b_3\,\mathbf{j} \cdot \mathbf{k} + \\ &\quad + a_3\,b_1\,\mathbf{k} \cdot \mathbf{i} + a_3\,b_2\,\mathbf{k} \cdot \mathbf{j} + a_3\,b_3\,\mathbf{k} \cdot \mathbf{k} \\ &= a_1\,b_1 + a_2\,b_2 + a_3\,b_3. \end{aligned}$$

Natürlich liefert Definition (2.15) dieses Ergebnis unmittelbar.

Richtungskoeffizienten von Vektoren. Der Richtungskoeffizient (oder Entwicklungskoeffizient) eines Vektors **a** in Richtung (oder entlang) eines Einheitsvektors $\hat{\mathbf{n}}$ ist definiert als

$$a_n = \mathbf{a} \cdot \hat{\mathbf{n}}. \tag{2.20}$$

Ist ϑ der Winkel zwischen **a** und $\hat{\mathbf{n}}$, so liefert die Entwicklung von **a** in Richtung $\hat{\mathbf{n}}$

$$a_n = \mathbf{a} \cdot \hat{\mathbf{n}} = a\,|\hat{\mathbf{n}}|\cos\vartheta = a\cos\vartheta.$$

Fig. 18 zeigt die geometrische Interpretation dazu. Der Richtungskoeffizient von **a** in Richtung $\hat{\mathbf{n}}$ ist die Projektion von **a** auf $\hat{\mathbf{n}}$ (dabei wird $\hat{\mathbf{n}}$ verlängert, falls das notwendig ist).

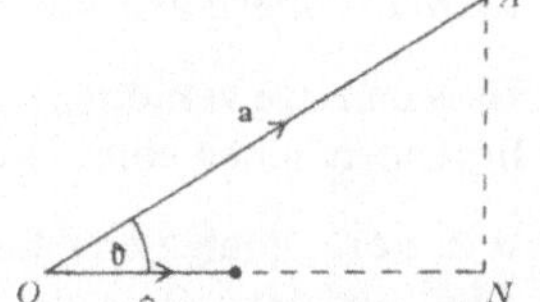

Fig. 18
Der Entwicklungskoeffizient von **a** in Richtung $\hat{\mathbf{n}}$ ist die Projektion ON von **a** auf $\hat{\mathbf{n}}$

Der Richtungskoeffizient von **a** entlang irgendeines Vektors **b** ist definiert als $\mathbf{a} \cdot \hat{\mathbf{b}}$, wobei

$$\hat{\mathbf{b}} = \mathbf{b}/b = (b_1, b_2, b_3) \,/\, \sqrt{b_1^2 + b_2^2 + b_3^2}$$

der Einheitsvektor in Richtung **b** ist.

Ist $\quad \mathbf{a} = a_1\,\mathbf{i} + a_2\,\mathbf{j} + a_3\,\mathbf{k}$,

so sind die Richtungskoeffizienten von **a** in Richtung **i**, **j**, **k**, jeweils

$$\mathbf{a} \cdot \mathbf{i} = a_1, \mathbf{a} \cdot \mathbf{j} = a_2, \mathbf{a} \cdot \mathbf{k} = a_3.$$

Die Richtungskoeffizienten von **a** entlang der x-, y- bzw. z-Achse sind also die entsprechenden Komponenten des Vektors **a**. Es soll jedoch darauf hingewiesen werden, daß dieses Resultat nicht richtig ist, wenn **a** auf ein nicht-orthonormiertes Koordinatensystem bezogen ist (s. Aufgabe 40 in 2.8).

Übungsaufgaben. 19. Man berechne das Skalarprodukt der Vektoren $\mathbf{a} = (1, -1, 0)$ und $\mathbf{b} = (3, 4, 5)$.

20. Mit Hilfe der Formel $\mathbf{a} \cdot \mathbf{b} = ab \cos \vartheta$ berechne man den Winkel zwischen den Vektoren $\mathbf{a} = (0, -1, 1)$ $\mathbf{b} = (3, 4, 5)$.

21. Ein System rechtwinkliger kartesischer Koordinaten sei so angeordnet, daß die x-Achse nach Osten, die y-Achse nach Norden und die z-Achse senkrecht dazu nach oben zeigt. Man berechne das Skalarprodukt der Vektoren **a** und **b** für die folgenden Fälle:

a) **a** hat die Länge 3 und zeigt nach SO, **b** hat die Länge 2 und zeigt nach O;

b) **a** hat die Länge 1 und zeigt nach NO, **b** hat die Länge 2 und zeigt senkrecht nach oben;

c) **a** hat die Länge 1 und zeigt nach NO, **b** hat die Länge 2 und zeigt nach W.

22. Sei $\mathbf{a} = \mathbf{i} - \mathbf{j}$, $\mathbf{b} = -\mathbf{j} + 2\mathbf{k}$; man zeige $(\mathbf{a} + \mathbf{b}) \cdot (\mathbf{a} - 2\mathbf{b}) = -9$.

23. Man zeige, daß die Vektoren $\mathbf{i} + \mathbf{j} + \mathbf{k}$, $\lambda^2\mathbf{i} - 2\lambda\,\mathbf{j} + \mathbf{k}$ genau dann senkrecht zueinander sind, wenn $\lambda = 1$ gilt.

24. Man finde den Richtungskoeffizienten von **i** in Richtung des Vektors $\mathbf{i} + \mathbf{j} + 2\mathbf{k}$.

25. Man zerlege den Vektor $3\mathbf{i} + 4\mathbf{j}$ in Richtung der Vektoren $4\mathbf{i} - 3\mathbf{j}$, $4\mathbf{i} + 3\mathbf{j}$ bzw. $\mathbf{k}$.

26. Man zeige vektoriell, daß die Senkrechten von den Eckpunkten auf die gegenüberliegenden Seiten eines Dreiecks sich schneiden.

Hinweis. Man ziehe die Senkrechten von den Eckpunkten A und B des Dreiecks ABC und lege O in den Schnittpunkt. Seien die Ortsvektoren von A, B und C relativ zu O durch $\mathbf{a}$, $\mathbf{b}$, $\mathbf{c}$ gegeben, so zeige man $\mathbf{a} \cdot (\mathbf{b} - \mathbf{c}) = \mathbf{b} \cdot (\mathbf{c} - \mathbf{a}) = 0$. Daraus schließe man $\mathbf{c} \cdot (\mathbf{a} - \mathbf{b}) = 0$ und interpretiere.

2.7. Das Vektorprodukt

Das Vektorprodukt der Vektoren $\mathbf{a} = (a_1, a_2, a_3)$ und $\mathbf{b} = (b_1, b_2, b_3)$ ist definiert als

$$\mathbf{a} \times \mathbf{b} = (a_2 b_3 - a_3 b_2, a_3 b_1 - a_1 b_3, a_1 b_2 - a_2 b_1). \tag{2.21}$$

In anderer Form ist das Vektorprodukt von

$$\mathbf{a} = a_1 \mathbf{i} + a_2 \mathbf{j} + a_3 \mathbf{k} \quad \text{und} \quad \mathbf{b} = b_1 \mathbf{i} + b_2 \mathbf{j} + b_3 \mathbf{k}$$

gegeben durch

$$\mathbf{a} \times \mathbf{b} = \begin{vmatrix} \mathbf{i} & \mathbf{j} & \mathbf{k} \\ a_1 & a_2 & a_3 \\ b_1 & b_2 & b_3 \end{vmatrix}. \tag{2.22}$$

Die Schreibweise, die in (2.21) benutzt wurde, legt nahe, daß das Vektorprodukt zweier Vektoren wieder ein Vektor ist. Dieses Ergebnis soll nun bewiesen werden.

Zunächst ist zu bemerken, daß $\mathbf{a} \times \mathbf{b}$ sicher die Bedingungen 1 und 2 der Definition eines Vektors aus 2.2 erfüllt und es bleibt nur noch zu zeigen, daß auch 3 erfüllt ist.

Bequemlichkeitshalber kürzen wir ab

$$\mathbf{a} \times \mathbf{b} = (a_2 b_3 - a_3 b_2, a_3 b_1 - a_1 b_3, a_1 b_2 - a_2 b_1) = (c_1, c_2, c_3).$$

Bezogen auf das System $Ox'y'z'$ (definiert in 2.2) gelte

$$\mathbf{a} = (a_1', a_2', a_3'), \quad \mathbf{b} = (b_1', b_2', b_3'),$$

und damit (in diesem System)

$$\mathbf{a} \times \mathbf{b} = (a_2' b_3' - a_3' b_2', a_3' b_1' - a_1' b_3', a_1' b_2' - a_2' b_1') = (c_1', c_2', c_3').$$

Bedingung 3 ist erfüllt, wenn wir beweisen können, daß gilt

$$\begin{aligned} c_1' &= \ell_{11} c_1 + \ell_{12} c_2 + \ell_{13} c_3, \\ c_2' &= \ell_{21} c_1 + \ell_{22} c_2 + \ell_{23} c_3, \\ c_3' &= \ell_{31} c_1 + \ell_{32} c_2 + \ell_{33} c_3. \end{aligned} \tag{2.23}$$

Benutzen wir das Transformationsgesetz (2.1) für die Vektoren **a** und **b**, so wird die Größe $c_1' = a_2' b_3' - a_3' b_2'$ zu

$$\begin{aligned} c_1' = {} & (\ell_{21} a_1 + \ell_{22} a_2 + \ell_{23} a_3)(\ell_{31} b_1 + \ell_{32} b_2 + \ell_{33} b_3) - \\ & - (\ell_{31} a_1 + \ell_{32} a_2 + \ell_{33} a_3)(\ell_{21} b_1 + \ell_{22} b_2 + \ell_{23} b_3) \\ = {} & (\ell_{22}\ell_{33} - \ell_{23}\ell_{32})(a_2 b_3 - a_3 b_2) + \\ & + (\ell_{23}\ell_{31} - \ell_{21}\ell_{33})(a_3 b_1 - a_1 b_3) + \\ & + (\ell_{21}\ell_{32} - \ell_{22}\ell_{31})(a_1 b_2 - a_2 b_1). \end{aligned}$$

Wenden wir nun das Ergebnis von Aufgabe 10 in 1.5 und die Definition der c_1, c_2, c_3 an, so folgt

$$c_1' = \ell_{11} c_1 + \ell_{12} c_2 + \ell_{13} c_3,$$

also die erste der Gleichungen (2.23). Die beiden anderen erhält man auf ähnliche Weise und damit ist der Beweis, daß $\mathbf{a} \times \mathbf{b}$ ein Vektor ist, vollständig.

Vertauscht man **a** und **b** in (2.21), so erhält man

$$\mathbf{b} \times \mathbf{a} = (b_2 a_3 - b_3 a_2, b_3 a_1 - b_1 a_3, b_1 a_2 - b_2 a_1);$$

also gilt $\mathbf{b} \times \mathbf{a} = -\mathbf{a} \times \mathbf{b}$, (2.24)

was zeigt, daß die Operation der Vektormultiplikation nicht kommutativ ist. Es ist daher wichtig, die Reihenfolge der Vektoren im Vektorprodukt beizubehalten.

Seien **a**, **b**, **c** drei Vektoren. Wie man leicht zeigt, gilt

$$\mathbf{a} \times (\mathbf{b} + \mathbf{c}) = \mathbf{a} \times \mathbf{b} + \mathbf{a} \times \mathbf{c}; \tag{2.25}$$

das Vektorprodukt erfüllt das Distributivgesetz.

Vektorprodukte aus Paaren der i, j, k. Da

$$\mathbf{i} = (1, 0, 0), \quad \mathbf{j} = (0, 1, 0), \quad \mathbf{k} = (0, 0, 1),$$

gilt
$$\mathbf{i} \times \mathbf{i} = \begin{vmatrix} \mathbf{i} & \mathbf{j} & \mathbf{k} \\ 1 & 0 & 0 \\ 1 & 0 & 0 \end{vmatrix} = \mathbf{0},$$

$$\mathbf{i} \times \mathbf{j} = \begin{vmatrix} \mathbf{i} & \mathbf{j} & \mathbf{k} \\ 1 & 0 & 0 \\ 0 & 1 & 0 \end{vmatrix} = \mathbf{k},$$

und durch zyklische Vertauschung von **i**, **j**, **k** erhält man vier ähnliche Beziehungen. Zusammengenommen gilt

$$\left.\begin{array}{l}\mathbf{i}\times\mathbf{i}=\mathbf{j}\times\mathbf{j}=\mathbf{k}\times\mathbf{k}=\mathbf{0},\\ \mathbf{i}\times\mathbf{j}=\mathbf{k},\quad \mathbf{j}\times\mathbf{k}=\mathbf{i},\quad \mathbf{k}\times\mathbf{i}=\mathbf{j}.\end{array}\right\} \tag{2.26}$$

Diese Gleichungen sollten mit den entsprechenden Gleichungen (2.19) verglichen werden, in denen das Skalarprodukt von Paaren der **i**, **j**, **k** berechnet wird. Man beachte, daß in der zweiten Gruppe der Gleichungen (2.26) das Vertauschen zweier Vektoren auf der linken Seite wegen (2.24) einen Vorzeichenwechsel bedeutet; z. B. ist $\mathbf{j}\times\mathbf{i}=-\mathbf{k}$.
Die Gleichungen (2.26) können in Verbindung mit dem Distributivgesetz (2.25) dazu benutzt werden, Vektorprodukte zu berechnen. Als Beispiel sei

$$\mathbf{u}=\mathbf{i}+3\mathbf{j}+\mathbf{k},\qquad \mathbf{v}=2\mathbf{i}-\mathbf{j}+2\mathbf{k}.$$

Dann gilt

$$\begin{aligned}\mathbf{u}\times\mathbf{v}&=(\mathbf{i}+3\mathbf{j}+\mathbf{k})\times(2\mathbf{i}-\mathbf{j}+2\mathbf{k})\\&=(2\mathbf{i}\times\mathbf{i}-\mathbf{i}\times\mathbf{j}+2\mathbf{i}\times\mathbf{k})+(6\mathbf{j}\times\mathbf{i}-3\mathbf{j}\times\mathbf{j}+6\mathbf{j}\times\mathbf{k})+\\&\quad+(2\mathbf{k}\times\mathbf{i}-\mathbf{k}\times\mathbf{j}+2\mathbf{k}\times\mathbf{k})\\&=(-\mathbf{k}-2\mathbf{j})+(-6\mathbf{k}+6\mathbf{i})+(2\mathbf{j}+\mathbf{i})\\&=7\mathbf{i}-7\mathbf{k}.\end{aligned}$$

Es ist jedoch bequemer, (2.22) zu benutzen, nämlich

$$\mathbf{u}\times\mathbf{v}=\begin{vmatrix}\mathbf{i}&\mathbf{j}&\mathbf{k}\\1&3&1\\2&-1&2\end{vmatrix}=7\mathbf{i}-7\mathbf{k}.$$

Geometrische Interpretation des Vektorproduktes. Seien die Vektoren **a** und **b** gegeben. Man wähle rechtwinklige Koordinaten Oxyz, so daß **a** und **b** parallel zur xy-Ebene liegen und **a** die Richtung von Ox hat. Sei α der Winkel zwischen **a** und **b**, gemessen von Ox in Richtung des positiven Quadranten der xy-Ebene (Fig. 19). Dann gilt

$$\mathbf{a}=a_1\mathbf{i},\qquad \mathbf{b}=b_1\mathbf{i}+b_2\mathbf{j},$$

woraus folgt

$$\mathbf{a}\times\mathbf{b}=a_1b_2\mathbf{k}.$$

In dieser speziellen Darstellung gilt

$$a_1=a,\qquad b_2=b\sin\alpha$$

und damit

$$\mathbf{a}\times\mathbf{b}=ab\sin\alpha\,\mathbf{k}. \tag{2.27}$$

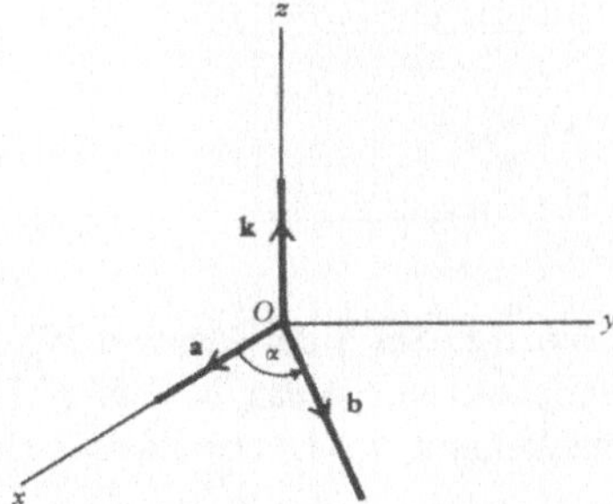

Fig. 19
Das Vektorprodukt $\mathbf{a} \times \mathbf{b}$ hat die Länge $ab \sin \alpha$ und die Richtung von $\mathbf{k}$

Ist $0 < \alpha < \pi$ also $\sin \alpha > 0$, so zeigt $\mathbf{a} \times \mathbf{b}$ in Richtung von Oz; ist dagegen $\pi < \alpha < 2\pi$ also $\sin \alpha < 0$, so hat $\mathbf{a} \times \mathbf{b}$ die zu Oz entgegengesetzte Richtung. Durch geeignete Wahl des Winkels zwischen **a** und **b**, kann man allerdings eine bessere geometrische Anschauung geben.
Sei ϑ der Winkel zwischen **a** und **b**, gemessen von **a** nach **b**, aber stets so gewählt, daß $0 \leqq \vartheta \leqq \pi$ gilt. Dann ist das Vektorprodukt $\mathbf{a} \times \mathbf{b}$ durch $ab (\sin \vartheta)\, \hat{\mathbf{c}}$ gegeben, wobei der Einheitsvektor $\hat{\mathbf{c}}$ auf **a** und auf **b** senkrecht steht und ein Beobachter, der in Richtung $\hat{\mathbf{c}}$ schaut, den Winkel ϑ im Uhrzeigersinn sieht[1]). Fig. 20 stellt diese Situation dar. Da $0 \leqq \vartheta \leqq \pi$ gilt, ist $ab \sin \vartheta$ die Länge und $\hat{\mathbf{c}}$ die Richtung von $\mathbf{a} \times \mathbf{b}$.

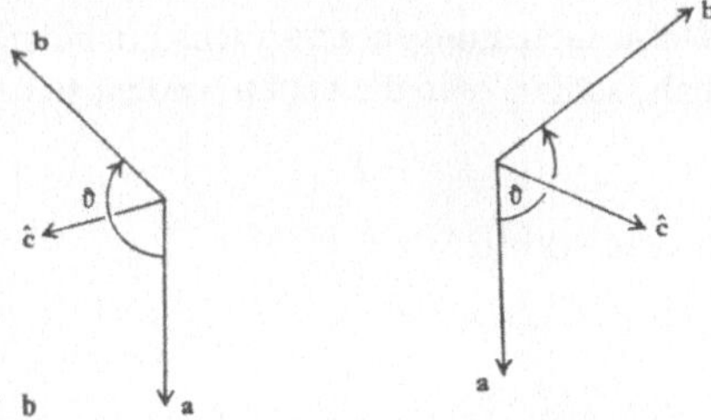

Fig. 20
Der Winkel ϑ wird stets im Bereich $0 \leqq \vartheta \leqq \pi$ gewählt. In beiden Diagrammen steht $\hat{\mathbf{c}}$ senkrecht auf **a** und auf b

Zwei Vektoren **a**, **b** ($\neq \mathbf{0}$) *sind genau dann parallel oder anti-parallel, wenn* $\mathbf{a} \times \mathbf{b} = \mathbf{0}$ *gilt.* Sind nämlich **a** und **b** parallel, so ist $\vartheta = 0$; sind **a** und **b** anti-parallel, so ist $\vartheta = \pi$. In beiden Fällen ist $\mathbf{a} \times \mathbf{b} = \mathbf{0}$, da $\sin \vartheta = 0$ ist. Umgekehrt, ist $\mathbf{a} \times \mathbf{b} = \mathbf{0}$ und dabei $a \neq 0$ und $b \neq 0$, so muß $\sin \vartheta = 0$ sein, also $\vartheta = 0$ oder π, was bedeutet, daß **a** und **b** entweder parallel oder anti-parallel sind.

Beispiel 2. Man zeige, daß $|\mathbf{a} \times \mathbf{b}|$ der Flächeninhalt des Parallelogramms mit den Seiten **a** und **b** ist.

---

[1]) Die Richtung von $\hat{\mathbf{c}}$ wird so gewählt, daß **a**, **b** und $\hat{\mathbf{c}}$ ein Rechtssystem bilden.

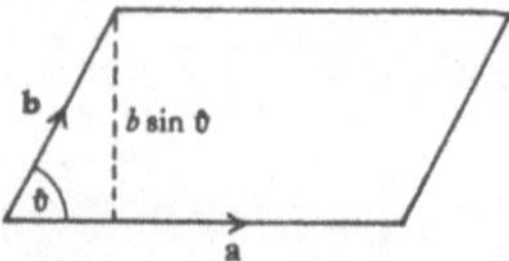

Fig. 21

Lösung. Sei ϑ der kleinere Winkel zwischen **a** und **b** (Fig. 21). Man fälle vom Endpunkt von **b** das Lot auf **a**. Es hat die Länge b sin ϑ. Der Flächeninhalt des Parallelogramms ist also Basis × Höhe = ab sin ϑ.

Beispiel 3. Man finde die allgemeinste Form des Vektors **r**, der die Gleichung $\mathbf{r} \times (1, 1, 1) = (2, -4, 2)$ erfüllt.

Lösung. Sei $\mathbf{r} = (a, b, c)$. Setzen wir das in die Gleichung ein, so erhalten wir

$$(a, b, c) \times (1, 1, 1) = (2, -4, 2),$$

also ist $(b - c, c - a, a - b) = (2, -4, 2)$.

Nach der Definition der Gleichheit von Vektoren folgt daraus

$$\begin{aligned} b - c &= 2, \\ c - a &= -4, \\ a - b &= 2. \end{aligned}$$

Diese Gleichungen sind nicht unabhängig voneinander, aber miteinander verträglich; addiert man die ersten beiden, so erhält man

$$b - a = -2,$$

also die dritte.

Sei $a = \lambda$.

Dann folgt sofort

$$b = \lambda - 2, \quad c = \lambda - 4.$$

Also kann man die allgemeine Lösung in der Form

$$\mathbf{r} = (\lambda, \lambda - 2, \lambda - 4)$$

mit beliebigem λ darstellen.

Bemerkung. Ist

$$\mathbf{r} \times \mathbf{a} = \mathbf{b},$$

so zeigt die geometrische Interpretation, daß **r** und **a** beide auf **b** senkrecht

stehen. Sind also **a** und **b** gegeben, so hat die Gleichung nur dann eine Lösung für **r**, wenn **a** und **b** aufeinander senkrecht stehen.
Es läßt sich zeigen (s. Aufgabe 48 am Ende des Kapitels), daß die allgemeine Lösung für **r**

$$\mathbf{r} = \lambda\mathbf{a} + (\mathbf{a} \times \mathbf{b})/a^2$$

ist. Der Leser rechne diese Bemerkung mit Hilfe des oben gelösten Beispiels nach.

Beispiel 4. Man zeige vektoriell, daß sich die Winkelhalbierenden eines Dreiecks in einem Punkt schneiden.

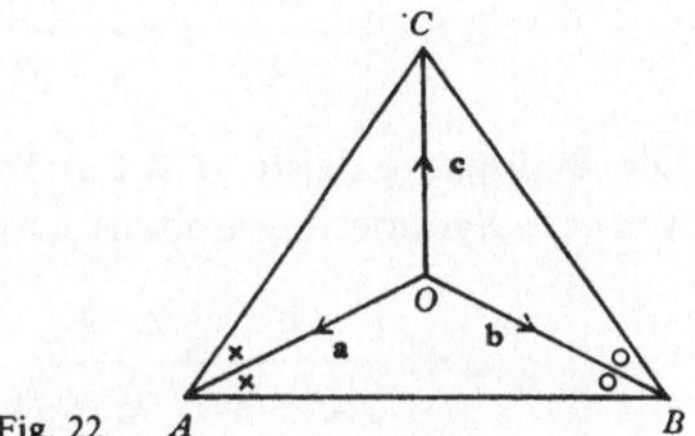

Fig. 22

Lösung. Sei O der Punkt, in dem sich die Winkelhalbierenden von A und B des Dreiecks ABC schneiden. Die Ortsvektoren von A, B und C relativ zu O seien **a**, **b** bzw. **c**. Dann gilt

$$\overrightarrow{AC} = \mathbf{c} - \mathbf{a}, \quad \overrightarrow{CB} = \mathbf{b} - \mathbf{c}, \quad \overrightarrow{BA} = \mathbf{a} - \mathbf{b}.$$

Sind $\hat{\mathbf{u}}$ und $\hat{\mathbf{v}}$ Einheitsvektoren, so ist die Winkelhalbierende zwischen ihnen parallel zu $\hat{\mathbf{u}} + \hat{\mathbf{v}}$ (s. Aufgabe 16). Die Einheitsvektoren in Richtung von $\overrightarrow{CA}$ und $\overrightarrow{BA}$ sind

$$\frac{\mathbf{a} - \mathbf{c}}{|\mathbf{a} - \mathbf{c}|} \quad \text{und} \quad \frac{\mathbf{a} - \mathbf{b}}{|\mathbf{a} - \mathbf{b}|}.$$

Also ist **a** parallel zu

$$\frac{\mathbf{a} - \mathbf{c}}{|\mathbf{a} - \mathbf{c}|} + \frac{\mathbf{a} - \mathbf{b}}{|\mathbf{a} - \mathbf{b}|}.$$

Ähnlich folgt, daß **b** parallel zu

$$\frac{\mathbf{b} - \mathbf{a}}{|\mathbf{b} - \mathbf{a}|} + \frac{\mathbf{b} - \mathbf{c}}{|\mathbf{b} - \mathbf{c}|}$$

ist. Diese Bedingungen lassen sich auch schreiben als

$$\mathbf{a} \times \left[\frac{\mathbf{a}-\mathbf{c}}{|\mathbf{a}-\mathbf{c}|} + \frac{\mathbf{a}-\mathbf{b}}{|\mathbf{a}-\mathbf{b}|}\right] = \mathbf{0}$$

und
$$\mathbf{b} \times \left[\frac{\mathbf{b}-\mathbf{a}}{|\mathbf{b}-\mathbf{a}|} + \frac{\mathbf{b}-\mathbf{c}}{|\mathbf{b}-\mathbf{c}|}\right] = \mathbf{0}.$$

Da $\mathbf{a} \times \mathbf{a} = \mathbf{0}$ und $\mathbf{b} \times \mathbf{b} = \mathbf{0}$ ist, vereinfacht sich das zu

$$\mathbf{a} \times \left[\frac{\mathbf{c}}{|\mathbf{a}-\mathbf{c}|} + \frac{\mathbf{b}}{|\mathbf{a}-\mathbf{b}|}\right] = \mathbf{0} \tag{2.28}$$

$$\mathbf{b} \times \left[\frac{\mathbf{a}}{|\mathbf{b}-\mathbf{a}|} + \frac{\mathbf{c}}{|\mathbf{b}-\mathbf{c}|}\right] = \mathbf{0}. \tag{2.29}$$

Die Bedingung dafür, daß CO Winkelhalbierende des Winkels bei C ist, läßt sich nun (aus Symmetriegründen) schreiben als

$$\mathbf{c} \times \left[\frac{\mathbf{b}}{|\mathbf{c}-\mathbf{b}|} + \frac{\mathbf{a}}{|\mathbf{c}-\mathbf{a}|}\right] = \mathbf{0}. \tag{2.30}$$

Das Ergebnis (2.30) folgt aber auch, wenn man (2.28) und (2.29) addiert, wobei man beachten muß, daß gilt:

1. $|\mathbf{a}-\mathbf{c}| = |\mathbf{c}-\mathbf{a}|$, und ähnliches für $|\mathbf{a}-\mathbf{b}|$ und $|\mathbf{b}-\mathbf{c}|$ und
2. $\mathbf{a} \times \mathbf{b} + \mathbf{b} \times \mathbf{a} = \mathbf{0}$, $\mathbf{a} \times \mathbf{c} = -\mathbf{c} \times \mathbf{a}$, $\mathbf{b} \times \mathbf{c} = -\mathbf{c} \times \mathbf{b}$.

Übungsaufgaben. 27. Man zeige: stehen in der Tabelle unten **a** und **b** in den ersten beiden Spalten, so steht $\mathbf{a} \times \mathbf{b}$ in der dritten Spalte.

	a	**b**	$\mathbf{a} \times \mathbf{b}$
a)	(3, 7, 2)	(1, 3, 1)	(1, −1, 2)
b)	(1, −3, 0)	(−2, 5, 0)	(0, 0, −1)
c)	(8, 8, −1)	(5, 5, 2)	(21, −21, 0).

28. Das System Oxyz sei so gegeben, daß Ox nach Osten, Oy nach Norden und Oz senkrecht nach oben zeigt. Man berechne das Vektorprodukt $\mathbf{a} \times \mathbf{b}$ aus den Vektoren **a** und **b** in den folgenden Fällen:
a) **a** hat die Länge 1 und zeigt nach O, **b** hat die Länge 2 und zeigt 30° N von O;
b) **a** hat die Länge 1 und zeigt nach O, **b** hat die Länge 2 und zeigt nach SW;
c) **a** hat die Länge 1 und zeigt senkrecht nach oben, **b** hat die Länge 1 und zeigt nach NO.

29. Man beweise das Distributivgesetz für Vektorprodukte komponentenweise, nämlich $\mathbf{a} \times (\mathbf{b} + \mathbf{c}) = \mathbf{a} \times \mathbf{b} + \mathbf{a} \times \mathbf{c}$.

30. Man zeige, daß für einen beliebigen Skalar λ gilt $\mathbf{a} \times (\lambda\mathbf{b}) = (\lambda\mathbf{a}) \times \mathbf{b} = \lambda\,(\mathbf{a} \times \mathbf{b})$.

31. Sei $\mathbf{a} \times \mathbf{b} = \mathbf{a} - \mathbf{b}$. Man zeige, daß $\mathbf{a} = \mathbf{b}$ gilt.

32. Man finde die allgemeine Form des Vektors $\mathbf{u}$, der die folgende Gleichung $\mathbf{u} \times (2, 1, -1) = (1, 0, 0) \times (2, 1, -1)$ erfüllt.

33. Man berechne a und b aus $(a\mathbf{i} + b\mathbf{j} + \mathbf{k}) \times (2\mathbf{i} + 2\mathbf{j} + 3\mathbf{k}) = \mathbf{i} - \mathbf{j}$.

34. Man zeige mit Hilfe eines Beispiels, daß das Assoziativgesetz für Vektorprodukte nicht allgemein gilt; d. h. man zeige, daß Vektoren $\mathbf{a}$, $\mathbf{b}$ und $\mathbf{c}$ existieren mit $\mathbf{a} \times (\mathbf{b} \times \mathbf{c}) \neq (\mathbf{a} \times \mathbf{b}) \times \mathbf{c}$.

35. Man zeige vektoriell, daß sich die Seitenhalbierenden eines Dreiecks in einem Punkt schneiden.

Hinweis. Seien E, F, G die Mittelpunkte der Seiten BC, CA bzw. AB des Dreiecks ABC. Sei O der Punkt, in dem sich AE und BF treffen, und seien die Ortsvektoren von A, B, C relativ zu O durch $\mathbf{a}$, $\mathbf{b}$, $\mathbf{c}$ gegeben. Man finde die Ortsvektoren von E und F und weise nach, daß $\mathbf{a} \times (\mathbf{b} + \mathbf{c}) = \mathbf{0}$ und $\mathbf{b} \times (\mathbf{c} + \mathbf{a}) = \mathbf{0}$ gilt. Dann zeige man $\mathbf{c} \times (\mathbf{a} + \mathbf{b}) = \mathbf{0}$, und schließe daraus das Verlangte.

2.8. Das Spatprodukt

Der Skalar $\mathbf{a} \cdot (\mathbf{b} \times \mathbf{c})$ heißt Spatprodukt. Sei

$$\mathbf{a} = (a_1, a_2, a_3), \quad \mathbf{b} = (b_1, b_2, b_3), \quad \mathbf{c} = (c_1, c_2, c_3),$$

so gilt

$$\mathbf{a} \cdot (\mathbf{b} \times \mathbf{c}) = \mathbf{a} \cdot \begin{vmatrix} \mathbf{i} & \mathbf{j} & \mathbf{k} \\ b_1 & b_2 & b_3 \\ c_1 & c_2 & c_3 \end{vmatrix}.$$

Daraus folgt

$$\mathbf{a} \cdot (\mathbf{b} \times \mathbf{c}) = \begin{vmatrix} a_1 & a_2 & a_3 \\ b_1 & b_2 & b_3 \\ c_1 & c_2 & c_3 \end{vmatrix}. \tag{2.31}$$

Wie leicht zu beweisen ist, gilt:

$$\mathbf{a} \cdot (\mathbf{b} \times \mathbf{c}) = (\mathbf{a} \times \mathbf{b}) \cdot \mathbf{c}; \tag{2.32}$$

„Punkt und Kreuz“ können im Spatprodukt vertauscht werden.

Geometrische Interpretation. Man betrachte das Parallelepiped mit den Kanten $\mathbf{a}$, $\mathbf{b}$, $\mathbf{c}$ (Fig. 23), in dem die Vektoren $\mathbf{b}$ und $\mathbf{c}$ horizontal liegen. Das Volumen des Parallelepipeds ist Grundfläche mal Höhe, also

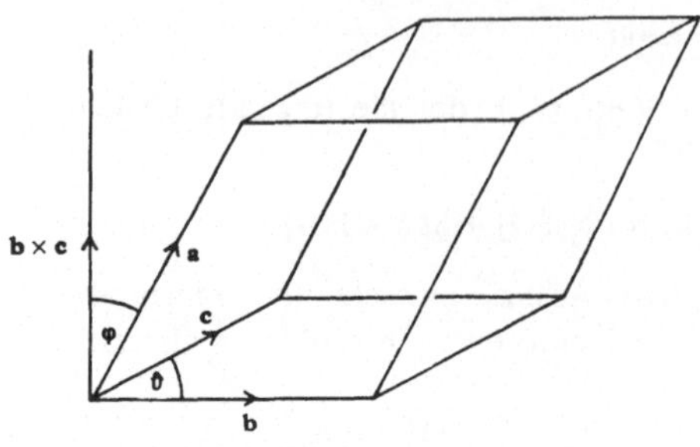

Fig. 23
Das Volumen des Parallelepipeds ist $|\mathbf{a} \cdot (\mathbf{b} \times \mathbf{c})|$

$$V = |(bc \sin \vartheta)(a \cos \varphi)|,$$

dabei ist ϑ der Winkel zwischen **b** und **c** und φ der Winkel zwischen **a** und der Senkrechten zur bc-Ebene. Außerdem gilt

$$\mathbf{b} \times \mathbf{c} = bc \sin \vartheta \, \mathbf{k},$$

wobei **k** der nach oben gerichtete vertikale Einheitsvektor ist. Ferner ist

$$\mathbf{a} \cdot \mathbf{k} = a \cos \varphi.$$

Daraus folgt

$$V = |\mathbf{a} \cdot (\mathbf{b} \times \mathbf{c})|. \tag{2.33}$$

Bedingungen dafür, daß Vektoren in einer Ebene liegen - koplanar sind. Drei Vektoren **a**, **b** und **c** ($\neq$ **0**) liegen genau dann in einer Ebene, wenn ihr Spatprodukt Null ist, d. h.

$$\mathbf{a} \cdot (\mathbf{b} \times \mathbf{c}) = 0.$$

B e w e i s. Da die Vektoren eine nicht verschwindende Länge haben, ist das Volumen des Parallelepipeds mit den Kanten **a**, **b**, **c** genau dann Null, wenn die Vektoren in einer Ebene liegen. Also folgt aus (2.33), daß **a**, **b**, **c** genau dann koplanar sind, wenn $\mathbf{a} \cdot (\mathbf{b} \times \mathbf{c}) = 0$ gilt.

B e m e r k u n g. Das Spatprodukt verschwindet zwar, wenn zwei der Vektoren parallel oder antiparallel sind, aber die Umkehrung davon ist nicht richtig.

Beispiel 5. Die Vektoren **a**, **b**, **c** (alle $\neq$ **0**) seien nicht koplanar. Man zeige, daß sich jeder beliebige Vektor **A** in der Form $\mathbf{A} = \lambda\mathbf{a} + \mu\mathbf{b} + \nu\mathbf{c}$ mit Skalaren λ, μ, ν schreiben läßt.

L ö s u n g. Sei $\mathbf{A} = (A_1, A_2, A_3)$, $\mathbf{a} = (a_1, a_2, a_3)$, $\mathbf{b} = (b_1, b_2, b_3)$ und $\mathbf{c} = (c_1, c_2, c_3)$. Dann gilt

$$\mathbf{A} = \lambda\mathbf{a} + \mu\mathbf{b} + \nu\mathbf{c}$$

genau dann, wenn

$$A_1 = \lambda a_1 + \mu b_1 + \nu c_1,$$
$$A_2 = \lambda a_2 + \mu b_2 + \nu c_2,$$
$$A_3 = \lambda a_3 + \mu b_3 + \nu c_3$$

ist. Das Gleichungssystem hat für λ, μ, ν genau dann eine eindeutige Lösung, wenn gilt

$$\begin{vmatrix} a_1 & a_2 & a_3 \\ b_1 & b_2 & b_3 \\ c_1 & c_2 & c_3 \end{vmatrix} \neq 0,$$

d. h. $\mathbf{a} \cdot (\mathbf{b} \times \mathbf{c}) \neq 0.$

Das ist aber erfüllt, da die Vektoren **a**, **b** und **c** nicht in einer Ebene liegen und nicht Null sind. Damit ist die Behauptung bewiesen.

Übungsaufgaben. 36. Man zeige komponentenweise oder anders, daß $\mathbf{a} \cdot (\mathbf{b} \times \mathbf{c}) = (\mathbf{a} \times \mathbf{b}) \cdot \mathbf{c}$ gilt.

37. Sei (x, y, z) ein Punkt der Ebene, die durch die Punkte (x_1, y_1, z_1) und (x_2, y_2, z_2) und den Ursprung geht. Man zeige

$$\begin{vmatrix} x & y & z \\ x_1 & y_1 & z_1 \\ x_2 & y_2 & z_2 \end{vmatrix} = 0.$$

38. Man zeige, daß für beliebige Skalare λ gilt $(\mathbf{a} + \lambda\mathbf{b}) \cdot (\mathbf{b} \times \mathbf{c}) = \mathbf{a} \cdot (\mathbf{b} \times \mathbf{c})$.

39. Man zeige, daß es zu je vier Vektoren **a**, **b**, **c**, **d** (alle $\neq$ **0**) Skalare p, q, r, s (nicht alle gleich 0) gibt, so daß $p\mathbf{a} + q\mathbf{b} + r\mathbf{c} + s\mathbf{d} = \mathbf{0}$ gilt.

Hinweis. Man behandle a) den Fall, daß drei der Vektoren nicht in einer Ebene liegen und b) den Fall, daß alle vier Vektoren in einer Ebene liegen.

40. Seien OX, OY, OZ ein System schiefwinkliger Achsen (d.h. die Achsen OX, OY, OZ seien Geraden, die nicht notwendig senkrecht aufeinander stehen und nicht in einer Ebene liegen), und seien **I**, **J**, **K** die Einheitsvektoren in den drei Koordinatenrichtungen. Ein Vektor A sei in der Form $\mathbf{A} = A_1\mathbf{I} + A_2\mathbf{J} + A_3\mathbf{K}$ gegeben, dann heißen A_1, A_2, A_3 Komponenten von A. Man zeige, daß die Komponenten nicht mit den Richtungskoeffizienten von A entlang OX, OY, OZ übereinstimmen.

2.9. Das doppelte Vektorprodukt

Vektoren wie $\mathbf{a} \times (\mathbf{b} \times \mathbf{c})$ oder $(\mathbf{a} \times \mathbf{b}) \times \mathbf{c}$ werden doppelte Vektorprodukte genannt. Die folgenden unten bewiesenen Gleichungen werden oft benötigt:

$$(\mathbf{a} \times \mathbf{b}) \times \mathbf{c} = (\mathbf{a} \cdot \mathbf{c})\, \mathbf{b} - (\mathbf{b} \cdot \mathbf{c})\, \mathbf{a}; \tag{2.34}$$
$$\mathbf{a} \times (\mathbf{b} \times \mathbf{c}) = (\mathbf{a} \cdot \mathbf{c})\, \mathbf{b} - (\mathbf{a} \cdot \mathbf{b})\, \mathbf{c}. \tag{2.35}$$

Beweis. Wir wählen ein Koordinatensystem Oxyz, in dem die x-Achse in Richtung $\mathbf{a}$ zeigt und $\mathbf{b}$ parallel zur xy-Ebene liegt (Fig. 19 in 2.7). Dann gilt

$$\mathbf{a} = (a_1, 0, 0), \quad \mathbf{b} = (b_1, b_2, 0), \quad \mathbf{c} = (c_1, c_2, c_3).$$

Es folgt

$$\mathbf{a} \times \mathbf{b} = (0, 0, a_1 b_2),$$

und daraus

$$(\mathbf{a} \times \mathbf{b}) \times \mathbf{c} = (-a_1 b_2 c_2, a_1 b_2 c_1, 0). \tag{2.36}$$

Außerdem gilt

$$(\mathbf{a} \cdot \mathbf{c})\, \mathbf{b} - (\mathbf{b} \cdot \mathbf{c})\, \mathbf{a} = a_1 c_1 \mathbf{b} - (b_1 c_1 + b_2 c_2)\, \mathbf{a} = (-a_1 b_2 c_2, a_1 b_2 c_1, 0). \tag{2.37}$$

Der Vergleich von (2.36) und (2.37) liefert (2.34).
Die zweite Gleichung (2.35) wird entweder genauso bewiesen, oder man benutzt zum Beweis (2.34).

Bemerkung. Um (2.34) und (2.35) im Gedächtnis zu behalten, merke man sich, daß die Vektoren, die auf der linken Seite innerhalb der Klammer stehen, rechts außerhalb der Klammer auftreten; der mittlere Vektor $\mathbf{b}$ kommt zuerst und jeder Summand enthält $\mathbf{a}$, $\mathbf{b}$, $\mathbf{c}$ genau einmal.

Übungsaufgaben. 41. Ein Dreieck habe die Vektoren $\mathbf{a}$ und $\mathbf{b}$ als Seiten. Man zeige, daß das Dreieck den Flächeninhalt $(1/2)\, |\mathbf{a} \times \mathbf{b}|$ hat.

42. Man beweise die Formel (2.35) mit Hilfe der Formel (2.34).

Hinweis. Man benutze, daß für je zwei Vektoren $\mathbf{A}$ und $\mathbf{B}$ gilt $\mathbf{A} \times \mathbf{B} = -\mathbf{B} \times \mathbf{A}$.

43. Man zeige, daß für $\mathbf{a}, \mathbf{b}, \mathbf{c}$ $(\neq \mathbf{0})$ mit $(\mathbf{a} \times \mathbf{b}) \times \mathbf{c} = \mathbf{a} \times (\mathbf{b} \times \mathbf{c})$ entweder $\mathbf{b}$ senkrecht auf $\mathbf{a}$ und auf $\mathbf{c}$ steht, oder $\mathbf{a}$ und $\mathbf{c}$ parallel bzw. anti-parallel sind.

Hinweis. Man entwickle, indem man (2.34) und (2.35) benutzt.

2.10. Das Produkt aus vier Vektoren

Mitunter wird es notwendig, Produkte aus vier Vektoren zu berechnen. Diese Rechnung schließt Gleichung (2.34) und (2.35) ein, zusammen mit dem Wissen, daß Punkt und Kreuz beim Spatprodukt vertauschbar sind. Es gilt z. B.

$$(\mathbf{a}\times\mathbf{b})\cdot(\mathbf{c}\times\mathbf{d}) = \mathbf{a}\cdot(\mathbf{b}\times(\mathbf{c}\times\mathbf{d})). \tag{2.38}$$

Entwickelt man das doppelte Vektorprodukt, so gilt

$$\mathbf{b}\times(\mathbf{c}\times\mathbf{d}) = (\mathbf{b}\cdot\mathbf{d})\,\mathbf{c} - (\mathbf{b}\cdot\mathbf{c})\,\mathbf{d}$$

und Einsetzen in Gleichung (2.38) liefert

$$(\mathbf{a}\times\mathbf{b})\cdot(\mathbf{c}\times\mathbf{d}) = (\mathbf{b}\cdot\mathbf{d})\,(\mathbf{a}\cdot\mathbf{c}) - (\mathbf{b}\cdot\mathbf{c})\,(\mathbf{a}\cdot\mathbf{d}),$$

so daß gilt

$$(\mathbf{a}\times\mathbf{b})\cdot(\mathbf{c}\times\mathbf{d}) = \begin{vmatrix}\mathbf{a}\cdot\mathbf{c} & \mathbf{a}\cdot\mathbf{d}\\ \mathbf{b}\cdot\mathbf{c} & \mathbf{b}\cdot\mathbf{d}\end{vmatrix}. \tag{2.39}$$

Weitere Aufgaben über Produkte aus vier Vektoren folgen unten.

Übungsaufgaben. 44. Man zeige $|\mathbf{a}\times\mathbf{b}|^2 = a^2 b^2 - (\mathbf{a}\cdot\mathbf{b})^2$.

45. Gegeben seien zwei Vektoren **a** und **r** durch den Ursprung. Man zeichne in ein Diagramm den Vektor $(\mathbf{a}\times\mathbf{r})\times\mathbf{a}$ ein. Man weise nach, daß die Senkrechte vom Punkt mit dem Ortsvektor **r** auf **a** gegeben ist durch $|\mathbf{a}\times\mathbf{r}'^2 / |(\mathbf{a}\times\mathbf{r})\times\mathbf{a}|$.

46. Man zeige $\mathbf{a}\times(\mathbf{b}\times(\mathbf{c}\times\mathbf{a})) = (\mathbf{a}\cdot\mathbf{b})\,\mathbf{a}\times\mathbf{c}$.

2.11. Gebundene Vektoren

In der Mechanik ist mitunter der Angriffspunkt einer Kraft oder ihre Wirkungslinie von Bedeutung; die Kraft zusammen mit ihrem Angriffspunkt oder ihrer Wirkungslinie wird dann auch gebundener Vektor genannt. Wir werden keine genauere Diskussion dieses Punktes bringen, da er besser in ein Buch über Mechanik paßt.

Übungsaufgaben. 47. Sei L die Wirkungslinie der Kraft **F** und O irgendein Punkt. Dann ist das Moment von **F** um O definiert als $\mathbf{G} = \mathbf{r}\times\mathbf{F}$, wobei $\mathbf{r} = \overrightarrow{OP}$ der Ortsvektor zu einem beliebigen Punkt P auf der Geraden L ist. Man zeige, daß **G** unabhängig von der speziellen Wahl von P auf L ist.

48. Sei wie schon in Aufgabe 47 das Moment **G** einer Kraft **F** durch **G** = **r** × **F** gegeben, wobei **r** der Ortsvektor von einem beliebigen Punkt auf L, der Wirkungslinie von **F**, relativ zu O ist. Durch Einsetzen (oder anders) zeige man, daß der Ortsvektor eines beliebigen Punktes auf L gegeben ist durch $\mathbf{r} = \lambda\mathbf{F} + (\mathbf{F} \times \mathbf{G})/F^2$ mit Parameter λ. Wie groß ist der senkrechte Abstand von O zu L?

3. Vektorfunktionen einer reellen Variablen. Differentialgeometrie von Kurven

3.1. Vektorfunktionen und ihre geometrische Bedeutung

Der Leser sollte bereits mit dem Begriff einer reellen Funktion f (x) der reellen Variablen x vertraut sein. In diesem Kapitel werden wir Vektorfunktionen einer reellen Variablen t behandeln.

Die Komponenten eines Vektors

$$\mathbf{F}(t) = (f_1(t), f_2(t), f_3(t)) \tag{3.1}$$

seien eindeutige Funktionen einer reellen Variablen t. Dann heißt **F**(t) Vektorfunktion von t. In den meisten Anwendungen ist t eine stetige Variable und $f_1(t)$, $f_2(t)$, $f_3(t)$ sind stetig[1]) über einem t-Intervall. Beispiele solcher Funktionen sind

$$\mathbf{F}(t) = (2, t^{1/2}, \sin t) \qquad 0 \leqq t < \infty,$$

und

$$\mathbf{F}(t) = \begin{cases} (t^3, t, 3) & \text{für} \quad -\infty < t \leqq 2, \\ (2t^2, 2, 6t^{-1}) & \text{für} \quad 2 < t < \infty. \end{cases}$$

Die Vektorfunktion

$$\mathbf{F}(t) = (1, t, t^{-1}) \qquad -1 \leqq t \leqq 1$$

ist nicht stetig, denn wenn t wächst und dabei durch Null läuft, ändert sich die z-Komponente t^{-1} von $-\infty$ in ∞.

Geometrische Bedeutung der Vektorfunktion. Eine stetige Vektorfunktion **F**(t) sei durch den Ortsvektor $\overrightarrow{OP}$ dargestellt, wobei O der Ursprung und P der Punkt $(f_1(t), f_2(t), f_3(t))$ sei. Dann beschreibt P eine stetige Kurve, wenn t im Definitionsbereich variiert (in drei Dimensionen s. Fig. 24). Es ist klar, daß sich im allgemeinen sowohl die Länge als auch die Richtung

---

[1]) Für genaue Definition der Stetigkeit vgl. z. B. Erwe, F.: Differential- und Integralrechnung I. Mannheim 1962. = BI-Hochschultaschenbücher, Bd. 30/30a.

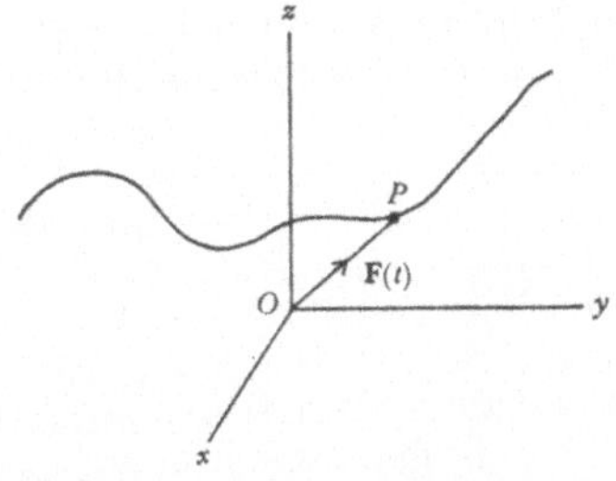

Fig. 24
Ein Punkt P, dessen Position durch eine Gleichung vom Typ (3.2) gegeben ist, beschreibt eine Kurve im dreidimensionalen Raum.

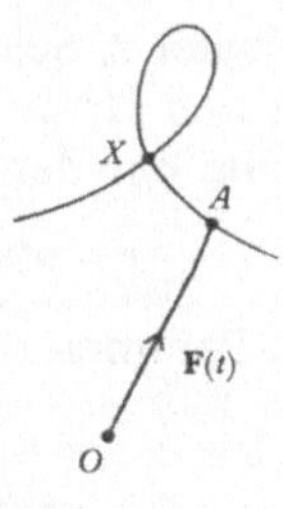

Fig. 25
Eine Kurve, die sich im Punkt X selbst schneidet

von **F**(t) mit t ändern. (Ein Vektor ist nur konstant, wenn sich weder seine Länge noch seine Richtung ändern.) Die Gleichung

$$\overrightarrow{OP} = \mathbf{r} = \mathbf{F}(t), \tag{3.2}$$

in der **r** = (x, y, z) ist, heißt P a r a m e t e r d a r s t e l l u n g der Kurve, die P durchläuft.

Man sollte darauf hinweisen, daß sich für zwei oder mehr Werte von t der gleiche Vektor **F** ergeben kann, obwohl **F**(t) eine eindeutige Funktion der Variablen t ist. Mit anderen Worten: es ist möglich, daß die Zuordnung des Vektors **F**(t) zur Variablen t nicht eindeutig ist. Ein einfacher Fall dieser Art tritt ein, wenn $\mathbf{F} = \overrightarrow{OA}$ der Ortsvektor eines bewegten Punktes A ist; dann bedeutet t gewöhnlich die Zeit. Wenn der Punkt A eine Kurve beschreibt, die sich selbst im Punkt X schneidet (Fig. 25), so wird X von A zu zwei verschiedenen Zeiten t_1 und t_2 durchlaufen. Es gilt

$$\mathbf{F}(t_1) = \mathbf{F}(t_2) = \overrightarrow{OX}.$$

Eine ähnliche Situation entsteht, wenn ein Punkt einen Teil seines Weges (oder den ganzen Weg) wiederholt.

Beispiel 1. Ein Punkt P habe, bezogen auf ein rechtwinkliges kartesisches Koordinatensystem Oxyz, den Ortsvektor $\overrightarrow{OP} = a(\cos\vartheta, 0, \sin\vartheta)$. Man bestimme den Ort von P, wenn ϑ sich ändert und a fest bleibt.

L ö s u n g. In Komponenten gilt

$$x = a\cos\vartheta, \quad y = 0, \quad z = a\sin\vartheta.$$

Beachten wir, daß $\cos^2\vartheta + \sin^2\vartheta = 1$ ist, so erhalten wir

$$x^2 + z^2 = a^2, \quad y = 0.$$

Also durchläuft P, wenn ϑ sich ändert, den Kreis $x^2 + z^2 = a^2$ in der zx-Ebene.

Beispiel 2. Seien **a** und **b** die Ortsvektoren der Punkte A und B bezogen auf den Ursprung O. Man zeige, daß die Gleichung für die Gerade durch A und B in der Form

$$\mathbf{r} = \mathbf{a} + (\mathbf{b} - \mathbf{a})\, t \tag{3.3}$$

mit Parameter t dargestellt werden kann (Fig. 26).

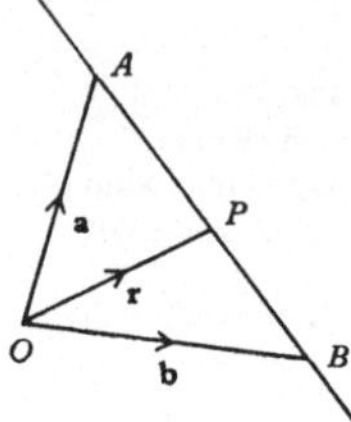

Fig. 26

Lösung. Der Ortsvektor des Punktes B relativ zu A ist

$$\overrightarrow{AB} = \mathbf{b} - \mathbf{a}.$$

Der Punkt P mit dem Ortsvektor **r** liegt genau dann auf der Geraden durch A und B (Fig. 26), wenn

$$\overrightarrow{AP} = (\mathbf{b} - \mathbf{a})\, t$$

für eine reelle Zahl t gilt. Beachtet man

$$\overrightarrow{OP} = \overrightarrow{OA} + \overrightarrow{AP},$$

so folgt

$$\mathbf{r} = \mathbf{a} + (\mathbf{b} - \mathbf{a})\, t.$$

Das ist die Parameterdarstellung der Geraden durch die Punkte A und B, da die Ortsvektoren aller Punkte P der Geraden in dieser Form dargestellt werden können.

Bemerkung. Ist A der Punkt (x_0, y_0, z_0), B der Punkt (x_1, y_1, z_1) und P der Punkt (x, y, z), so lautet (3.3) in Komponenten

$$x = x_0 + (x_1 - x_0)\, t, \quad y = y_0 + (y_1 - y_0)\, t,$$
$$z = z_0 + (z_1 - z_0)\, t.$$

Lösen wir das nach t auf, so erhalten wir

$$\frac{x - x_0}{x_1 - x_0} = \frac{y - y_0}{y_1 - y_0} = \frac{z - z_0}{z_1 - z_0}.$$

Das ist die übliche Form der Gleichung einer Geraden durch A (x_0, y_0, z_0) und B (x_1, y_1, z_1) in rechtwinkligen kartesischen Koordinaten.

Übungsaufgaben. 1. Der stetige Parameter t nehme alle reellen Werte an. Man skizziere die Kurven mit der Parameterdarstellung:

a) $\mathbf{r} = (2 \cos \pi t, \sin \pi t, 0)$,
b) $\mathbf{r} = (\sin \pi t, 0, 0)$,
c) $\mathbf{r} = (t, |t|, 0)$,
d) $\mathbf{r} = (t^2, t^3 - t, 0)$,
e) $\mathbf{r} = \begin{cases} (t, -t, 0) & \text{für } -\infty < t \leqq 0 \\ (t, -t^2, 0) & \text{für } 0 \leqq t < \infty. \end{cases}$

2. Die Punkte P und Q haben die Ortsvektoren $\mathbf{r}_P = (s^2 + c, s, 1)$, $\mathbf{r}_Q = (2t, t, t)$, mit Parametern s und t und der Konstanten c. Man berechne den Wert von c, für den sich die Kurven schneiden und zeige, daß der Schnittpunkt dann der Punkt (2, 1, 1) ist. Wie sehen die beiden Kurven aus?

3. Man zeige, daß die Geraden mit der Parameterdarstellung $\mathbf{r} = (1, 2, 5) + \lambda(0, 1, 0)$ und $\mathbf{r} = (0, -2, 4) + \mu(1, 2, 1)$, mit Parametern λ und μ einen Punkt gemeinsam haben. Berechne die Koordinaten dieses Punktes.

4. Seien λ und μ Parameter. Man zeige, daß die Kurven mit der Parameterdarstellung $\mathbf{r} = (1 + \lambda, 1 + 2\lambda, 1 + \lambda)$ und $\mathbf{r} = (2\mu, \mu, 2 - 4\mu)$ Geraden sind, die sich rechtwinklig schneiden.

5. Die Vektoren $\mathbf{a}$, $\hat{\mathbf{u}}$, $\hat{\mathbf{v}}$ seien konstant, s, t seien Parameter, die alle reellen Zahlen durchlaufen. Man zeige, daß der Ort des Punktes P mit dem Ortsvektor $\mathbf{r} = \mathbf{a} + s\hat{\mathbf{u}} + t\hat{\mathbf{v}}$ (bezogen auf den Ursprung) die Ebene durch den Punkt mit dem Ortsvektor $\mathbf{a}$ ist, die parallel zu der von den Vektoren $\hat{\mathbf{u}}$ und $\hat{\mathbf{v}}$ aufgespannten Ebene liegt.

6. Seien ϑ, φ Parameter, die alle reellen Zahlen durchlaufen. Man zeige, daß die Punkte P mit den Ortsvektoren $\mathbf{r} = (\cos\vartheta, \sin\vartheta \cos\varphi, \sin\vartheta \sin\varphi)$ auf einer Kugel liegen, deren Mittelpunkt der Ursprung ist, und die den Radius 1 hat.

3.2. Differenzieren eines Vektors

Nehmen wir an, daß die Funktionen $f_1(t)$, $f_2(t)$, $f_3(t)$ in einem Intervall einmal nach t differenzierbar sind. Dann ist die erste Ableitung von $\mathbf{F}(t)$ in diesem Intervall definiert als

$$\frac{d\mathbf{F}}{dt} = \left(\frac{df_1}{dt}, \frac{df_2}{dt}, \frac{df_3}{dt}\right). \tag{3.4}$$

Die Ableitung eines Vektors ist ebenfalls ein Vektor. Um das nachzuweisen, müssen wir zeigen, daß die Bedingungen 1, 2 und 3 der Definition aus 2.2 erfüllt sind.
Offensichtlich ist die erste Bedingung erfüllt. Außerdem sind

$$df_1/dt, \quad df_2/dt, \quad df_3/dt$$

translationsinvariant, da schon $f_1(t)$, $f_2(t)$, $f_3(t)$ bei einer Translation des Koordinatensystems ungeändert bleiben. Also ist die zweite Bedingung auch erfüllt.
Um die dritte Bedingung aus 2.2 zu beweisen, nehmen wir an, daß (f_1', f_2', f_3') die Komponenten von **F** bezüglich eines festen Koordinatensystems $Ox'y'z'$ sind. Wie schon in 1.6 seien ℓ_{ij} die Kosinus der Winkel zwischen Ox_i' und Ox_j. Da die beiden Koordinatensysteme fest gewählt sind, sind die ℓ_{ij} unabhängig von t, und wir erhalten durch Differenzieren der Transformationsgleichungen (2.2)

$$\frac{df_i'}{dt} = \ell_{ij}\frac{df_j}{dt}. \tag{3.5}$$

Da df_1'/dt, df_2'/dt, df_3'/dt die Komponenten von $\mathbf{dF}/dt$ bezogen auf das neue System $Ox'y'z'$ sind, sieht man aus dem Vergleich von (3.5) mit (2.2), daß die Bedingung 3 erfüllt ist. Also ist $\mathbf{dF}/dt$ ein Vektor.
Die Definition höherer Ableitungen von **F** bietet keine neuen Schwierigkeiten. Sind beispielsweise f_1, f_2, f_3 in einem Bereich zweifach differenzierbare Funktionen von t, so ist die zweite Ableitung des Vektors **F** nach t in diesem Bereich gegeben durch

$$\frac{d^2\mathbf{F}}{dt^2} = \frac{d}{dt}\left(\frac{d\mathbf{F}}{dt}\right) = \left(\frac{d^2 f_1}{dt^2}, \frac{d^2 f_2}{dt^2}, \frac{d^2 f_3}{dt^2}\right). \tag{3.6}$$

Wendet man den eben bewiesenen Satz auf $\mathbf{dF}/dt$ an, so folgt sofort, daß $d^2\mathbf{F}/dt^2$ auch ein Vektor ist.

Beispiel 3. Man berechne den Wert des Parameters λ, für den der Vektor $\mathbf{A} = (\cos\lambda x, \sin\lambda x, 0)$ die Differentialgleichung erfüllt:

$$\frac{d^2\mathbf{A}}{dx^2} = -9\mathbf{A}.$$

Lösung. Benutzen wir die Differentiationsformel, so folgt

$$\frac{d\mathbf{A}}{dx} = (-\lambda\sin\lambda x, \lambda\cos\lambda x, 0)$$

und $$\frac{d^2\mathbf{A}}{dx^2} = (-\lambda^2 \cos \lambda x, -\lambda^2 \sin \lambda x, 0).$$

Die gegebene Differentialgleichung ist also erfüllt, wenn $\lambda^2 = 9$, also $\lambda = \pm 3$ ist.

Übungsaufgaben. 7. Man schreibe die Ableitungen $d\mathbf{r}/dt$ und $d^2\mathbf{r}/dt^2$ der folgenden Vektoren auf:

a) $\mathbf{r} = (2 \cos \pi t, \sin \pi t, 0)$,
b) $\mathbf{r} = (t, t, e^t)$,
c) $\mathbf{r} = (|t|, t, 0) \quad (t \neq 0)$.

8. Gegeben sei

$$\frac{d\mathbf{r}}{dt} = \{-e^{-t} (\cos t + \sin t), e^{-t} (\cos t - \sin t), 0\},$$

und für $t = 0$ sei $\mathbf{r} = (1, 0, 0)$. Man berechne $\mathbf{r}$. Man skizziere die Kurve der Punkte mit dem Ortsvektor $\mathbf{r}$ für $t > 0$.

9. Die allgemeine Lösung der Differentialgleichung

$$\frac{d^2 x}{dt^2} + \omega^2 x = 0 \quad (\omega \text{ konstant})$$

sei $x = A \cos \omega t + B \sin \omega t$ mit beliebigen Konstanten A und B. Man zeige damit, daß die allgemeine Lösung der Differentialgleichung

$$\frac{d^2 \mathbf{r}}{dt^2} + \omega^2 \mathbf{r} = \mathbf{0}$$

durch $\mathbf{r} = \mathbf{A} \cos \omega t + \mathbf{B} \sin \omega t$ gegeben ist mit beliebigen konstanten Vektoren $\mathbf{A}$ und $\mathbf{B}$.
Die Bewegung eines Punktes sei durch einen Ortsvektor $\mathbf{r}$ gegeben, der die obige Differentialgleichung erfüllt. Man zeige, daß die Bewegung auf eine Ebene beschränkt ist.

3.3. Differentiationsregeln

Die Regeln zum Differenzieren von Summe und Produkt von Vektorfunktionen sind ähnlich den entsprechenden Regeln zum Differenzieren gewöhnlicher Funktionen. Sind λ, $\mathbf{a}$ und $\mathbf{b}$ differenzierbare Funktionen von t, so gelten die folgenden Gleichungen:

$$\frac{d}{dt}(\mathbf{a}+\mathbf{b}) \equiv \frac{d\mathbf{a}}{dt}+\frac{d\mathbf{b}}{dt}; \tag{3.7}$$

$$\frac{d}{dt}(\lambda\mathbf{a}) \equiv \frac{d\lambda}{dt}\mathbf{a}+\lambda\frac{d\mathbf{a}}{dt}; \tag{3.8}$$

$$\frac{d}{dt}(\mathbf{a}\cdot\mathbf{b}) \equiv \frac{d\mathbf{a}}{dt}\cdot\mathbf{b}+\mathbf{a}\cdot\frac{d\mathbf{b}}{dt}; \tag{3.9}$$

$$\frac{d}{dt}(\mathbf{a}\times\mathbf{b}) \equiv \frac{d\mathbf{a}}{dt}\times\mathbf{b}+\mathbf{a}\times\frac{d\mathbf{b}}{dt}. \tag{3.10}$$

Diese Gleichungen sind leicht zu beweisen, wenn man die Vektoren komponentenweise aufschreibt.
Als Beispiel sei (3.9) bewiesen.

$$\begin{aligned}\frac{d}{dt}(\mathbf{a}\cdot\mathbf{b}) &\equiv \frac{d}{dt}(a_1 b_1 + a_2 b_2 + a_3 b_3)\\ &\equiv \frac{da_1}{dt}b_1+\frac{da_2}{dt}b_2+\frac{da_3}{dt}b_3+a_1\frac{db_1}{dt}+a_2\frac{db_2}{dt}+a_3\frac{db_3}{dt}\\ &\equiv \frac{d\mathbf{a}}{dt}\cdot\mathbf{b}+\mathbf{a}\cdot\frac{d\mathbf{b}}{dt}.\end{aligned}$$

Man beachte, daß in (3.10) die Reihenfolge von **a** und **b** streng eingehalten werden muß, da das Vektorprodukt nicht kommutativ ist.

Beispiel 4. Man zeige, daß die erste Ableitung des Einheitsvektors $\hat{\mathbf{a}}$ (t) stets senkrecht zu $\hat{\mathbf{a}}$ (t) ist, vorausgesetzt, die Ableitung ist nicht Null.

Lösung. Es gilt

$$\hat{\mathbf{a}}\cdot\hat{\mathbf{a}} = 1,$$

und damit

$$\frac{d\hat{\mathbf{a}}}{dt}\cdot\hat{\mathbf{a}}+\hat{\mathbf{a}}\cdot\frac{d\hat{\mathbf{a}}}{dt} = 0,$$

woraus

$$\hat{\mathbf{a}}\cdot d\hat{\mathbf{a}}/dt = 0$$

folgt. Wenn weder $\hat{\mathbf{a}}$ noch $d\hat{\mathbf{a}}/dt$ Null sind, folgt daraus, daß sie senkrecht stehen.

Übungsaufgaben. 10. Man beweise die Gleichungen (3.7), (3.8) und (3.10) des Textes. Außerdem beweise man, daß für den Spezialfall $\mathbf{a} = (1, t, t^2)$, $\mathbf{b} = (t^2, t, 1)$ die Gleichung (3.9) gilt.

11. Mit Hilfe von $\mathbf{r} = r\hat{\mathbf{r}}$ zeige man, daß für eine beliebige differenzierbare Vektorfunktion $\mathbf{r} = \mathbf{r}(t)$ gilt

$$\frac{dr}{dt} = \hat{\mathbf{r}} \cdot \frac{d\mathbf{r}}{dt}.$$

12. Man beweise

$$\frac{d}{dt}\{(\mathbf{a} \times \mathbf{b}) \cdot \mathbf{c}\} = \left(\frac{d\mathbf{a}}{dt} \times \mathbf{b}\right) \cdot \mathbf{c} + \left(\mathbf{a} \times \frac{d\mathbf{b}}{dt}\right) \cdot \mathbf{c} + (\mathbf{a} \times \mathbf{b}) \cdot \frac{d\mathbf{c}}{dt}.$$

13. Sei $\mathbf{a} \times \dfrac{d\mathbf{b}}{dt} = \mathbf{b} \times \dfrac{d\mathbf{a}}{dt}$

für alle Werte von t. Was folgt daraus über **a** und **b**?

3.4. Tangenten an eine Kurve. Glatte, stückweise glatte und einfache Kurven

In diesem und den folgenden Abschnitten werden wir einige wichtige Begriffe im Zusammenhang mit Kurven behandeln. Der Punkt P laufe auf einer stetigen Kurve C, sein Ortsvektor (bezogen auf den Ursprung O eines festen Koordinatensystems Oxyz sei

$$\overrightarrow{OP} = \mathbf{r} = \mathbf{r}(t) = (x(t), y(t), z(t)). \tag{3.11}$$

Sei P′ ein spezieller Punkt auf C, für den $d\mathbf{r}/dt$ existiert und ungleich Null ist. Dann gilt für diesen Punkt: $d\mathbf{r}/dt$ *liegt auf der Tangente an die Kurve und zeigt in die Richtung, in die* P *mit wachsenden* t *läuft.* Um das zu beweisen, sei $t = t'$ im Punkt P′. Es gilt

$$\overrightarrow{OP'} = \mathbf{r}(t'),$$

und in P′ ist

$$\frac{d\mathbf{r}}{dt} = \lim_{t \to t'} \left(\frac{x(t) - x(t')}{t - t'}, \frac{y(t) - y(t')}{t - t'}, \frac{z(t) - z(t')}{t - t'}\right)$$

$$= \lim_{t \to t'} \frac{\mathbf{r}(t) - \mathbf{r}(t')}{t - t'} = \lim_{t \to t'} \frac{\overrightarrow{P'P}}{t - t'}.$$

Es ist klar, daß P sich P′ nähert, wenn $t \to t'$, im Grenzfall liegt $\overrightarrow{P'P}/(t-t')$ also auf der Tangente in P′ (Fig. 27). Also hat $d\mathbf{r}/dt$ die Richtung der Tangente an C.

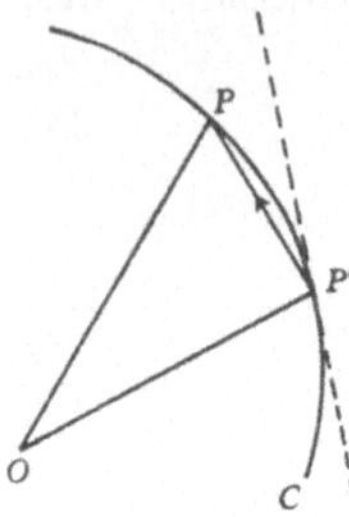

Fig. 27
Wenn $t \to t'$ gilt, so liegt $\overrightarrow{P'P}/(t-t')$ schließlich in Richtung der Tangente an C in P′

Um die Richtung, in die $d\mathbf{r}/dt$ zeigt, zu berechnen, wählen wir Koordinatenachsen mit dem Ursprung O in P′ und der x-Achse parallel zu $d\mathbf{r}/dt$. In O ist dann

$$\frac{d\mathbf{r}}{dt} = \left(\frac{dx}{dt}, 0, 0\right).$$

Wenn t wächst, bewegt sich der Punkt P durch O in positiver oder negativer x-Richtung, je nachdem, ob dx/dt größer oder kleiner Null ist. Es folgt also, daß $d\mathbf{r}/dt$ in die Richtung zeigt, in die sich P auf C bewegt, wenn t wächst.

Der Tangenteneinheitsvektor. Gegeben sei eine Kurve mit der Parameterdarstellung

$$\mathbf{r} = \mathbf{r}(t) \quad t_0 \leqq t \leqq t_1, \tag{3.12}$$

für die im Punkt P′, mit dem Parameter t′, die Ableitung $d\mathbf{r}/dt$ existiert und ungleich Null ist[1]). Dann ist der Vektor

$$\hat{\mathbf{T}} = \frac{d\mathbf{r}/dt}{|d\mathbf{r}/dt|} \tag{3.13}$$

als Tangenteneinheitsvektor in P′ definiert. Gilt $|d\mathbf{r}/dt| \to 0$ oder ∞ für $t \to t'$, so definieren wir

---

[1]) Die Definition der Ableitungen an den Endpunkten eines Intervalls lese man z. B. in Hardy, G. H.: Pure Mathematics. Cambridge 1952 nach oder in anderen grundlegenden Lehrbüchern.

$$\hat{\mathbf{T}} = \lim_{t \to t'} \frac{d\mathbf{r}/dt}{|d\mathbf{r}/dt|}, \tag{3.14}$$

vorausgesetzt, der Grenzwert existiert.
Selbstverständlich ist $\hat{\mathbf{T}}$ ein Einheitsvektor, und die Überlegungen zu Beginn dieses Abschnittes zeigen, daß er die Richtung der Tangente an die Kurve hat.

Glatte Kurven. Die Kurve mit der Parameterdarstellung (3.12) heißt *glatt*, wenn für alle Punkte des Intervalls $t_0 \leqq t \leqq t_1$ der Tangenteneinheitsvektor $\hat{\mathbf{T}}$ existiert und stetig ist. Weniger präzise gesagt: Glattheit bedeutet, daß die Kurve ihre Richtung in keinem Punkt plötzlich ändert.

Stückweise glatte Kurven. Sei

$$t_0 < t_1 < t_2 \ldots < t_{n-1} < t_n.$$

Eine Kurve mit der Parameterdarstellung

$$\mathbf{r} = \mathbf{r}(t) \qquad t_0 \leqq t \leqq t_n$$

heißt *stückweise glatt*, wenn 1. $\mathbf{r}(t)$ stetig im Intervall $t_0 \leqq t \leqq t_n$ ist, und 2. der Tangenteneinheitsvektor $\hat{\mathbf{T}}$ im Intervall $t_0 \leqq t \leqq t_n$ stetig ist mit Ausnahme der Punkte $t_1, t_2, \ldots, t_{n-1}$. Eine stückweise glatte Kurve besteht also aus endlich vielen glatten Kurvenstücken, die aneinandergesetzt sind (Fig. 28 b).

Einfache offene Kurven. Eine stückweise glatte Kurve

$$\mathbf{r} = \mathbf{r}(t) \qquad t_0 \leqq t \leqq t_n$$

heißt *einfach und offen*, wenn jeder Punkt auf ihr genau einem Wert von t entspricht. Eine einfache offene Kurve schneidet oder berührt also nicht sich selbst.

Einfache geschlossene Kurven. Eine stückweise glatte Kurve mit der Parameterdarstellung

$$\mathbf{r} = \mathbf{r}(t) \qquad t_0 \leqq t \leqq t_n$$

heißt *einfach und geschlossen*, wenn ihre Endpunkte (das sind die, die $t = t_0$ und $t = t_n$ entsprechen) übereinstimmen, und alle anderen Punkte genau einem Wert von t zugeordnet sind.

Ein elementares Beispiel einer einfachen geschlossenen Kurve ist der Einheitskreis in der xy-Ebene mit der Parameterdarstellung

$$\mathbf{r} = (\cos t, \sin t, 0) \qquad 0 \leqq t \leqq 2\pi.$$

Der Leser sollte nachprüfen, daß alle Bedingungen der obigen Definition erfüllt sind. Man beachte außerdem, daß, wenn $0 \leqq t \leqq 4\pi$ der Definitionsbereich von t wäre, der Kreis zweimal durchlaufen würde und nicht länger eine einfache Kurve darstellte.
In Fig. 28 sind einige Beispiele verschiedener Typen von Kurven gezeigt.

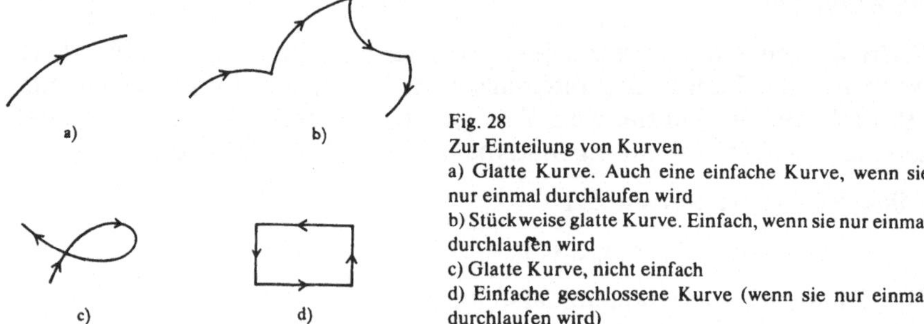

Fig. 28
Zur Einteilung von Kurven
a) Glatte Kurve. Auch eine einfache Kurve, wenn sie nur einmal durchlaufen wird
b) Stückweise glatte Kurve. Einfach, wenn sie nur einmal durchlaufen wird
c) Glatte Kurve, nicht einfach
d) Einfache geschlossene Kurve (wenn sie nur einmal durchlaufen wird)

Parameterwechsel. Die Kurve mit der Parameterdarstellung

$$\mathbf{r} = \mathbf{r}(t) \qquad t_0 \leqq t \leqq t_1$$

hat eine Richtung (oder Orientierung), die als die Richtung definiert ist, in der sie durchlaufen wird, wenn t von t_0 nach t_1 wächst. Die Richtung wird im Diagramm oft mit einem Pfeil angedeutet (Fig. 28). Es ist wünschenswert, daß bei einem Parameterwechsel die Richtung, in der die Kurve durchlaufen wird, erhalten bleibt. Um das sicherzustellen, heißt eine Parametertransformation

$$t = t(u)$$

nur dann erlaubt, wenn dt/du für alle Punkte des Intervalls $u_0 \leqq u \leqq u_1$ nicht negativ ist; dabei sind u_0 und u_1 die Werte von u, die den Parametern t_0 bzw. t_1 entsprechen. Mit diesen Einschränkungen ist u nirgends fallend, wenn t wächst, und damit bleibt die Orientierung erhalten.

Beispiel 5. Man zeige, daß der Tangenteneinheitsvektor an die Kurve

$$\mathbf{r} = \begin{cases} (t^2, 2t, 0) & -1 \leqq t \leqq 1 \\ (1, 4-2t, 0) & 1 \leqq t \leqq 2 \end{cases}$$

im Punkt t = 1 unstetig ist. Man zeige, daß die Kurve stückweise glatt ist und zeichne ihre Orientierung in einem Diagramm ein.

Lösung. Es gilt

$$\frac{d\mathbf{r}}{dt} = \begin{cases} (2t, 2, 0) & \text{für} \quad -1 \leqq t \leqq 1 \\ (0, -2, 0) & \phantom{\text{für}} \quad 1 \leqq t \leqq 2. \end{cases}$$

Also folgt

$$\hat{\mathbf{T}} = \begin{cases} \left(\dfrac{t}{(1+t^2)^{1/2}}, \dfrac{1}{(1+t^2)^{1/2}}, 0\right) & \text{für} \quad -1 \leqq t \leqq 1 \\ (0, -1, 0) & \phantom{\text{für}} \quad 1 \leqq t \leqq 2. \end{cases}$$

Im Endpunkt $t = 1$ der Intervalle $-1 \leqq t \leqq 1$, $1 \leqq t \leqq 2$ gilt

$$\hat{\mathbf{T}} = \frac{1}{\sqrt{2}}(1, 1, 0) \quad \text{und} \quad \hat{\mathbf{T}} = (0, -1, 0).$$

Also ist $\hat{\mathbf{T}}$ unstetig für $t = 1$.
Die Kurve ist in jedem der Teilintervalle $-1 \leqq t \leqq 1$, $1 \leqq t \leqq 2$ glatt, da $\hat{\mathbf{T}}$ in jedem Teilintervall existiert und stetig ist. Weiterhin ist $\mathbf{r}(t)$ offensichtlich stetig im Punkt $t = 1$. Also ist die Kurve stückweise glatt.
Die Kurve liegt ganz in der xy-Ebene. Im Intervall $-1 \leqq t \leqq 1$ besteht sie aus einem Teil der Parabel $y^2 = 4x$; im Intervall $1 \leqq t \leqq 2$ ist sie ein Teil der Geraden $x = 1$ (Fig. 29). Die Orientierung der Kurve ist durch die Pfeile im Diagramm angedeutet.

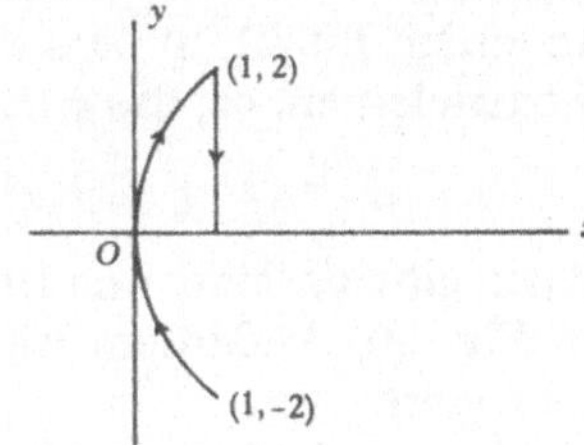

Fig. 29
Eine Kurve, die aus Teilen der Parabel $y^2 = 4x$ und der Geraden $x = 1$ besteht

Übungsaufgaben. 14. Man gebe in einem Diagramm die Richtung von $d\mathbf{r}/dt$ in den Punkten $t = 0$, $t = 1$, $t = -1$ für die Kurven mit den folgenden Parameterdarstellungen an:

a) $\quad \mathbf{r} = (2\cos\frac{1}{2}\pi t, \sin\frac{1}{2}\pi t, 0) \qquad (-2 \leqq t \leqq 2)$,

b) $\quad \mathbf{r} = (t^2, t^3 - t, 0) \qquad (-\infty < t < \infty)$.

Man klassifiziere die Kurven entsprechend den in diesem Abschnitt gegebenen Definitionen.

15. Man zeige, daß $\hat{\mathbf{T}} = (0, 1, 2t) / (1 + 4t^2)^{1/2}$ der Tangenteneinheitsvektor an die Kurve $\mathbf{r} = (3, t, t^2)$ ist.

16. Man skizziere die Kurve mit der Parameterdarstellung

$$\mathbf{r} = (t, |\sin t|, 0) \qquad 0 \leqq t \leqq 3\pi,$$

und zeige, daß sie stückweise glatt ist.

3.5. Die Bogenlänge

Sei $$\mathbf{r} = \mathbf{r}(t) = (x(t), y(t), z(t)) \qquad t_0 \leqq t \leqq t_1 \tag{3.15}$$

die Parameterdarstellung einer stückweise glatten Kurve C. Es definiere

$$\frac{ds}{dt} = \left|\frac{d\mathbf{r}}{dt}\right| = (\dot{x}^2 + \dot{y}^2 + \dot{z}^2)^{1/2} \tag{3.16}$$

wobei $\dot{x}$, $\dot{y}$, $\dot{z}$ die Ableitungen dx/dt, dy/dt, dz/dt bedeuten. Dann ist

$$s(t) = \int_{t_0}^{t} (\dot{x}^2 + \dot{y}^2 + \dot{z}^2)^{1/2}\, dt \tag{3.17}$$

die Bogenlänge von C vom Punkt mit dem Parameter t_0 zum (variablen) Punkt mit dem Parameter t. Die totale Bogenlänge der Kurve ist definiert als $s(t_1) = \ell$. Man beachte, daß $s(t_0) = 0$ ist.
In einem Punkt, in dem ds/dt endlich, ungleich Null und stetig ist, ist das Bogenelement ds, das einem Zuwachs dt in t entspricht, definiert als

$$ds = (\dot{x}^2 + \dot{y}^2 + \dot{z}^2)^{1/2}\, dt = (dx^2 + dy^2 + dz^2)^{1/2};$$

dazu gibt es eine unmittelbare geometrische Interpretation, angedeutet in Fig. 30. Außerdem werden dadurch die Definitionen (3.16) und (3.17) motiviert.
Nach der Definition (3.16) ist $ds/dt \geqq 0$ und damit ist die Substitu-

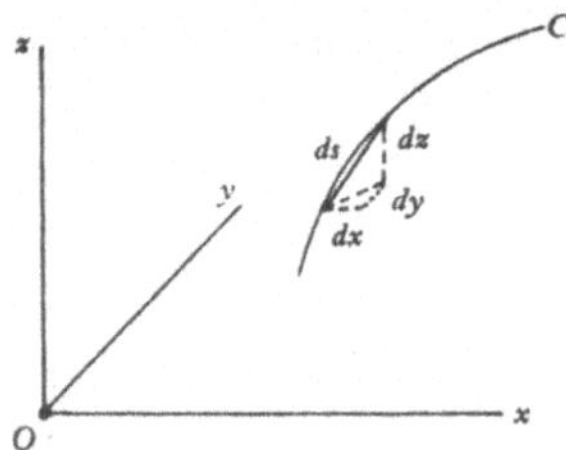

Fig. 30
Geometrische Interpretation des Bogenelements
$ds = \sqrt{(dx^2 + dy^2 + dz^2)}$

tion t = t (s) ein erlaubter Parameterwechsel. Als Funktion von s gilt

$$\mathbf{r} = \mathbf{r}(s) = (x(s), y(s), z(s)) \quad 0 \leqq s \leqq \ell, \tag{3.18}$$

und das ist die natürliche Darstellung der Kurve.
Aus der natürlichen Darstellung erhält man sehr einfach den Tangenteneinheitsvektor. Substituiert man nämlich t = t (s) im Zähler der Gleichungen (3.13) und (3.14) (Kettenregel) und benutzt (3.16), so reduzieren sie sich auf

$$\hat{\mathbf{T}} = \frac{d\mathbf{r}}{ds} = \left(\frac{dx}{ds}, \frac{dy}{ds}, \frac{dz}{ds}\right) \tag{3.19}$$

Übungsaufgabe. 17. Man finde die natürliche Darstellung der Kurve mit der Parameterdarstellung

$$\mathbf{r} = (a \cos t, a \sin t, bt) \quad 0 \leqq t \leqq 2\pi.$$

3.6. Krümmung und Torsion

Sei $\hat{\mathbf{T}}$ der Tangenteneinheitsvektor an die Kurve mit der natürlichen Darstellung $\mathbf{r} = \mathbf{r}(s)$, und sei

$$\frac{d\hat{\mathbf{T}}}{ds} = \varkappa \hat{\mathbf{N}} \quad \varkappa \geqq 0, \tag{3.20}$$

wobei $\varkappa$ eine positive Funktion von s und $\hat{\mathbf{N}}$ ein Einheitsvektor ist. Das am Ende von 3.3 gerechnete Beispiel 4 zeigt, daß $\hat{\mathbf{N}}$ senkrecht auf $\hat{\mathbf{T}}$ steht; der Vektor $\hat{\mathbf{N}}$ heißt Hauptnormaleneinheitsvektor. Der Proportionalitätsfaktor $\varkappa$ heißt Krümmung, und ist ein Maß dafür, wie sich die Richtung der Tangente mit s ändert. Ist die Kurve beispielsweise eine Gerade, so ist sowohl die Richtung als auch die Länge von $\hat{\mathbf{T}}$ konstant und daher $\varkappa = 0$. Die Größe $\rho = \varkappa^{-1}$ heißt Krümmungsradius.
Ein anderer wichtiger Vektor in der Differentialtheorie der Kurven ist der Binormaleneinheitsvektor, der definiert ist durch

$$\hat{\mathbf{B}} = \hat{\mathbf{T}} \times \hat{\mathbf{N}}. \tag{3.21}$$

Die drei Einheitsvektoren $\hat{\mathbf{B}}$, $\hat{\mathbf{N}}$, $\hat{\mathbf{T}}$ bilden ein orthonormales, rechtsorientiertes Tripel (Fig. 31).
Die Ableitung von $\hat{\mathbf{B}}$ nach s ist parallel oder anti-parallel zu $\hat{\mathbf{N}}$. Um das zu beweisen, differenzieren wir (3.21) und wenden (3.20) an und erhalten

$$\frac{d\hat{\mathbf{B}}}{ds} = \varkappa \hat{\mathbf{N}} \times \hat{\mathbf{N}} + \hat{\mathbf{T}} \times \frac{d\hat{\mathbf{N}}}{ds} = \hat{\mathbf{T}} \times \frac{d\hat{\mathbf{N}}}{ds}.$$

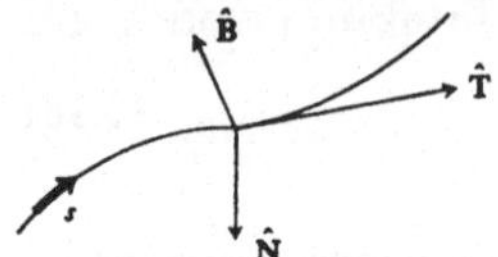

Fig. 31
$\hat{\mathbf{T}}$ der Tangenten-, $\hat{\mathbf{N}}$ der Hauptnormalen- und $\hat{\mathbf{B}}$ der Binormaleneinheitsvektor in einem speziellen Punkt der Kurve

Nun ist $d\hat{\mathbf{B}}/ds$ senkrecht zu $\hat{\mathbf{B}}$, liegt also in der Ebene von $\hat{\mathbf{N}}$ und $\hat{\mathbf{T}}$. Außerdem ist $\hat{\mathbf{T}} \times d\hat{\mathbf{N}}/ds$ senkrecht zu $\hat{\mathbf{T}}$, es folgt

$$d\hat{\mathbf{B}}/ds = -\tau \hat{\mathbf{N}}, \tag{3.22}$$

wobei τ eine Funktion von s ist. Der Proportionalitätsfaktor heißt Torsion der Kurve und ist ein Maß dafür, wie sich die Richtung der Binormalen ändert.

Liegt die Kurve in einer Ebene Π, so liegt offensichtlich auch $\hat{\mathbf{T}}$ in Π; ebenso liegt $\hat{\mathbf{N}}$ (das ja proportional zur Änderung von $\hat{\mathbf{T}}$ ist) in Π. Für eine ebene Kurve ist demnach $\hat{\mathbf{B}}$ ein konstanter Vektor, der im rechten Winkel zu Π steht und die Torsion ist Null ($\tau = 0$).

Beispiel 6. Man betrachte die Spirale, deren Parameterdarstellung

$$\mathbf{r} = (a \cos t, a \sin t, bt) \tag{3.23}$$

ist, wobei a, b konstant sind. In Komponenten gilt $x = a \cos t$, $y = a \sin t$, $z = bt$ und für alle t damit $x^2 + y^2 = a^2$.

Die Kurve liegt also auf der Oberfläche eines Zylinders mit dem Radius $|a|$ und der Achse Oz. Sie spiralt sich um die z-Achse, wie das in Fig. 32 gezeigt ist. Für diese Kurve gilt

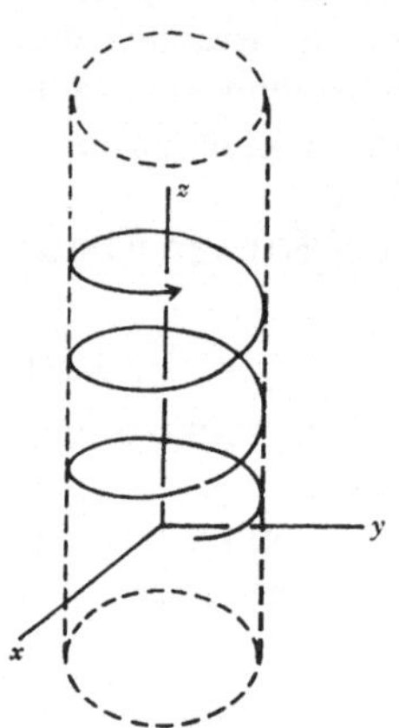

Fig. 32
Eine Spirale

$$\frac{ds}{dt} = \left\{\left(\frac{dx}{dt}\right)^2 + \left(\frac{dy}{dt}\right)^2 + \left(\frac{dz}{dt}\right)^2\right\}^{1/2} = (a^2 + b^2)^{1/2}.$$

Daraus folgt

$$\hat{\mathbf{T}} = \frac{d\mathbf{r}}{ds} = \frac{d\mathbf{r}}{dt}\frac{dt}{ds} = \frac{1}{(a^2 + b^2)^{1/2}}(-a \sin t, a \cos t, b), \tag{3.24}$$

und $$\varkappa\hat{\mathbf{N}} = \frac{d\hat{\mathbf{T}}}{ds} = \frac{-a}{a^2 + b^2}(\cos t, \sin t, 0). \tag{3.25}$$

Der Hauptnormaleneinheitsvektor $\hat{\mathbf{N}}$ ist also stets parallel zur xy-Ebene. Nimmt man den Betrag auf beiden Seiten von (3.25), so erhält man als Krümmung

$$\varkappa = |a| / (a^2 + b^2). \tag{3.26}$$

Aus Gleichung (3.24) und (3.25) erhält man

$$\hat{\mathbf{B}} = \hat{\mathbf{T}} \times \hat{\mathbf{N}} = \frac{a}{\varkappa (a^2 + b^2)^{3/2}}(b \sin t, -b \cos t, a).$$

Also ist $\tau\hat{\mathbf{N}} = -\frac{d\hat{\mathbf{B}}}{ds} = \frac{-ab}{\varkappa (a^2 + b^2)^2}(\cos t, \sin t, 0)$,

und mit (3.25) reduziert sich das auf

$$\tau\hat{\mathbf{N}} = \frac{b}{a^2 + b^2}\hat{\mathbf{N}}.$$

Die Torsion der Spirale ist also

$$\tau = b/(a^2 + b^2). \tag{3.27}$$

Ist $b = 0$, so fällt die Kurve auf einen Kreis mit Radius $|a|$ in der xy-Ebene zusammen. Wie erwartet ist dann die Krümmung $1/|a|$ (aus (3.26)) und die Torsion Null (aus (2.27)).

Beispiel 7. Als zweites Beispiel zeigen wir, daß für eine ebene Kurve in der xy-Ebene, deren Tangenteneinheitsvektor in Richtung wachsender s mit der positiven x-Achse den Winkel ψ bildet, der Krümmungsradius durch $\rho = |ds/d\psi|$ gegeben ist. (Dieses Ergebnis stimmt mit der gewöhnlich gegebenen Definition von ρ für eine ebene Kurve überein.)

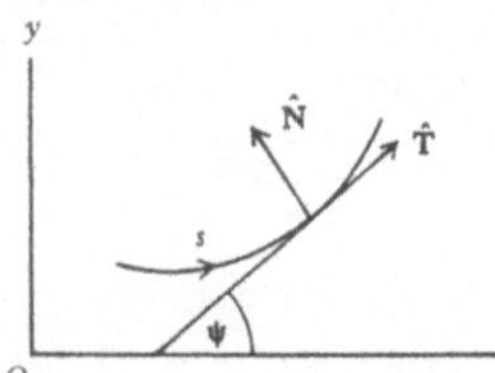

Fig. 33
Der Winkel ψ ist definiert als Winkel zwischen dem Tangenteneinheitsvektor und der x-Achse

Lösung. Als Funktion von ψ ist (Fig. 33)

$$\hat{\mathbf{T}} = (\cos\psi, \sin\psi, 0),$$

und damit gilt

$$\frac{d\hat{\mathbf{T}}}{ds} = \frac{d\psi}{ds}\,\frac{d\hat{\mathbf{T}}}{d\psi} = \frac{d\psi}{ds}(-\sin\psi, \cos\psi, 0).$$

Aus dem Vergleich mit der Formel

$$d\hat{\mathbf{T}}/ds = \varkappa\,\hat{\mathbf{N}}$$

folgt $\varkappa = \left|\frac{d\psi}{ds}\right|.$

Der Krümmungsradius ist also

$$\rho = \varkappa^{-1} = \left|\frac{ds}{d\psi}\right|.$$

Außerdem gilt noch

$$\hat{\mathbf{N}} = \begin{cases} (-\sin\psi, \cos\psi, 0) & \text{für} \quad ds/d\psi > 0 \\ (\sin\psi, -\cos\psi, 0) & \phantom{\text{für}} \quad ds/d\psi < 0. \end{cases}$$

Übungsaufgaben. 18. Man zeige, daß

$$\hat{\mathbf{T}} = (-\sin t, -\sin t\cos t, \cos^2 t)$$

der Tangenteneinheitsvektor an die Kurve

$$\mathbf{r} = (4\cos t, \cos 2t, 2t + \sin 2t)$$

ist. Man zeige außerdem, daß die Krümmung $(1/4)(1+\cos^2 t)^{1/2}$ ist.

19. Durch Berechnen von $\hat{\mathbf{T}}$, $\hat{\mathbf{N}}$ und $\hat{\mathbf{B}}$ zeige man, daß die ebene parabolische Kurve $\mathbf{r} = (t, t^2/2, 0)$ die Torsion Null hat.

20. Mit den Bezeichnungen im Text zeige man $d\hat{\mathbf{N}}/ds = -\varkappa\hat{\mathbf{T}} + \tau\hat{\mathbf{B}}$.

Hinweis. Man differenziere die Gleichung $\hat{\mathbf{N}} = \hat{\mathbf{B}} \times \hat{\mathbf{T}}$.

B e m e r k u n g. Dieses Ergebnis und $d\hat{\mathbf{T}}/ds = \varkappa \hat{\mathbf{N}}$ und $d\hat{\mathbf{B}}/ds = -\tau \hat{\mathbf{N}}$ sind die Serret-Frenet-Formeln. Diese Formeln sind grundlegend für die Differentialgeometrie der Kurven.

3.7. Anwendungen in der Kinematik

Die Komponenten der Beschleunigung eines Punktes, der sich entlang einer Kurve bewegt. Wenn sich ein Teilchen (oder ein Punkt P) bewegt, wird seine Position relativ zu einem gegebenen Koordinatensystem von der Zeit t abhängen. Sei $\mathbf{r} = \mathbf{r}(t)$ der Ortsvektor von P, so sind die Geschwindigkeit $\mathbf{v}$ und die Beschleunigung $\mathbf{a}$ in diesem Koordinatensystem durch

$$\mathbf{v} = \dot{\mathbf{r}}, \quad \mathbf{a} = \ddot{\mathbf{r}} = \dot{\mathbf{v}} \tag{3.28}$$

gegeben, wobei $\dot{\mathbf{r}} = d\mathbf{r}/dt$ und $\ddot{\mathbf{r}} = d^2\mathbf{r}/dt^2$ usw. bedeuten.
Sei $s = s(t)$ die Bogenlänge der Kurve $\mathbf{r} = \mathbf{r}(t)$, die das Teilchen zur Zeit t durchlaufen hat. Dann gilt

$$\mathbf{v} = \dot{\mathbf{r}} = \dot{s}\frac{d\mathbf{r}}{ds} = \dot{s}\hat{\mathbf{T}}, \tag{3.29}$$

wobei $\dot{s}$ die M o m e n t a n g e s c h w i n d i g k e i t von P ist und $\hat{\mathbf{T}}$ der Tangenteneinheitsvektor, der stets die Richtung der Bewegung von P hat. Also gilt

$$\mathbf{a} = \frac{d}{dt}(\dot{s}\,\hat{\mathbf{T}}) = \ddot{s}\,\hat{\mathbf{T}} + \dot{s}^2\frac{d\hat{\mathbf{T}}}{ds} = \ddot{s}\,\hat{\mathbf{T}} + \rho^{-1}\dot{s}^2\hat{\mathbf{N}}, \tag{3.30}$$

wobei $\hat{\mathbf{N}}$ der Hauptnormaleneinheitsvektor der Kurve ist, die P durchläuft und ρ ihr Krümmungsradius. Die Komponenten der Beschleunigung sind damit $\ddot{s}$ in Richtung des Tangenteneinheitsvektors und $\dot{s}^2/\rho$ in Richtung des Hauptnormaleneinheitsvektors. Dieses Ergebnis ist nicht auf die ebene Bewegung beschränkt.

Die Komponenten der Beschleunigung in ebenen Polarkoordinaten. Benutzen wir die in diesem Abschnitt durchgeführten Überlegungen, so können wir allgemein bekannte Formeln über die Komponenten von Geschwindigkeit und Beschleunigung in ebenen Polarkoordinaten (r, ϑ)

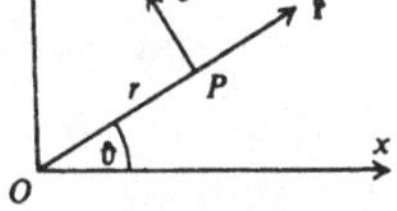

Fig. 34
Die Einheitsvektoren $\hat{\mathbf{r}}$ und $\hat{\boldsymbol{\vartheta}}$ in ebenen Polarkoordinaten r ϑ

berechnen. Seien $\hat{\mathfrak{r}}$ und $\hat{\vartheta}$ die Einheitsvektoren in der rϑ-Ebene, so daß $\hat{\mathfrak{r}}$ vom Ursprung weg zeigt und $\hat{\vartheta}$ in Richtung wachsender ϑ auf $\hat{\mathfrak{r}}$ senkrecht steht (Fig. 34). Wir beweisen zunächst zwei wichtige Hilfsformeln, nämlich

$$\frac{d\hat{\mathfrak{r}}}{d\vartheta} = \hat{\vartheta}, \quad \frac{d\hat{\vartheta}}{d\vartheta} = -\hat{\mathfrak{r}}. \tag{3.31}$$

Wir wählen rechtwinklige kartesische Koordinaten: Ox in Richtung $\vartheta = 0$, Oy in Richtung $\vartheta = \pi/2$ und Oz so, daß das rechtsorientierte System vollständig wird. Dann gilt

$$\hat{\mathfrak{r}} = (\cos\vartheta, \sin\vartheta, 0), \quad \hat{\vartheta} = (-\sin\vartheta, \cos\vartheta, 0).$$

Daraus folgt

$$\frac{d\hat{\mathfrak{r}}}{d\vartheta} = (-\sin\vartheta, \cos\vartheta, 0), \quad \frac{d\hat{\vartheta}}{d\vartheta} = -(\cos\vartheta, \sin\vartheta, 0),$$

und damit die gewünschte Formel (3.31).
Für den Ortsvektor von P gilt

$$\mathbf{r} = r\,\hat{\mathfrak{r}}. \tag{3.32}$$

Daraus folgt

$$\dot{\mathbf{r}} = \dot{r}\,\hat{\mathfrak{r}} + r\,\dot{\vartheta}\,\frac{d}{d\vartheta}\,\hat{\mathfrak{r}} = \dot{r}\,\hat{\mathfrak{r}} + r\,\dot{\vartheta}\,\hat{\vartheta}. \tag{3.33}$$

Die Radialkomponente der Geschwindigkeit ist also $\dot{r}$, ihre Winkelkomponente $r\,\dot{\vartheta}$. Ebenso gilt

$$\ddot{\mathbf{r}} = \ddot{r}\,\hat{\mathfrak{r}} + \dot{r}\,\dot{\vartheta}\frac{d}{d\vartheta}\,\hat{\mathfrak{r}} + (\dot{r}\,\dot{\vartheta} + r\,\ddot{\vartheta})\,\hat{\vartheta} + r\,\dot{\vartheta}^2\frac{d}{d\vartheta}\,\hat{\vartheta}$$

$$= (\ddot{r} - r\,\dot{\vartheta}^2)\,\hat{\mathfrak{r}} + (2\dot{r}\,\dot{\vartheta} + r\,\ddot{\vartheta})\,\hat{\vartheta}. \tag{3.34}$$

Daraus ergeben sich die Radial- bzw. die Winkelkomponente der Beschleunigung als $\ddot{r} - r\,\dot{\vartheta}^2$ und $2\dot{r}\,\dot{\vartheta} + r\,\ddot{\vartheta}$.

Beispiel 8. Bewegt sich ein Elektron in einem magnetischen Feld, so wirkt darauf eine Kraft der Größe $e\mathbf{v} \times \mathbf{B}$, wobei e die Elementarladung, $\mathbf{v}$ seine Geschwindigkeit und $\mathbf{B}$ die magnetische Induktion ist. Ist $\mathbf{a}$ die Beschleunigung und m die Masse des Elektrons, so ist seine Bewegungsgleichung

$$m\mathbf{a} = e\mathbf{v} \times \mathbf{B}. \tag{3.35}$$

Ist $\mathbf{B}$ homogen und unabhängig von der Zeit t, so durchläuft das Elektron eine Spirale.

L ö s u n g. Wir wählen die z-Achse in Richtung **B**, so daß **B** = B**k** gilt, und es sei **r** der Ortsvektor des Elektrons zur Zeit t. Dann wird (3.35) zu

$$\ddot{\mathbf{r}} = \omega\, \dot{\mathbf{r}} \times \mathbf{k} \tag{3.36}$$

mit $\omega = eB/m$, wobei die Punkte die Ableitung nach t bedeuten. Sei

$$\mathbf{r} = x\mathbf{i} + y\mathbf{j} + z\mathbf{k},$$

so gilt

$$\ddot{x}\mathbf{i} + \ddot{y}\mathbf{j} + \ddot{z}\mathbf{k} = \omega\,(\dot{x}\mathbf{i} + \dot{y}\mathbf{j} + \dot{z}\mathbf{k}) \times \mathbf{k}.$$

Komponentenweise ist also

$$\ddot{x} = \omega\dot{y}, \quad \ddot{y} = -\omega\dot{x}, \quad \ddot{z} = 0. \tag{3.37}$$

Wir legen den Koordinatenursprung in den Ort, wo sich das Teilchen zur Zeit t = 0 befindet und wählen die x-Achse so, daß die Anfangsgeschwindigkeit des Teilchens $u\mathbf{i} + v\mathbf{k}$ ist (d. h. die y-Komponente der Anfangsgeschwindigkeit ist Null). Dann müssen die Gleichungen (3.37) mit den Anfangsbedingungen

$$\dot{x} = u, \quad \dot{y} = 0, \quad \dot{z} = v \tag{3.38}$$

und

$$x = y = z = 0 \tag{3.39}$$

gelöst werden.
Die Lösung der letzten Gleichung aus (3.37) erhält man sofort als

$$z = vt \tag{3.40}$$

Integrieren wir die ersten beiden der Gleichungen (3.37) auf und setzen die Anfangsbedingungen ein, so gilt

$$\dot{x} = \omega y + u, \quad \dot{y} = -\omega x.$$

Setzt man dieses Ergebnis ein, so lassen sich die beiden ersten Gleichungen aus (3.37) schreiben als

$$\ddot{x} + \omega^2 x = 0 \quad \text{und} \quad \ddot{y} + \omega^2 y = -\omega u.$$

Damit erhält man als allgemeine Lösung

$$x = A\cos\omega t + B\sin\omega t, \quad y = C\cos\omega t + D\sin\omega t - u/\omega,$$

mit beliebigen Konstanten A, B, C und D. Mit Hilfe der Anfangsbedingungen (3.38) und (3.39) folgt $A = D = 0$, $B = C = u/\omega$. Also gilt

$$x = \frac{u}{\omega}\sin\omega t, \quad y = \frac{u}{\omega}(\cos\omega t - 1), \quad z = vt,$$

und das ist die Parameterdarstellung der Spirale mit der Achse $x = 0$, $y = -u/\omega$.

Übungsaufgaben. 21. In einem Ursprung O auf der Erdoberfläche zeige die z-Achse senkrecht nach oben. Ein Teilchen, das sich nur unter dem Einfluß der Gravitation bewegt, erfährt die Beschleunigung $d^2\mathbf{r}/dt^2 = (0, 0, -g)$, wobei $\mathbf{r}$ der Ortsvektor und t die Zeit ist. Wird das Teilchen zur Zeit $t = 0$ vom Ursprung mit der Geschwindigkeit $(u, 0, v)$ weggeschossen, so zeige man durch Integrieren der obigen Differentialgleichung, daß es sich auf der Bahn $\mathbf{r} = (ut, 0, vt - gt^2/2)$ bewegt.

22. Ein Teilchen bewege sich mit der Geschwindigkeit $\mathbf{v}$ und der Beschleunigung $\mathbf{a}$. Man zeige, daß die Krümmung seiner Bahn durch $\rho = v^3/|\mathbf{v} \times \mathbf{a}|$ gegeben ist. Mit Hilfe dieser Formel berechne man den Krümmungsradius im Ursprung, wenn sich das Teilchen zur Zeit t auf der Bahn $\mathbf{r} = (t, t^2, t^3)$ bewegt.

23. Ein Punkt bewege sich so daß sein Ortsvektor die Differentialgleichung

$$\frac{d^2\mathbf{r}}{dt^2} = \mathbf{g} - \lambda \frac{d\mathbf{r}}{dt}$$

erfüllt, wobei t die Zeit, $\mathbf{g}$ ein konstanter Vektor und λ ein konstanter Skalar ist. Ist der Punkt zur Zeit $t = 0$ im Ursprung und bewegt sich dort mit der Momentangeschwindigkeit $\mathbf{u}$, so zeige man

$$\mathbf{r} = \frac{\mathbf{g}}{\lambda^2}(\lambda t + e^{-\lambda t} - 1) + \frac{\mathbf{u}}{\lambda}(1 - e^{-\lambda t}).$$

Hinweis. Man zeige zuerst $d\mathbf{r}/dt + \lambda\mathbf{r} = \mathbf{g}t + \mathbf{u}$. Dann multipliziere man mit $e^{\lambda t}$ und integriere.

4. Skalar- und Vektorfelder

4.1. Bereiche

Bei der weiteren Behandlung der Vektoranalysis werden wir an Funktionen interessiert sein, die auf gewissen Punktmengen definiert sind. Der Einfachheit halber bringen wir dazu zunächst einige Definitionen.

Offene Bereiche. Eine Punktmenge bildet einen offenen Bereich des dreidimensionalen Raumes, wenn 1. je zwei Punkte der Menge durch eine stetige Kurve verbunden werden können, die ganz aus Punkten des Bereiches besteht, und 2. jeder Punkt Mittelpunkt einer Kugel ist, die nur aus Punkten des Bereiches besteht.

Abgeschlossene Bereiche. Eine Punktmenge S bildet einen abgeschlossenen Bereich, wenn 1. je zwei Punkte aus S durch eine stetige Kurve verbunden werden können, die nur aus Punkten besteht, die zu S gehören, und 2. alle Punkte, die nicht zu S gehören einen oder mehrere offene Bereiche bilden.

Rand. Ein Punkt P eines abgeschlossenen Bereiches R heißt Randpunkt, wenn jede Kugel mit Mittelpunkt P mindestens einen Punkt enthält, der nicht zu R gehört. Eine Menge von Randpunkten aus R bildet einen Rand oder den Teil eines Randes, wenn je zwei Punkte dieser Menge durch eine stetige Kurve verbunden werden können, die nur aus Randpunkten besteht.
Die eben gegebenen Definitionen, die sich auf den dreidimensionalen Raum beziehen, können leicht so abgeändert werden, daß sie offene und abgeschlossene Bereiche und Ränder von Punktmengen in der Ebene definieren: Die Kugel muß nur durch ihr zweidimensionales Gegenstück, den Kreis, ersetzt werden.
Ein einfaches Beispiel eines offenen Bereiches ist die Menge der Punkte (x, y, z), für die gilt

$$x^2 + y^2 + z^2 < 1;$$

d. h. die Menge aller Punkte, die im Inneren (aber nicht auf der Oberfläche) der Kugel liegen, die den Radius Eins und den Mittelpunkt im Ursprung hat. Dagegen ist die Menge der Punkte (x, y, z) mit

$$x^2 + y^2 + z^2 \leqq 1$$

ein abgeschlossener Bereich, dessen Rand die Kugel $x^2 + y^2 + z^2 = 1$ ist.

Übungsaufgaben. 1. Ist die Menge aller Punkte des Raumes ein offener oder ein abgeschlossener Bereich?

2. Man betrachte die Menge der Punkte (x, y) der xy-Ebene, für die $1 < x^2 + y^2 \leqq 2$ gilt. Man erkläre, warum diese Menge weder offen noch abgeschlossen ist.

4.2. Funktionen mehrerer Variabler

Für den Leser, dessen Kenntnisse über Funktionen mehrerer unabhängiger Variabler nur oberflächlich sind, geben wir in diesem Abschnitt einen Abriß der wichtigsten Begriffe und Ergebnisse, die wir später benötigen werden[1]).

---

[1]) Weitere Informationen findet man in den folgenden Büchern: Hilton, P. J.: Partial Derivatives. London; Courant, R.: Vorlesung über Differential- und Integralrechnung. I. 4. Aufl. 1971. II. 3. Aufl. Neudruck 1963. Berlin–Heidelberg–New York.

Da wir uns im wesentlichen mit Funktionen dreier unabhängiger Variabler beschäftigen, wenden wir unsere Aufmerksamkeit diesem Fall zu. Allerdings lassen sich die meisten Ergebnisse mit einfachen Mitteln auf Funktionen mit mehr als drei Variablen verallgemeinern.
In diesem Abschnitt seien die drei unabhängigen Variablen x, y, z rechtwinklige kartesische Koordinaten des dreidimensionalen Raumes.

Stetigkeit. Eine reellwertige Funktion f (x, y, z) sei für alle Punkte eines offenen Bereiches, der den Punkt P (a, b, c) enthält, definiert. Sei Q (x, y, z) ein beliebiger anderer Punkt dieses Bereiches. Wir sagen, daß f (x, y, z) stetig im Punkt P (a, b, c) ist, wenn die Differenz

$$f(x, y, z) - f(a, b, c)$$

zwischen den Werten von f in P und Q gegen Null strebt, wenn Q sich an P auf einem beliebigen Wege annähert.

Partielle Ableitung. Die partielle Ableitung erster Ordnung $\partial f/\partial x$ einer Funktion f (x, y, z) nach x ist definiert als

$$\lim_{h \to 0} \frac{f(x+h, y, z) - f(x, y, z)}{h}, \tag{4.1}$$

sofern der Grenzwert existiert. Man erhält $\partial f/\partial x$, indem man f nach x differenziert und dabei y und z konstant läßt. Die partiellen Ableitungen von f nach y und z sind ähnlich definiert. Es gibt also drei partielle Ableitungen erster Ordnung von f (x, y, z), nämlich

$$\frac{\partial f}{\partial x}, \quad \frac{\partial f}{\partial y}, \quad \frac{\partial f}{\partial z}.$$

Sie werden auch mit

$$f_x, \quad f_y, \quad f_z$$

bezeichnet.

Beispiel 1. Man berechne f_x, f_y, f_z der Funktion $f = x^3 + x^2y + xyz$.

Lösung. Betrachten wir y und z als Konstanten und differenzieren nach x, so erhalten wir

$$f_x = 3x^2 + 2xy + yz.$$

Ähnlich folgt, wenn x und z konstant sind

$$f_y = x^2 + xz,$$

und wenn x und y konstant sind

$$f_z = xy.$$

Nehmen wir an, daß der Wert einer partiellen Ableitung, etwa f_x, im Punkt (x_0, y_0, z_0) gefragt sei. Abweichend vom üblichen Weg, zuerst f_x zu berechnen und dann $x = x_0$, $y = y_0$, $z = z_0$ zu setzen, kann man auch $y = y_0$ und $z = z_0$ in die Funktion f (x, y, z) einsetzen, dann die Ableitung nach x berechnen und in das Ergebnis $x = x_0$ einsetzen. Für das obige Beispiel liefert das erste

$$f_x (x_0, y_0, z_0) = 3x_0^2 + 2x_0y_0 + y_0z_0.$$

Oder wir rechnen

$$f (x, y_0, z_0) = x^3 + x^2y_0 + xy_0z_0$$

und daraus folgt

$$f_x (x, y_0, z_0) = 3x^2 + 2xy_0 + y_0z_0$$

und zum Schluß, wie vorher auch

$$f_x (x_0, y_0, z_0) = 3x_0^2 + 2x_0y_0 + y_0z_0.$$

Partielle Ableitungen höherer Ordnung. Selbstverständlich sind die partiellen Ableitungen erster Ordnung von f (x, y, z) ihrerseits wieder Funktionen von x, y, z. Werden diese partiellen Ableitungen wieder nach x, y oder z differenziert, so erhalten wir partielle Ableitungen zweiter Ordnung. Die partiellen Ableitungen von $\partial f/\partial x$ nach x, y, z werden jeweils mit

$$\frac{\partial^2 f}{\partial x^2}, \quad \frac{\partial^2 f}{\partial y\, \partial x}, \quad \frac{\partial^2 f}{\partial z\, \partial x},$$

bezeichnet, oder auch mit

$$f_{xx}, \quad f_{yx}, \quad f_{zx}.$$

Eine ähnliche Bezeichnung wird für die Ableitungen zweiter Ordnung von $\partial f/\partial y$ und $\partial f/\partial z$ benutzt.
Ableitungen höherer Ordnung werden auf ähnliche Art definiert. Die Ausweitung der oben benutzten Schreibweise ist offensichtlich.

Beispiel 2. Man finde $\partial^2 f/\partial y \partial x$ und $\partial^2 f/\partial x\, \partial y$ der Funktion $f = \sin(ax + by + cz)$, wobei a, b, c konstant sind.

Lösung. Differenzieren wir f partiell nach x, so folgt

$$\frac{\partial f}{\partial x} = a \cos (ax + by + cz).$$

Differenzieren wir dann nach y, so gilt

$$\frac{\partial^2 f}{\partial y\,\partial x} = -ab \sin(ax + by + cz).$$

Außerdem ist, wenn wir f nach y differenzieren

$$\frac{\partial f}{\partial y} = b \cos(ax + by + cz),$$

also ist $\partial^2 f/\partial x\,\partial y = -ab \sin(ax + by + cz)$.

Im obigen Beispiel gilt $f_{yx} = f_{xy}$; die Reihenfolge der x- und y-Differentiation ist vertauschbar. Dieser Sachverhalt gilt für fast alle gewöhnlich benutzten Funktionen; tatsächlich würde der Leser kaum „aufs Geratewohl" eine Funktion $f(x, y, z)$ aufschreiben, deren gemischte Ableitungen verschieden sind. Als Richtlinie geben wir den folgenden Satz an, der notwendige Bedingungen dafür aufstellt, wann die Reihenfolge der Differentiation beliebig ist.

Satz. Wenn die gemischten Ableitungen zweiter Ordnung (f_{xy} oder f_{yx} etc.) einer Funktion f (x, y, z) existieren und in einem gegebenen Punkt stetig sind, so gilt in diesem Punkt

$$f_{xy} = f_{yx}, \quad f_{yz} = f_{zy}, \quad f_{zx} = f_{xz}. \tag{4.2}$$

Stetig differenzierbare Funktionen. Die Funktion f (x, y, z) heißt stetig differenzierbar in einem offenen Bereich R, wenn ihre partiellen Ableitungen erster Ordnung f_x, f_y, f_z existieren und in jedem Punkt des Bereiches R stetig sind.

Funktionen, die nicht stetig differenzierbar sind, verlangen eine gesonderte Behandlung und werden in diesem Buch nicht diskutiert. Aus Vorsicht werden wir den Leser darauf gelegentlich hinweisen, wenn wichtige Ergebnisse erzielt sind. *Andererseits werden wir ohne weiteren Kommentar annehmen, daß die zu behandelnden Funktionen wohldefiniert und stetig differenzierbar in einem offenen Bereich sind. Weiterhin werden wir voraussetzen, daß gelegentlich eingeführte Ableitungen zweiter oder höherer Ordnung einer Funktion existieren und im fraglichen offenen Bereich stetig sind.*

Die Kettenregel. Sei F eine stetig differenzierbare Funktion von f, g, h, und seien f, g und h jeweils stetig differenzierbare Funktionen von x, y und z. Dann läßt sich zeigen, daß F eine stetig differenzierbare zusammengesetzte Funktion von x, y, z ist, und daß gilt

$$\frac{\partial F}{\partial x} = \frac{\partial F}{\partial f}\frac{\partial f}{\partial x} + \frac{\partial F}{\partial g}\frac{\partial g}{\partial x} + \frac{\partial F}{\partial h}\frac{\partial h}{\partial x}$$

$$\frac{\partial F}{\partial y} = \frac{\partial F}{\partial f}\frac{\partial f}{\partial y} + \frac{\partial F}{\partial g}\frac{\partial g}{\partial y} + \frac{\partial F}{\partial h}\frac{\partial h}{\partial y} \tag{4.3}$$

$$\frac{\partial F}{\partial z} = \frac{\partial F}{\partial f}\frac{\partial f}{\partial z} + \frac{\partial F}{\partial g}\frac{\partial g}{\partial z} + \frac{\partial F}{\partial h}\frac{\partial h}{\partial z}.$$

Diese Differentiationsregel für Funktionen von Funktionen wird gewöhnlich K e t t e n r e g e l genannt.
Um das Ergebnis zu veranschaulichen, setze man

$$F = f - 4g + h$$

mit $f = 3x^2 + 2y^2, \quad g = (x - z)^2, \quad h = y + 1.$

Dann gilt

$$\frac{\partial F}{\partial x} = \frac{\partial F}{\partial f}\frac{\partial f}{\partial x} + \frac{\partial F}{\partial g}\frac{\partial g}{\partial x} + \frac{\partial F}{\partial h}\frac{\partial h}{\partial x}$$

$$= 1 \times 3 \times 2x + (-4) \times 2(x - z) + 1 \times 0 = 8z - 2x.$$

Ähnlich können $\partial F/\partial y$ und $\partial F/\partial z$ mit Hilfe der Kettenregel berechnet werden, ohne daß F explizit als Funktion von x, y, z aufgeschrieben wird.

Übungsaufgaben. 3. Sei $f(x, y) = ax^2 + 2hxy + by^2$ mit Konstanten a, b, h. Man berechne f_x, f_y, f_{xx} und f_{yy}. Zeige, daß $f_{xy} = f_{yx}$ gilt.

4. Sei $r^2 = x^2 + y^2 + z^2$. Man berechne $\partial r/\partial x$, $\partial r/\partial y$ und $\partial r/\partial z$. Dann zeige man, daß

$$\frac{\partial^2}{\partial x^2}\left(\frac{1}{r}\right) + \frac{\partial^2}{\partial y^2}\left(\frac{1}{r}\right) + \frac{\partial^2}{\partial z^2}\left(\frac{1}{r}\right) = 0$$

gilt, außer wenn $r = 0$ ist.

5. Sei $u = (Ar^n + Br^{-n}) \cos n\vartheta$ mit Konstanten A, B und n. Man zeige

$$\frac{\partial^2 u}{\partial r^2} + \frac{1}{r}\frac{\partial u}{\partial r} + \frac{1}{r^2}\frac{\partial^2 u}{\partial \vartheta^2} = 0.$$

6. Die Funktion $u(t, x)$ erfülle die Differentialgleichung

$$\frac{\partial^2 u}{\partial x^2} = \frac{1}{c^2}\frac{\partial^2 u}{\partial t^2},$$

in der c eine Konstante ist. Wird $\xi = x + ct$ und $\eta = x - ct$ transformiert, so zeige man, daß

$$\frac{\partial^2 u}{\partial\xi\,\partial\eta} = 0$$

gilt.

Hinweis. Man zeige zuerst $\partial u/\partial x = \partial u/\partial\xi + \partial u/\partial\eta$ und $\partial u/\partial t = c\,\partial u/\partial\xi - c\,\partial u/\partial\eta$.

4.3. Definition von Skalar- und Vektorfeldern

Auf einer Punktmenge S des dreidimensionalen Raumes sei ein Skalar $\Omega(x, y, z)$ definiert; d. h. jedem Punkt P (x, y, z) aus S sei ein Wert $\Omega(x, y, z)$ zugeordnet. Dann heißt Ω skalare Ortsfunktion oder Skalarfeld. Ist analog auf einer Punktmenge S eine Vektorfunktion $\mathbf{F}(x, y, z)$ definiert, so heißt $\mathbf{F}$ vektorielle Ortsfunktion oder Vektorfeld. In Anwendungen wird die Menge S fast immer ein Bereich sein, wie er in 4.1 definiert ist, und deshalb werden wir unsere Aufmerksamkeit diesem Fall zuwenden. Da der Punkt P (x, y, z) vollständig durch seinen Ortsvektor $\mathbf{r} = (x, y, z)$, der auf den Ursprung bezogen ist, charakterisiert wird, kann man auch die Bezeichnung

$$\Omega = \Omega(\mathbf{r}), \quad \mathbf{F} = \mathbf{F}(\mathbf{r}) \tag{4.4}$$

benutzen, um zu kennzeichnen, daß Ω und $\mathbf{F}$ Ortsfunktionen sind.
Einfache Beispiele von Skalarfeldern sind

$$\Omega = x^2 + y^2 + z^2 \tag{4.5}$$

und

$$\Omega = 1/x. \tag{4.6}$$

Beispiele von Vektorfeldern sind

$$\mathbf{F} = x\mathbf{i} + y\mathbf{j} + z\mathbf{k} \tag{4.7}$$

und

$$\mathbf{F} = (1 - x^2 - y^2 - z^2)^{1/2}(\mathbf{i} + \mathbf{j}). \tag{4.8}$$

Das Skalarfeld (4.5) und das Vektorfeld (4.7) sind im ganzen Raum definiert. Das Skalarfeld (4.6) ist für alle Punkte, die nicht in der Ebene $x = 0$ liegen, definiert; und das Vektorfeld (4.8) ist nur für Punkte definiert, die innerhalb der Kugel

$$x^2 + y^2 + z^2 = 1$$

liegen.

Skalar- und Vektorfelder finden wir auf natürliche Art in vielen physikalischen Situationen. Fließt z. B. ein Gas durch eine Röhre, so herrscht an jedem Punkt der Röhre ein bestimmter Gasdruck p, eine Dichte ρ, und eine Geschwindigkeit **v**: dabei sind p und ρ Skalarfelder und **v** ein Vektorfeld, das die Bewegung angibt.

4.4. Der Gradient eines Skalarfeldes

Wenn ein Skalarfeld Ω (x, y, z) in einem offenen Bereich R definiert und stetig differenzierbar ist, so ist der Gradient von Ω definiert als

$$\operatorname{grad}\Omega = \frac{\partial\Omega}{\partial x}\mathbf{i} + \frac{\partial\Omega}{\partial y}\mathbf{j} + \frac{\partial\Omega}{\partial z}\mathbf{k} = \left(\frac{\partial\Omega}{\partial x}, \frac{\partial\Omega}{\partial y}, \frac{\partial\Omega}{\partial z}\right). \tag{4.9}$$

Der Gradient von Ω ist ein Vektorfeld auf R.

Beweis. In jedem Punkt von R erfüllt grad Ω ganz sicher Punkt 1 der Vektordefinition aus 2.2. Um den Beweis zu beenden, müssen wir zeigen, daß a) die Komponenten translationsinvariant sind, und b), daß die Komponenten sich bei einer Drehung der Achsen wie Vektoren transformieren (s. Gleichung (2.1)).

Zu a). Wir führen eine Translation zu neuen Koordinatenachsen O′XYZ durch, so daß die Koordinaten (X, Y, Z) mit den ursprünglichen Achsen (x, y, z) durch die Gleichung

$$x = X + a, \quad y = Y + b, \quad z = Z + c \tag{4.10}$$

verknüpft sind, wobei a, b, c Konstanten sind. Mit der Kettenregel (Gleichung (4.3)) erhalten wir

$$\frac{\partial\Omega}{\partial X} = \frac{\partial x}{\partial X}\frac{\partial\Omega}{\partial x} + \frac{\partial y}{\partial X}\frac{\partial\Omega}{\partial y} + \frac{\partial z}{\partial X}\frac{\partial\Omega}{\partial z} = \frac{\partial\Omega}{\partial x}.$$

und analog

$$\frac{\partial\Omega}{\partial Y} = \frac{\partial\Omega}{\partial y}, \quad \frac{\partial\Omega}{\partial Z} = \frac{\partial\Omega}{\partial z}.$$

Die Komponenten von grad Ω sind also translationsinvariant bei einer Translation der Koordinatenachsen.

Zu b). Eine Drehung des Koordinatensystems sei durch die Gleichungen (1.19) gegeben, nämlich

$$\begin{aligned} x &= \ell_{11}\,x' + \ell_{21}\,y' + \ell_{31}\,z', \\ y &= \ell_{12}\,x' + \ell_{22}\,y' + \ell_{32}\,z', \\ z &= \ell_{13}\,x' + \ell_{23}\,y' + \ell_{33}\,z'. \end{aligned} \tag{4.11}$$

Anwenden der Kettenregel ergibt

$$\begin{aligned} \frac{\partial\Omega}{\partial x'} &= \frac{\partial x}{\partial x'}\frac{\partial\Omega}{\partial x} + \frac{\partial y}{\partial x'}\frac{\partial\Omega}{\partial y} + \frac{\partial z}{\partial x'}\frac{\partial\Omega}{\partial z} \\ &= \ell_{11}\frac{\partial\Omega}{\partial x} + \ell_{12}\frac{\partial\Omega}{\partial y} + \ell_{13}\frac{\partial\Omega}{\partial z}, \end{aligned}$$

und analog

$$\frac{\partial\Omega}{\partial y'} = \ell_{21}\frac{\partial\Omega}{\partial x} + \ell_{22}\frac{\partial\Omega}{\partial y} + \ell_{23}\frac{\partial\Omega}{\partial z},$$

sowie $$\frac{\partial\Omega}{\partial z'} = \ell_{31}\frac{\partial\Omega}{\partial x} + \ell_{32}\frac{\partial\Omega}{\partial y} + \ell_{33}\frac{\partial\Omega}{\partial z}.$$

Diese Gleichungen zeigen, daß sich die Komponenten von grad Ω bei einer Drehung wie die Komponenten eines Vektors transformieren (Gleichung (2.1)), und damit ist der Beweis, daß grad Ω ein Vektor ist, vollständig.

Bemerkung. Bloße Existenz der Ableitungen erster Ordnung Ω_x, Ω_y, Ω_z reicht nicht aus, um zu sichern, daß grad Ω ein Vektorfeld ist. Da die Kettenregel zum Beweis der Vektoreigenschaft benutzt werden muß, sind stärkere Voraussetzungen über Ω erforderlich. Wir haben vorausgesetzt, daß Ω stetig differenzierbar ist, und das ist ausreichend (zusammen mit der stetigen Differenzierbarkeit von x, y, z als Funktionen der neuen Koordinaten, die nach den Gleichungen (4.10) und (4.11) ganz sicher gilt).

Beispiel 3. Man berechne grad Ω, wenn a) $\Omega = x^2 + xy + y^2$, b) $\Omega = r$, wobei r der Abstand vom Ursprung ist.

Lösung. a) Es gilt

$$\frac{\partial\Omega}{\partial x} = 2x + y, \quad \frac{\partial\Omega}{\partial y} = x + 2y, \quad \frac{\partial\Omega}{\partial z} = 0.$$

Daraus folgt nach Definition (4.9) grad $\Omega = (2x + y)\,\mathbf{i} + (x + 2y)\,\mathbf{j}$.

b) Es gilt $r^2 = x^2 + y^2 + z^2$.

Also ist

$$2r\frac{\partial r}{\partial x} = 2x, \quad \text{woraus} \quad \frac{\partial r}{\partial x} = \frac{x}{r}$$

folgt. Ähnlich berechnet man

$$\frac{\partial r}{\partial y} = \frac{y}{r} \quad \text{und} \quad \frac{\partial r}{\partial z} = \frac{z}{r}.$$

Also ist $\operatorname{grad} r = \frac{x}{r}\mathbf{i} + \frac{y}{r}\mathbf{j} + \frac{z}{r}\mathbf{k} = (x\mathbf{i} + y\mathbf{j} + z\mathbf{k})/r = \mathbf{r}/r = \hat{\mathbf{r}},$ (4.12)

der radiale Einheitsvektor.

Übungsaufgaben. 7. Sei $\Omega = xy^2z^3 - x^3y^2z$, man berechne grad Ω im Punkt (1, −1, 1).

8. Sei $\Omega = x^n + y^n + z^n$, man zeige, daß $\mathbf{r} \cdot \operatorname{grad} \Omega = n\Omega$ ist.

9. Man zeige, daß $\operatorname{grad} r^n = nr^{n-2}\,\mathbf{r}$ ist.

10. Ist **a** ein konstantes Vektorfeld (d. h. ein Feld mit konstanter Länge und Richtung) und **r** der Ortsvektor, so zeige man, daß gilt $\operatorname{grad}(\mathbf{a} \cdot \mathbf{r}) = \mathbf{a}$.

4.5. Eigenschaften des Gradienten

Die Richtungsableitung $\partial\Omega/\partial n$. Sei $\hat{\mathbf{n}}$ ein fester Einheitsvektor. Sei P ein fester Punkt und P′ ein Punkt, der sich so bewegt, daß der Vektor $\overrightarrow{PP'}$ stets parallel zu $\hat{\mathbf{n}}$ ist. Das Skalarfeld Ω nehme in den Punkten P, P′ die Werte Ω (P) bzw. Ω (P′) an. Dann ist die Richtungsableitung von Ω nach $\hat{\mathbf{n}}$ im Punkt P definiert als

$$\frac{\partial\Omega}{\partial n} = \lim_{PP' \to 0} \frac{\Omega(P') - \Omega(P)}{PP'}, \tag{4.13}$$

falls der Grenzwert existiert. Selbstverständlich wird sich Ω unterschiedlich verhalten, wenn der Punkt P sich in verschiedene Richtungen bewegt; die Richtungsableitung $\partial\Omega/\partial n$ mißt die Änderung in Richtung $\hat{\mathbf{n}}$.

Wir zeigen nun eine weitere Eigenschaft von grad Ω:

$$\hat{\mathbf{n}} \cdot \operatorname{grad} \Omega = \frac{\partial\Omega}{\partial n}. \tag{4.14}$$

Der Beweis ist einfach. Wir wählen Koordinatenachsen, so daß die Richtung des Einheitsvektors **i** mit $\hat{\mathbf{n}}$ übereinstimmt. Dann gilt

$$\hat{\mathbf{n}} \cdot \operatorname{grad} \Omega = \mathbf{i} \cdot \operatorname{grad} \Omega = \frac{\partial\Omega}{\partial x},$$

was die Änderung von Ω in x-Richtung, also in Richtung $\hat{\mathbf{n}}$ angibt.

Geometrische Darstellung von grad Ω. Sei ϑ der Winkel zwischen dem Vektor grad Ω und dem Einheitsvektor $\hat{\mathbf{n}}$. Dann gilt

$$\frac{\partial \Omega}{\partial n} = \hat{\mathbf{n}} \cdot \operatorname{grad} \Omega = |\operatorname{grad} \Omega| \cos \vartheta. \tag{4.15}$$

Wir lassen ϑ variabel und betrachten einen Punkt, für den grad $\Omega \neq \mathbf{0}$ ist. Für diesen Punkt zeigt (4.15), daß $\partial\Omega/\partial n$ maximal wird, wenn $\vartheta = 0$ ist; d. h. wenn $\hat{\mathbf{n}}$ und grad Ω die gleiche Richtung haben. *Es folgt, daß der Vektor* grad Ω *in den Punkten mit* grad $\Omega \neq \mathbf{0}$ *in die Richtung zeigt, in der* Ω *am schnellsten wächst, und daß* $|\operatorname{grad} \Omega|$ *die Änderung von* Ω *in dieser Richtung angibt. Der Gradient eines Skalarfeldes beschreibt daher vollständig die Art und Weise, in der das Feld sich ändert.*
Ein Punkt, in dem grad $\Omega = \mathbf{0}$ ist, heißt stationärer Punkt.

Niveauflächen. Betrachten wir die Gleichung

$$\Omega(x, y, z) = \lambda, \tag{4.16}$$

in der λ ein Parameter ist. Für jeden Wert von λ stellt diese Gleichung eine Fläche dar, und wenn λ variiert wird, erhält man eine Familie von Flächen.
Ein Beispiel: zu jedem festen positiven Wert λ stellt die Gleichung

$$x^2 + y^2 + z^2 = \lambda \tag{4.17}$$

eine Kugel mit dem Mittelpunkt im Ursprung und dem Radius $\sqrt{\lambda}$ dar. Für verschiedene λ repräsentiert die Gleichung eine Familie konzentrischer Kugeln.
Die Flächen der Familie (4.16) heißen Hyperflächen oder Niveauflächen von Ω. Auf jeder Niveaufläche ist Ω konstant. Ein spezielles Beispiel von Niveauflächen sind die Flächen konstanten atmosphärischen Drucks. Ihre Schnittpunkte mit der Erdoberfläche werden als Wetterkarte gezeigt (und gewöhnlich „Isobaren“ genannt; d. h. Flächen konstanten barometrischen Drucks).
Eine wichtige Beziehung zwischen dem Gradienten eines Skalarfeldes und den Niveauflächen des Feldes ist die folgende.
Sei P ein Punkt auf der Fläche

$$\Omega(x, y, z) = c \tag{4.18}$$

mit konstantem c. Seien C_1 und C_2 zwei Kurven, die durch P gehen und auf der Fläche liegen. Seien $\hat{\mathbf{T}}_1$ und $\hat{\mathbf{T}}_2$ ihre Tangenteneinheitsvektoren in P. Wenn grad Ω im Punkt P nicht verschwindet, so bezeichnen wir den Wert in diesem Punkt mit $(\text{grad}\,\Omega)_P$. Dann hat der Vektor $(\text{grad}\,\Omega)_P$ die Richtung der Normalen an die Fläche in P (Fig. 35).

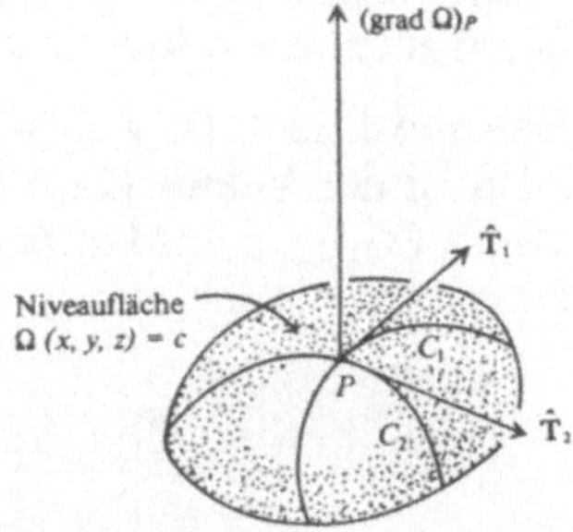

Fig. 35
Der Vektor $(\text{grad}\,\Omega)_P$ steht senkrecht auf der Niveaufläche von Ω, auf der P liegt

Beweis. Sei die natürliche Darstellung von C_1 gegeben durch

$$\mathbf{r} = \mathbf{r}(s) = (x(s), y(s), z(s)). \tag{4.19}$$

Da die Kurve auf der Fläche (4.18) liegt, müssen die Komponenten von **r** in jedem Punkt der Kurve Gleichung (4.18) erfüllen, also gilt

$$\frac{\partial\Omega}{\partial x}\frac{dx}{ds} + \frac{\partial\Omega}{\partial y}\frac{dy}{ds} + \frac{\partial\Omega}{\partial z}\frac{dz}{ds} = 0. \tag{4.20}$$

Nun ist

$$\text{grad}\,\Omega = \left(\frac{\partial\Omega}{\partial x}, \frac{\partial\Omega}{\partial y}, \frac{\partial\Omega}{\partial z}\right),$$

und der Tangenteneinheitsvektor an die Kurve (4.19) ist

$$\hat{\mathbf{T}} = \left(\frac{dx}{ds}, \frac{dy}{ds}, \frac{dz}{ds}\right).$$

Damit reduziert sich (4.20) auf

$$\hat{\mathbf{T}} \cdot (\text{grad}\,\Omega) = 0$$

und im Punkt P gilt

$$\hat{\mathbf{T}}_1 \cdot (\text{grad}\,\Omega)_P = 0.$$

Da $(\text{grad}\,\Omega)_P \neq \mathbf{0}$ ist, steht der Tangenteneinheitsvektor $\hat{\mathbf{T}}_1$ senkrecht auf dem Vektor $(\text{grad}\,\Omega)_P$. Außerdem folgt durch Wiederholung der obigen

Argumente, daß $(\text{grad}\,\Omega)_P$ senkrecht auf dem Tangenteneinheitsvektor $\hat{T}_2$ an C_2 steht. Nun sind die Tangenteneinheitsvektoren von C_1 und C_2 auch Tangenten an die Fläche (denn die Kurven liegen auf der Fläche). Da der Vektor $(\text{grad}\,\Omega)_P$ senkrecht zu den beiden Tangenteneinheitsvektoren ist, liegt er also in Richtung der Normalen an die Fläche.

Beispiel 4. Sei $\Omega(x, y, z) = x^2 + y^2 + z^2 = a^2$. Dann gilt $\text{grad}\,\Omega = (2x, 2y, 2z)$. Also ist der Vektor $(2x_0, 2y_0, 2z_0)$ senkrecht zur Niveaufläche durch den Punkt (x_0, y_0, z_0). Man beachte dazu auch Fig. 36 und die Tatsache, daß $(x_0, y_0, z_0) = \overrightarrow{OP}$ ist.

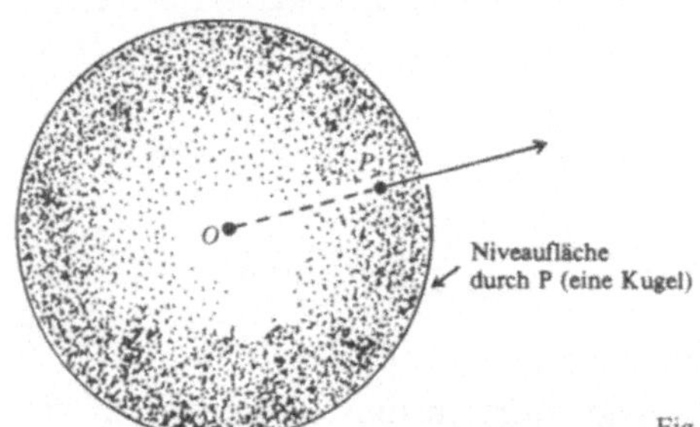

Fig. 36

Die Taylorentwicklung. Seien $P(x, y, z)$ und $Q(x + \delta x, y + \delta y, z + \delta z)$ benachbarte Punkte eines offenen Bereiches R, und sei

$$\overrightarrow{PQ} = \delta\mathbf{r} = (\delta x, \delta y, \delta z). \tag{4.21}$$

Wenn ein Skalarfeld Ω stetig differenzierbar in R ist, kann man zeigen (s. z.B. die in 4.2 angegebene Literatur), daß gilt

$$\Omega(x+\delta x, y+\delta y, z+\delta z) = \Omega(x, y, z) + \delta x \frac{\partial\Omega}{\partial x} + \delta y \frac{\partial\Omega}{\partial y} + \delta z \frac{\partial\Omega}{\partial z} + \varepsilon\,|\delta\mathbf{r}|,$$

wobei $\varepsilon \to 0$ strebt, wenn $|\delta\mathbf{r}| \to 0$, und $\partial\Omega/\partial x$, $\partial\Omega/\partial y$, $\partial\Omega/\partial z$ im Punkt $P(x, y, z)$ genommen sind. Die in diesem Abschnitt eingeführten Bezeichnungen ermöglichen es uns, die Formeln kompakter zu schreiben, nämlich

$$\Omega_Q = \Omega_P + \delta\mathbf{r} \cdot (\text{grad}\,\Omega)_P + \varepsilon|\delta\mathbf{r}|, \tag{4.22}$$

wobei die Indizes P und Q andeuten, daß in die betreffenden Größen P bzw. Q eingesetzt werden muß.

Eine explizite Darstellung für ε erhält man, wenn man voraussetzt, daß die Ableitungen zweiter Ordnung von Ω existieren und stetig sind; der Ausdruck für Ω_Q heißt dann Taylorentwicklung von Ω bis zum zweiten Glied. Für die meisten Anwendungen reicht es allerdings, zu wissen, daß $\varepsilon \to 0$ strebt, wenn $|\delta\mathbf{r}| \to 0$ gilt.

Wir wollen noch anmerken, daß (4.22) die Approximation 1. Ordnung der Differenz $\delta\Omega$ der Werte von Ω in P und Q angibt:

$$\Omega_Q - \Omega_P = \delta\Omega \approx \delta\mathbf{r} \cdot (\text{grad}\ \Omega)_P. \tag{4.23}$$

Übungsaufgaben. 11. Seien a_1, a_2 Konstanten und Ω_1, Ω_2 stetig differenzierbare Skalarfelder. Man zeige aus der Definition des Gradienten, daß

$$\text{grad}\,(a_1\,\Omega_1 + a_2\,\Omega_2) = a_1\,\text{grad}\,\Omega_1 + a_2\,\text{grad}\,\Omega_2$$

gilt.

Bemerkung. Das ist eine wichtige Eigenschaft des Gradienten, sie besagt nämlich, daß der Gradient ein linearer Operator ist (s. 4.7).

12. Man berechne die Richtungsableitung des Skalarfeldes $\Omega = x^2yz + 4xz^2$ in Richtung des Vektors $(2, -1, -1)$ im Punkt $P\,(1, -2, -1)$.

Hinweis. Man schreibe den Einheitsvektor $\hat{\mathbf{n}}$ auf, der die gleiche Richtung wie der gegebene Vektor hat, und berechne $\hat{\mathbf{n}} \cdot \text{grad}\,\Omega$ im Punkt P.

13. Im Koordinatensystem Oxyz sei die Temperatur eines bestimmten Materials durch $T = T_0\,(1 + ax + by)\,e^{cz}$ gegeben, wobei a, b, c und T_0 (> 0) Konstanten sind. Man finde im Ursprung O die Richtung, in der sich die Temperatur am schnellsten ändert.

14. Man berechne die Richtungsparameter der Normalen an die Ellipse $x^2/a^2 + y^2/b^2 + z^2/c^2 = \text{konst.}$ in einem beliebigen Punkt, wenn a, b, c konstant sind.

4.6. Divergenz und Rotation eines Vektorfeldes

Seien die Komponenten eines Vektorfeldes $\mathbf{F} = (F_1, F_2, F_3)$ stetig differenzierbare Funktionen von x, y, z. Dann ist die Divergenz des Vektorfeldes definiert als

$$\text{div}\,\mathbf{F} = \frac{\partial F_1}{\partial x} + \frac{\partial F_2}{\partial y} + \frac{\partial F_3}{\partial z}\,; \tag{4.24}$$

und wir definieren als Rotation des Vektorfeldes

$$\text{rot}\,\mathbf{F} = \left(\frac{\partial F_3}{\partial y} - \frac{\partial F_2}{\partial z}\right)\mathbf{i} + \left(\frac{\partial F_1}{\partial z} - \frac{\partial F_3}{\partial x}\right)\mathbf{j} + \left(\frac{\partial F_2}{\partial x} - \frac{\partial F_1}{\partial y}\right)\mathbf{k}. \tag{4.25}$$

Die Formel für rot **F** kann man bequemer in symbolischer Determinantenform ausdrücken

$$\operatorname{rot} \mathbf{F} = \begin{vmatrix} \mathbf{i} & \mathbf{j} & \mathbf{k} \\ \frac{\partial}{\partial x} & \frac{\partial}{\partial y} & \frac{\partial}{\partial z} \\ F_1 & F_2 & F_3 \end{vmatrix}. \tag{4.26}$$

Man sieht sofort, daß div **F** *ein Skalarfeld ist; außerdem hat* div **F** *die grundlegende Eigenschaft, bei Translation und Drehung des Koordinatensystems invariant zu sein. Andererseits ist* rot **F** *ein Vektorfeld, was die Bezeichnungsweise bereits vorwegnimmt.* Die in Kapitel 2 gelegten Grundlagen ermöglichen es, diese Sätze leicht zu beweisen, aber es ist bequem, das zu verschieben, bis im nächsten Abschnitt die Operatorschreibweise eingeführt ist.

In 4.5 wurde gezeigt, daß grad Ω geometrisch als Maß der Änderung des Skalarfeldes Ω interpretiert werden kann. Divergenz und Rotation eines Vektorfeldes können nicht mit so einfachen Mitteln interpretiert werden, und die Diskussion über die Bedeutung dieser Begriffe wird auf später verschoben (Kapitel 6). Trotzdem sollten wir bemerken, daß Divergenz und Rotation eine wichtige Rolle in mehreren Zweigen der angewandten Mathematik spielen; z. B. in der Hydrodynamik, der Elastizitätstheorie und in der Elektrodynamik.

Beispiel 5. Man berechne die Divergenz der folgenden Vektorfelder:

a) $\mathbf{F} = (x^2, 3y, x^3)$,

b) $\mathbf{F} = \mathbf{r}$, wenn **r** der Ortsvektor ist.

Lösung. a) Aus (4.24) folgt

$$\operatorname{div} \mathbf{F} = \frac{\partial (x^2)}{\partial x} + \frac{\partial (3y)}{\partial y} + \frac{\partial (x^3)}{\partial z} = 2x + 3.$$

b) Da $\mathbf{r} = (x, y, z)$ ist, gilt

$$\operatorname{div} \mathbf{r} = 3. \tag{4.27}$$

Beispiel 6. Man berechne die Rotation des Vektorfeldes $\mathbf{F} = (z, x, y)$, und man zeige, daß $\operatorname{rot} \operatorname{rot} \mathbf{F} = \mathbf{0}$ ist.

Lösung. Es gilt

$$\operatorname{rot} \mathbf{F} = \begin{vmatrix} \mathbf{i} & \mathbf{j} & \mathbf{k} \\ \frac{\partial}{\partial x} & \frac{\partial}{\partial y} & \frac{\partial}{\partial z} \\ z & x & y \end{vmatrix} = (1-0)\,\mathbf{i} + (1-0)\,\mathbf{j} + (1-0)\,\mathbf{k}$$

$$= \mathbf{i} + \mathbf{j} + \mathbf{k} = (1, 1, 1).$$

Also ist

$$\text{rot rot } \mathbf{F} = \begin{vmatrix} \mathbf{i} & \mathbf{j} & \mathbf{k} \\ \frac{\partial}{\partial x} & \frac{\partial}{\partial y} & \frac{\partial}{\partial z} \\ 1 & 1 & 1 \end{vmatrix} = \mathbf{0}.$$

Übungsaufgaben. 15. Seien a_1, a_2 Konstanten und $\mathbf{F}_1$, $\mathbf{F}_2$ stetig differenzierbare Vektorfelder. Man beweise aus den Definitionen von Divergenz und Rotation

$$\text{div}\,(a_1\,\mathbf{F}_1 + a_2\,\mathbf{F}_2) = a_1 \text{ div } \mathbf{F}_1 + a_2 \text{ div } \mathbf{F}_2,$$
$$\text{rot}\,(a_1\,\mathbf{F}_1 + a_2\,\mathbf{F}_2) = a_1 \text{ rot } \mathbf{F}_1 + a_2 \text{ rot } \mathbf{F}_2.$$

Bemerkung. Das sind wichtige Gleichungen, die zeigen (s. Aufgabe 11), daß div und rot lineare Operatoren sind (weiteres s. 4.7).

16. Man finde div und rot des Vektorfeldes $\mathbf{F} = (xy, yz, 0)$ im Punkt (1, 1, 1). Außerdem berechne man grad (div **F**).

17. Sei $\Omega = x + y^2 + z^3$. Man berechne div (grad Ω) und rot (grad Ω).

18. Sei **a** ein konstantes Vektorfeld und **r** der Ortsvektor. Man zeige rot $(\mathbf{a} \times \mathbf{r}) = 2\mathbf{a}$.

19. Der Punkt A (a, b, c) sei fest, der Punkt P (x, y, z) sei variabel. Man zeige, daß div $\overrightarrow{AP} = 3$, rot $\overrightarrow{AP} = \mathbf{0}$ gilt.

20. Ein Vektorfeld **F** sei in allen Punkten parallel zur xy-Ebene. Sind die Komponenten von **F** nur Funktionen von x und y, so ist rot rot **F** parallel zu xy-Ebene.

4.7. Der Nabla-Operator

Der Leser wird mit Operatoren im Zusammenhang mit Differentialgleichungen vertraut sein. So wird die Differentialgleichung

$$\frac{d^2y}{dx^2} + 2\frac{dy}{dx} + 3y = 0$$

manchmal in der Form

$$\left(\frac{d^2}{dx^2} + 2\frac{d}{dx} + 3\right)y = 0$$

geschrieben und dann durch

$$(D^2 + 2D + 3)\,y = 0$$

mit $D \equiv d/dx$ abgekürzt. In diesem Beispiel ist D ein Operator. Wendet man ihn auf eine Funktion $y(x)$ an, so erhält man die Ableitung dy/dx; und D^2 bedeutet, daß man die zweite Ableitung d^2y/dx^2 bilden muß.
Der D-Operator gehorcht einigen, aber nicht allen Regeln der gewöhnlichen Algebra. Zum Beispiel gilt

$$D(Dy) = D^2y$$

und $$(D^2 + 2D + 3)y = D^2y + 2Dy + 3y,$$

aber es ist

$$D(xy) \neq xDy \neq xyD.$$

Angeregt durch diese Überlegungen, wenden wir nun Operatoren in der Vektorrechnung an.

Der Nabla-Operator. Der Ausdruck

$$\nabla \equiv \mathbf{i}\frac{\partial}{\partial x} + \mathbf{j}\frac{\partial}{\partial y} + \mathbf{k}\frac{\partial}{\partial z} \equiv \left(\frac{\partial}{\partial x}, \frac{\partial}{\partial y}, \frac{\partial}{\partial z}\right) \tag{4.28}$$

heißt Nabla-Operator, oder kurz Nabla.
Bei Koordinatentranslation oder -drehung transformieren sich die Komponenten $\partial/\partial x$, $\partial/\partial y$, $\partial/\partial z$ des Nabla-Operators wie die Komponenten eines Vektors (das erklärt die Bezeichnungsweise in (4.28)). Den Beweis dafür kann man sofort aus dem Beweis in 4.4, daß grad Ω ein Vektorfeld ist, übernehmen. Wenn man nämlich in Teil a und b dieses Beweises Ω ausläßt, erhält man

$$\frac{\partial}{\partial X} = \frac{\partial}{\partial x}, \quad \frac{\partial}{\partial Y} = \frac{\partial}{\partial y}, \quad \frac{\partial}{\partial Z} = \frac{\partial}{\partial z};$$

und $$\frac{\partial}{\partial x'} = \ell_{11}\frac{\partial}{\partial x} + \ell_{12}\frac{\partial}{\partial y} + \ell_{13}\frac{\partial}{\partial z},$$

zusammen mit den entsprechenden Gleichungen für $\partial/\partial y'$, $\partial/\partial z'$. In dieser Hinsicht verhält sich Nabla also wie ein Vektor, und er wird deshalb auch Vektoroperator genannt. Jetzt können wir die Ideen, die wir oben beim D-Operator diskutiert haben, auf Nabla anwenden.

Wir definieren

$$\nabla\Omega = \text{grad}\,\Omega. \tag{4.29}$$

Auf der linken Seite steht

$$\left(\mathbf{i}\frac{\partial}{\partial x}+\mathbf{j}\frac{\partial}{\partial y}+\mathbf{k}\frac{\partial}{\partial z}\right)\Omega,$$

und das wird natürlich interpretiert als

$$\mathbf{i}\frac{\partial\Omega}{\partial x}+\mathbf{j}\frac{\partial\Omega}{\partial y}+\mathbf{k}\frac{\partial\Omega}{\partial z}=\operatorname{grad}\Omega.$$

Ebenso definieren wir

$$\boldsymbol{\nabla}\cdot\mathbf{F}=\operatorname{div}\mathbf{F} \tag{4.30}$$

und

$$\boldsymbol{\nabla}\times\mathbf{F}=\operatorname{rot}\mathbf{F}. \tag{4.31}$$

Entwickeln wir nämlich das Skalarprodukt formal, so gilt

$$\begin{aligned}\boldsymbol{\nabla}\cdot\mathbf{F}&=\left(\frac{\partial}{\partial x},\frac{\partial}{\partial y},\frac{\partial}{\partial z}\right)\cdot(F_1,F_2,F_3)\\&=\frac{\partial F_1}{\partial x}+\frac{\partial F_2}{\partial y}+\frac{\partial F_3}{\partial z}=\operatorname{div}\mathbf{F};\end{aligned}$$

und ähnlich erhalten wir

$$\begin{aligned}\boldsymbol{\nabla}\times\mathbf{F}&=\left(\frac{\partial}{\partial x},\frac{\partial}{\partial y},\frac{\partial}{\partial z}\right)\times(F_1,F_2,F_3)\\&=\begin{vmatrix}\mathbf{i}&\mathbf{j}&\mathbf{k}\\\frac{\partial}{\partial x}&\frac{\partial}{\partial y}&\frac{\partial}{\partial z}\\F_1&F_2&F_3\end{vmatrix}=\operatorname{rot}\mathbf{F}.\end{aligned}$$

Man beachte, daß ähnlich wie beim D-Operator, die Komponenten von $\boldsymbol{\nabla}$ nur auf die Funktionen wirkt, die rechts von ihm stehen.
Wir sind nun in der Lage, die beiden Ergebnisse, die im vorigen Abschnitt stehen geblieben sind zu beweisen, nämlich:

a) *Das Skalarfeld* div **F** *ist invariant bei Translationen oder Drehungen der Achsen;*

b) rot **F** *ist ein Vektorfeld.*

Beweise. a) Schreibt man

$$\operatorname{div}\mathbf{F}=\boldsymbol{\nabla}\cdot\mathbf{F},$$

so folgt die Invarianz bei Translationen leicht. Da wir gesehen haben, daß die Komponenten von ∇ translationsinvariant sind und die Komponenten des Vektors **F** ebenfalls translationsinvariant sind, ist auch $\nabla \cdot \mathbf{F}$ invariant.

Um die Drehungsinvarianz von $\nabla \cdot \mathbf{F}$ zu beweisen, ist es bequem, die Koordinaten x_1, x_2, x_3 statt x, y, z zu nennen. Mit dieser Bezeichnung gilt

$$\nabla \cdot \mathbf{F} = \frac{\partial F_1}{\partial x_1} + \frac{\partial F_2}{\partial x_2} + \frac{\partial F_3}{\partial x_3} = \frac{\partial F_i}{\partial x_i},$$

wenn man die Summenkonvention benutzt.

Behandeln wir also eine Drehung in neue Achsen $Ox_1'x_2'x_3'$, wie sie in Gleichung (1.25) gegeben ist. Wenn man die gestrichenen Größen auf die neuen Achsen bezieht, so liefert das Gesetz der Vektortransformation (Gleichung (2.2))

$$\frac{\partial}{\partial x_j'} = \ell_{ji} \frac{\partial}{\partial x_i} \quad \text{und} \quad F_j' = \ell_{jk} F_k.$$

Da die Koeffizienten ℓ_{ij} unabhängig von x_1, x_2, x_3 sind, gilt

$$\frac{\partial F_j'}{\partial x_j'} = \ell_{ji} \ell_{jk} \frac{\partial F_k}{\partial x_i}.$$

Benutzt man die Orthonormalitätsrelationen (1.29)

$$\ell_{ji} \ell_{jk} = \delta_{ik},$$

so folgt $$\frac{\partial F_j'}{\partial x_j'} = \delta_{ik} \frac{\partial F_k}{\partial x_i} = \frac{\partial F_i}{\partial x_i};$$

d. h. $$\frac{\partial F_1'}{\partial x_1'} + \frac{\partial F_2'}{\partial x_2'} + \frac{\partial F_3'}{\partial x_3'} = \frac{\partial F_1}{\partial x_1} + \frac{\partial F_2}{\partial x_2} + \frac{\partial F_3}{\partial x_3}.$$

Auf der linken Seite steht div **F** bezogen auf die neuen Achsen, auf der rechten div **F** bezogen auf die ursprünglichen Achsen; die Drehungsinvarianz von div **F** ist damit nachgewiesen.

b) Wenn der Leser nach 2.6 zurückblättert, so wird er entdecken, daß der Beweis der Invarianz von $\nabla \cdot \mathbf{F}$ eng an den Beweis angelehnt ist, daß das Skalarprodukt $\mathbf{a} \cdot \mathbf{b}$ eine skalare Invariante ist. Ähnlich folgt der Beweis, daß $\nabla \times \mathbf{F}$ ein Vektorfeld ist dem in 2.7, daß das Vektorprodukt $\mathbf{a} \times \mathbf{b}$ ein Vektor ist. Die wesentlichen Beweisschritte sind deshalb ähnlich, weil der Operator ∇ sich bei Translationen und Drehungen der Achsen wie

ein Vektor verhält. Es bleibt dem Leser als Übung überlassen, dies nachzuweisen.
Wir haben in den Aufgaben 11 in 4.5 und 15 in 4.6 bereits bewiesen, daß grad, div und rot lineare Operatoren sind; und wir können das jetzt in der einen Bemerkung zusammenfassen, daß der Nabla-Operator linear ist.
Der Differentialoperator $D \equiv d/dx$, den wir bereits erwähnt haben, besitzt ebenfalls die charakteristische Eigenschaft der Linearität:

$$D\,(a_1y_1 + a_2y_2) = a_1Dy_1 + a_2Dy_2,$$

wenn a_1 und a_2 konstant sind. Ebenso kann man sagen, daß der partielle Differentialoperator $\partial/\partial x$ linear ist, denn es gilt

$$\frac{\partial}{\partial x}(a_1f_1 + a_2f_2) = a_1\frac{\partial f_1}{\partial x} + a_2\frac{\partial f_2}{\partial x}$$

für beliebige Funktionen f_1 und f_2, die nach x partiell differenzierbar sind, und beliebige Konstanten a_1, a_2.

Nun ist

$$\mathbf{\nabla} \equiv \mathbf{i}\frac{\partial}{\partial x} + \mathbf{j}\frac{\partial}{\partial y} + \mathbf{k}\frac{\partial}{\partial z}$$

eine Linearkombination solcher partieller Differentialoperatoren, und wir erwarten daher, daß sich der Nabla-Operator auch wie ein linearer Operator verhält. Wie der Leser leicht nachprüfen kann, ist $\mathbf{\nabla}$ in allen drei möglichen Anwendungen, nämlich $\mathbf{\nabla}\Omega$, $\mathbf{\nabla}\cdot\mathbf{F}$ und $\mathbf{\nabla}\times\mathbf{F}$ linear. Genau das sollte in den Übungen 11 und 15 bewiesen werden.

Übungsaufgaben. 21. Man schreibe in Operatorschreibweise: a) grad (div **F**), b) div (grad Ω), c) div (rot **F**), d) rot (grad Ω), e) rot rot **F**.

22. Man zeige, daß $(\mathbf{F}\times\mathbf{\nabla})\times\mathbf{G}$ ein Vektorfeld ist.

Hinweis. Man benutze, daß sich $\mathbf{\nabla}$ wie ein Vektor transformiert und beachte, daß $\mathbf{a}\times\mathbf{b}$ ein Vektor ist.

4.8. Skalar-invariante Operatoren

Sei D ein linearer partieller Differentialoperator, der nur auf die rechtwinkligen kartesischen Koordinaten x, y, z als unabhängige Variable wirkt. Als Beispiel kann D etwa

$$D = \frac{\partial}{\partial x} + \frac{\partial}{\partial y} + 2\frac{\partial}{\partial z}$$

oder $$D = \frac{\partial^2}{\partial x^2} + \frac{\partial}{\partial y} + \frac{\partial^2}{\partial y\, \partial z}$$

sein. Der Operator D heißt skalar-invarianter Operator, wenn seine Form bei Translation oder Drehung des Koordinatensystems ungeändert bleibt. Wir werden die folgenden Gleichungen brauchen, die solche Operatoren betreffen.

Sei D ein skalar-invarianter Operator und sei seine Anwendung auf ein Vektorfeld **F** durch

$$D\,\mathbf{F} = D\,(F_1, F_2, F_3) = (DF_1, DF_2, DF_3) \tag{4.32}$$

gegeben. Dann ist D**F** ein Vektorfeld.

Beweis. Bei Translationen bleibt D**F** ungeändert, weil sowohl D als auch die Komponenten von **F** ungeändert bleiben.

Bei einer Drehung auf neue Achsen Ox′y′z′, deren Position zu den ursprünglichen Achsen Oxyz durch die Transformationsmatrix (1.12) gegeben ist, gilt

$$F_j' = \ell_{jk}\, F_k,$$

wobei sich, wie gewöhnlich, die gestrichenen Komponenten auf die neuen Achsen beziehen. Also folgt, wenn wir die Invarianz der Form von D und die Linearität von D benutzen,

$$D' F_j' = D\,(\ell_{jk}\, F_k) = \ell_{jk}\, DF_k,$$

was zeigt, daß sich die Komponenten von D**F** bei Drehungen nach dem Transformationsgesetz für Vektoren transformieren. Daher ist D**F** ein Vektorfeld.

Der Laplace-Operator ∇^2. Der wichtigste unter den skalar-invarianten Operatoren ist der Laplace-Operator, der definiert ist als

$$\nabla^2 \equiv \frac{\partial^2}{\partial x^2} + \frac{\partial^2}{\partial y^2} + \frac{\partial^2}{\partial z^2}. \tag{4.33}$$

Anders geschrieben, wenn man rechtwinklige Koordinaten x_1, x_2, x_3 und die Summenkonvention benutzt, lautet er

$$\nabla^2 \equiv \frac{\partial^2}{\partial x_1^2} + \frac{\partial^2}{\partial x_2^2} + \frac{\partial^2}{\partial x_3^2} \equiv \frac{\partial}{\partial x_i}\,\frac{\partial}{\partial x_i}. \tag{4.34}$$

Formal ist der Laplace-Operator das Quadrat des Nabla-Operators. Diesen Zusammenhang versteht man sofort, wenn man schreibt

$$\nabla \cdot \nabla = \left(\frac{\partial}{\partial x}, \frac{\partial}{\partial y}, \frac{\partial}{\partial z}\right) \cdot \left(\frac{\partial}{\partial x}, \frac{\partial}{\partial y}, \frac{\partial}{\partial z}\right) = \frac{\partial^2}{\partial x^2} + \frac{\partial^2}{\partial y^2} + \frac{\partial^2}{\partial z^2}.$$

Die Bezeichnung $\nabla \cdot \nabla = \nabla^2$ folgt in natürlicher Weise aus der Analogie zu $\mathbf{a} \cdot \mathbf{a} = a^2$.

Die Invarianz des Laplace-Operators folgt aus der Tatsache, daß der Nabla-Operator wie ein Vektor transformiert wird. Deshalb ist bei Translationen $\partial/\partial x_i$ invariant und damit auch ∇^2. Bei einer Drehung in das System $Ox_1'x_2'x_3'$ gilt

$$\frac{\partial}{\partial x_j'} = \ell_{ji} \frac{\partial}{\partial x_i}$$

(s. auch den Invarianzbeweis für div **F** in 4.7). Es folgt

$$\frac{\partial}{\partial x_j'} \frac{\partial}{\partial x_j'} = \left(\ell_{ji} \frac{\partial}{\partial x_i}\right)\left(\ell_{jk} \frac{\partial}{\partial x_k}\right) = \delta_{ik} \frac{\partial}{\partial x_i} \frac{\partial}{\partial x_k} = \frac{\partial}{\partial x_i} \frac{\partial}{\partial x_i},$$

womit gezeigt ist, daß ∇^2 drehungsinvariant ist.

Der Laplace-Operator kann sowohl auf ein Skalarfeld Ω als auch auf ein Vektorfeld **F** wirken. Es gelten die folgenden wichtigen Beziehungen:

$$\nabla^2 \Omega \equiv \operatorname{div}(\operatorname{grad} \Omega); \tag{4.35}$$

$$\nabla^2 \mathbf{F} \equiv \operatorname{grad}(\operatorname{div} \mathbf{F}) - \operatorname{rot} \operatorname{rot} \mathbf{F}. \tag{4.36}$$

Diese Gleichungen werden bewiesen, indem die rechte Seite entwickelt wird . Dann gilt

$$\operatorname{div}(\operatorname{grad} \Omega) \equiv \operatorname{div}\left(\mathbf{i} \frac{\partial \Omega}{\partial x} + \mathbf{j} \frac{\partial \Omega}{\partial y} + \mathbf{k} \frac{\partial \Omega}{\partial z}\right)$$

$$\equiv \frac{\partial}{\partial x}\left(\frac{\partial \Omega}{\partial x}\right) + \frac{\partial}{\partial y}\left(\frac{\partial \Omega}{\partial y}\right) + \frac{\partial}{\partial z}\left(\frac{\partial \Omega}{\partial z}\right) \equiv \nabla^2 \Omega,$$

womit (4.35) bewiesen ist. Sei $\mathbf{F} = (F_1, F_2, F_3)$, so gilt für die x-Komponente von grad (div **F**)

$$\frac{\partial}{\partial x}\left(\frac{\partial F_1}{\partial x} + \frac{\partial F_2}{\partial y} + \frac{\partial F_3}{\partial z}\right) \equiv \frac{\partial^2 F_1}{\partial x^2} + \frac{\partial^2 F_2}{\partial x\, \partial y} + \frac{\partial^2 F_3}{\partial x\, \partial z}.$$

Außerdem ist

$$\operatorname{rot}\operatorname{rot}\mathbf{F} = \begin{vmatrix} \mathbf{i} & \mathbf{j} & \mathbf{k} \\ \dfrac{\partial}{\partial x} & \dfrac{\partial}{\partial y} & \dfrac{\partial}{\partial z} \\ \dfrac{\partial F_3}{\partial y} - \dfrac{\partial F_2}{\partial z} & \dfrac{\partial F_1}{\partial z} - \dfrac{\partial F_3}{\partial x} & \dfrac{\partial F_2}{\partial x} - \dfrac{\partial F_1}{\partial y} \end{vmatrix}.$$

Daraus berechnet sich die x-Komponente von rot rot **F** als

$$\frac{\partial}{\partial y}\left(\frac{\partial F_2}{\partial x} - \frac{\partial F_1}{\partial y}\right) - \frac{\partial}{\partial z}\left(\frac{\partial F_1}{\partial z} - \frac{\partial F_3}{\partial x}\right) = \frac{\partial^2 F_2}{\partial y\,\partial x} - \frac{\partial^2 F_1}{\partial y^2} - \frac{\partial^2 F_1}{\partial z^2} + \frac{\partial^2 F_3}{\partial z\,\partial x}.$$

Wenn man annimmt, daß die Reihenfolge der Differentiation bei den gemischten Abteilungen vertauschbar ist (s. den Satz in 4.2), so gilt für die x-Komponente auf der rechten Seite von (4.36)

$$\frac{\partial^2 F_1}{\partial x^2} + \frac{\partial^2 F_1}{\partial y^2} + \frac{\partial^2 F_1}{\partial z^2} = \nabla^2 F_1.$$

Die y- und z-Komponenten auf der rechten Seite von (4.36) können ähnlich berechnet werden, so daß endlich gilt

$$\operatorname{grad}(\operatorname{div}\mathbf{F}) - \operatorname{rot}\operatorname{rot}\mathbf{F} = (\nabla^2 F_1, \nabla^2 F_2, \nabla^2 F_3) = \nabla^2 \mathbf{F},$$

was behauptet war.
Der Laplace-Operator tritt in vielen grundlegenden Gleichungen auf, die physikalische Phänomene beschreiben. Die einfachste dieser Differentialgleichungen ist die Laplace-Gleichung, nämlich

$$\nabla^2 \Omega = 0. \tag{4.37}$$

Der Operator F · ∇. Es handelt sich um einen nützlichen skalar-invarianten Operator, der definiert ist durch

$$\mathbf{F} \cdot \nabla = F_1 \frac{\partial}{\partial x} + F_2 \frac{\partial}{\partial y} + F_3 \frac{\partial}{\partial z}. \tag{4.38}$$

Der Beweis der Invarianz ist einfach und bleibt dem Leser überlassen. Der Operator kann auf ein Skalarfeld angewendet werden. Dann gilt

$$(\mathbf{F} \cdot \nabla)\,\Omega = F_1 \frac{\partial \Omega}{\partial x} + F_2 \frac{\partial \Omega}{\partial y} + F_3 \frac{\partial \Omega}{\partial z}. \tag{4.39}$$

Da die rechte Seite von (4.39) gleich $\mathbf{F} \cdot (\nabla\Omega)$ ist, kann keine Verwechslung entstehen, wenn man schreibt

$$(\mathbf{F} \cdot \nabla)\, \Omega = \mathbf{F} \cdot \nabla\Omega = \mathbf{F} \cdot \text{grad}\, \Omega. \tag{4.40}$$

Der Operator $\mathbf{F} \cdot \nabla$ kann auch auf Vektorfelder $\mathbf{G}$ angewendet werden und ergibt dann in rechtwinkligen kartesischen Koordinaten

$$(\mathbf{F} \cdot \nabla)\, \mathbf{G} = (\mathbf{F} \cdot \nabla G_1, \mathbf{F} \cdot \nabla G_2, \mathbf{F} \cdot \nabla G_3). \tag{4.41}$$

Das Ergebnis vom Anfang dieses Abschnitts zeigt, daß $(\mathbf{F} \cdot \nabla)\, \mathbf{G}$ ein Vektorfeld ist.

Bemerkung. Die Deutung der Terme $\nabla^2 \mathbf{F}$ und $(\mathbf{F} \cdot \nabla)\, \mathbf{G}$ verlangt etwas Sorgfalt, wenn das rechtwinklige Koordinatensystem kein kartesisches ist (s. Beispiel 13 und Aufgabe 50 in 4.13).

Übungsaufgaben. 23. Sei $\mathbf{F}_1 = (x, y, z)$, $\mathbf{F}_2 = (1, 2, 3)$, $\mathbf{G} = (x^2, y^2, z^2)$ und $\Omega = xyz$. Man berechne:

a) $(\mathbf{F}_1 \cdot \nabla)\, \mathbf{G}$, b) $(\mathbf{F}_2 \cdot \nabla)\, \mathbf{G}$, c) $(\mathbf{F}_1 \cdot \nabla)\, \mathbf{F}_2$, d) $\mathbf{F}_1 \cdot \nabla\Omega$, e) $\nabla^2\mathbf{G}$, f) $\nabla \times ((\mathbf{F}_2 \cdot \nabla)\, \mathbf{G})$.

24. Sei $\mathbf{F} = (xy, yz, zx)$ und $\mathbf{a} = (1, 2, 3)$; man beweise

a) $\nabla \times (\nabla \times \mathbf{F}) \equiv \nabla (\nabla \cdot \mathbf{F}) - \nabla^2 \mathbf{F}$,

b) $\nabla \times (\mathbf{F} \times \mathbf{a}) \equiv \mathbf{F}\, (\nabla \cdot \mathbf{a}) - \mathbf{a}\, (\nabla \cdot \mathbf{F}) + (\mathbf{a} \cdot \nabla)\, \mathbf{F} - (\mathbf{F} \cdot \nabla)\, \mathbf{a}$.

4.9. Nützliche Gleichungen

Andere Darstellungen von grad Ω, div $\mathbf{F}$, rot $\mathbf{F}$. Es ist bequem, hier neue Ausdrücke für grad Ω, div $\mathbf{F}$ und rot $\mathbf{F}$ einzuführen, wodurch später der Beweis einiger Identitäten weniger arbeitsreich wird.
Seien rechtwinklige kartesische Achsen Ox_1, Ox_2, Ox_3 gegeben, und seien e_1, e_2, e_3 die Einheitsvektoren entlang der Achsen.

Unter Anwendung der Summenkonvention gilt:

a) $$\text{grad}\, \Omega = \mathbf{e}_i \frac{\partial \Omega}{\partial x_i}, \tag{4.42}$$

b) $$\text{div}\, \mathbf{F} = \mathbf{e}_i \cdot \frac{\partial \mathbf{F}}{\partial x_i}, \tag{4.43}$$

c) $$\text{rot}\, \mathbf{F} = \mathbf{e}_i \times \frac{\partial \mathbf{F}}{\partial x_i}, \tag{4.44}$$

wobei gilt:

$$\frac{\partial \mathbf{F}}{\partial x_i} = \left(\frac{\partial F_1}{\partial x_i}, \frac{\partial F_2}{\partial x_i}, \frac{\partial F_3}{\partial x_i} \right), \quad i = 1, 2, 3. \tag{4.45}$$

Beweis. a) Gleichung (4.42) folgt sofort aus der Definition von grad Ω.
b) Da $\mathbf{F} = F_1 \mathbf{e}_1 + F_2 \mathbf{e}_2 + F_3 \mathbf{e}_3 = F_j \mathbf{e}_j$ ist, und die Vektoren $\mathbf{e}_j$ Konstanten sind, gilt

$$\mathbf{e}_i \cdot \frac{\partial \mathbf{F}}{\partial x_i} = \mathbf{e}_i \cdot \mathbf{e}_j \frac{\partial F_j}{\partial x_i} = \delta_{ij} \frac{\partial F_j}{\partial x_i},$$

wobei die Tatsache benutzt wurde, daß $\mathbf{e}_1$, $\mathbf{e}_2$, $\mathbf{e}_3$ ein orthonormales Tripel bilden. Daraus folgt

$$\mathbf{e}_i \cdot \frac{\partial \mathbf{F}}{\partial x_i} = \frac{\partial F_i}{\partial x_i} = \text{div}\, \mathbf{F}.$$

c) Wir haben

$$\mathbf{e}_i \times \frac{\partial \mathbf{F}}{\partial x_i} = \mathbf{e}_i \times \mathbf{e}_j \frac{\partial F_j}{\partial x_i}.$$

Setzt man für i, j jeweils 1 und 2 ein, so erhält man die Terme

$$\mathbf{e}_1 \times \mathbf{e}_1 \frac{\partial F_1}{\partial x_1} + \mathbf{e}_1 \times \mathbf{e}_2 \frac{\partial F_2}{\partial x_1} + \mathbf{e}_2 \times \mathbf{e}_1 \frac{\partial F_1}{\partial x_2} + \mathbf{e}_2 \times \mathbf{e}_2 \frac{\partial F_2}{\partial x_2} = \left(\frac{\partial F_2}{\partial x_1} - \frac{\partial F_1}{\partial x_2} \right) \mathbf{e}_3,$$

und das ist die x_3-Komponente von rot $\mathbf{F}$. Ebenso ergeben die anderen zwei möglichen Paare von i und j die x_1- bzw. x_2-Komponente von rot $\mathbf{F}$. Daraus folgt (4.44).

Gleichungen. Nimmt man (in Übereinstimmung mit unserer bisherigen Praxis) an, daß alle notwendigen Ableitungen existieren und stetig sind, so gelten die folgenden Gleichungen:

1. $\text{div}\,(\text{rot}\, \mathbf{F}) \equiv 0,$ (4.46)
2. $\text{rot}\,(\text{grad}\, \Omega) \equiv \mathbf{0},$ (4.47)
3. $\text{grad}\,(\Omega_1 \Omega_2) \equiv \Omega_1 \,\text{grad}\, \Omega_2 + \Omega_2 \,\text{grad}\, \Omega_1,$ (4.48)
4. $\text{div}\,(\Omega \mathbf{F}) \equiv \Omega \,\text{div}\, \mathbf{F} + \mathbf{F} \cdot \text{grad}\, \Omega,$ (4.49)
5. $\text{rot}\,(\Omega \mathbf{F}) \equiv \Omega \,\text{rot}\, \mathbf{F} - \mathbf{F} \times \text{grad}\, \Omega,$ (4.50)
6. $\text{grad}\,(\mathbf{F} \cdot \mathbf{G}) \equiv \mathbf{F} \times \text{rot}\, \mathbf{G} + \mathbf{G} \times \text{rot}\, \mathbf{F} + (\mathbf{G} \cdot \nabla)\, \mathbf{F} + (\mathbf{F} \cdot \nabla)\, \mathbf{G},$ (4.51)
7. $\text{div}\,(\mathbf{F} \times \mathbf{G}) \equiv \mathbf{G} \cdot \text{rot}\, \mathbf{F} - \mathbf{F} \cdot \text{rot}\, \mathbf{G},$ (4.52)
8. $\text{rot}\,(\mathbf{F} \times \mathbf{G}) \equiv \mathbf{F} \,\text{div}\, \mathbf{G} - \mathbf{G} \,\text{div}\, \mathbf{F} + (\mathbf{G} \cdot \nabla)\, \mathbf{F} - (\mathbf{F} \cdot \nabla)\, \mathbf{G}.$ (4.53)

In Operatorschreibweise gilt:

1'. $\nabla \cdot (\nabla \times \mathbf{F}) = 0,$ (4.54)

2'. $\nabla \times (\nabla \Omega) = \mathbf{0},$ (4.55)

3'. $\nabla (\Omega_1 \Omega_2) = \Omega_1 \nabla \Omega_2 + \Omega_2 \nabla \Omega_1,$ (4.56)

4'. $\nabla \cdot (\Omega \mathbf{F}) = \Omega \nabla \cdot \mathbf{F} + \mathbf{F} \cdot \nabla \Omega,$ (4.57)

5'. $\nabla \times (\Omega \mathbf{F}) = \Omega \nabla \times \mathbf{F} - \mathbf{F} \times \nabla \Omega,$ (4.58)

6'. $\nabla (\mathbf{F} \cdot \mathbf{G}) = \mathbf{F} \times (\nabla \times \mathbf{G}) + \mathbf{G} \times (\nabla \times \mathbf{F}) + (\mathbf{F} \cdot \nabla) \mathbf{G} + (\mathbf{G} \cdot \nabla) \mathbf{F},$ (4.59)

7'. $\nabla \cdot (\mathbf{F} \times \mathbf{G}) = \mathbf{G} \cdot (\nabla \times \mathbf{F}) - \mathbf{F} \cdot (\nabla \times \mathbf{G}),$ (4.60)

8'. $\nabla \times (\mathbf{F} \times \mathbf{G}) = \mathbf{F} (\nabla \cdot \mathbf{G}) - \mathbf{G} (\nabla \cdot \mathbf{F}) + (\mathbf{G} \cdot \nabla) \mathbf{F} - (\mathbf{F} \cdot \nabla) \mathbf{G}.$ (4.61)

Beweise

1. $$\operatorname{div}(\operatorname{rot}\mathbf{F}) = \frac{\partial}{\partial x}\left(\frac{\partial F_3}{\partial y} - \frac{\partial F_2}{\partial z}\right) + \frac{\partial}{\partial y}\left(\frac{\partial F_1}{\partial z} - \frac{\partial F_3}{\partial x}\right) + \frac{\partial}{\partial z}\left(\frac{\partial F_2}{\partial x} - \frac{\partial F_1}{\partial y}\right) = 0,$$

wobei die Voraussetzung benutzt ist, daß die Ableitungen stetig sind, so daß die Differentiationreihenfolge vertauscht werden kann.

2. $$\operatorname{rot}(\operatorname{grad}\Omega) = \begin{vmatrix} \mathbf{i} & \mathbf{j} & \mathbf{k} \\ \dfrac{\partial}{\partial x} & \dfrac{\partial}{\partial y} & \dfrac{\partial}{\partial z} \\ \dfrac{\partial \Omega}{\partial x} & \dfrac{\partial \Omega}{\partial y} & \dfrac{\partial \Omega}{\partial z} \end{vmatrix} = \mathbf{0},$$

denn es gilt $\partial^2 \Omega / \partial y\, \partial z - \partial^2 \Omega / \partial z\, \partial y = 0$, zusammen mit den zwei analogen Gleichungen.

3. Wenden wir (4.42) an, so gilt

$$\operatorname{grad}(\Omega_1 \Omega_2) = \mathbf{e}_i \frac{\partial}{\partial x_i}(\Omega_1 \Omega_2) = \Omega_1 \mathbf{e}_i \frac{\partial \Omega_2}{\partial x_i} + \Omega_2 \mathbf{e}_i \frac{\partial \Omega_1}{\partial x_i}$$
$$= \Omega_1 \operatorname{grad} \Omega_2 + \Omega_2 \operatorname{grad} \Omega_1.$$

4. Mit (4.43) folgt

$$\operatorname{div}(\Omega \mathbf{F}) = \mathbf{e}_i \cdot \frac{\partial}{\partial x_i}(\Omega \mathbf{F}) = \Omega \mathbf{e}_i \cdot \frac{\partial \mathbf{F}}{\partial x_i} + \left(\mathbf{e}_i \frac{\partial \Omega}{\partial x_i}\right) \cdot \mathbf{F}$$
$$= \Omega \operatorname{div} \mathbf{F} + \mathbf{F} \cdot \operatorname{grad} \Omega.$$

5. Der Beweis verläuft analog zu dem oben in 4 gegebenen und wird dem Leser als Übung überlassen.

6. Benutzen wir (4.44), so haben wir

$$\mathbf{F} \times \operatorname{rot} \mathbf{G} + \mathbf{G} \times \operatorname{rot} \mathbf{F} \equiv \mathbf{F} \times \left(\mathbf{e}_i \times \frac{\partial \mathbf{G}}{\partial x_i}\right) + \mathbf{G} \times \left(\mathbf{e}_i \times \frac{\partial \mathbf{F}}{\partial x_i}\right)$$

$$\equiv \left(\mathbf{F} \cdot \frac{\partial \mathbf{G}}{\partial x_i}\right)\mathbf{e}_i - (\mathbf{F} \cdot \mathbf{e}_i)\frac{\partial \mathbf{G}}{\partial x_i} + \left(\mathbf{G} \cdot \frac{\partial \mathbf{F}}{\partial x_i}\right)\mathbf{e}_i - (\mathbf{G} \cdot \mathbf{e}_i)\frac{\partial \mathbf{F}}{\partial x_i}$$

$$\equiv \mathbf{e}_i \frac{\partial}{\partial x_i}(\mathbf{F} \cdot \mathbf{G}) - \left(\mathbf{F} \cdot \mathbf{e}_i \frac{\partial}{\partial x_i}\right)\mathbf{G} - \left(\mathbf{G} \cdot \mathbf{e}_i \frac{\partial}{\partial x_i}\right)\mathbf{F}$$

$$\equiv \operatorname{grad}(\mathbf{F} \cdot \mathbf{G}) - (\mathbf{F} \cdot \nabla)\,\mathbf{G} - (\mathbf{G} \cdot \nabla)\,\mathbf{F},$$

womit 6 bewiesen ist.

7. Wenden wir (4.43) an, so gilt

$$\operatorname{div}(\mathbf{F} \times \mathbf{G}) \equiv \mathbf{e}_i \cdot \frac{\partial}{\partial x_i}(\mathbf{F} \times \mathbf{G}) \equiv \mathbf{e}_i \cdot \left(\frac{\partial \mathbf{F}}{\partial x_i} \times \mathbf{G}\right) + \mathbf{e}_i \cdot \left(\mathbf{F} \times \frac{\partial \mathbf{G}}{\partial x_i}\right)$$

$$\equiv \left(\mathbf{e}_i \times \frac{\partial \mathbf{F}}{\partial x_i}\right) \cdot \mathbf{G} - \left(\mathbf{e}_i \times \frac{\partial \mathbf{G}}{\partial x_i}\right) \cdot \mathbf{F} \equiv \mathbf{G} \cdot \operatorname{rot} \mathbf{F} - \mathbf{F} \cdot \operatorname{rot} \mathbf{G},$$

wobei (4.44) benutzt wurde.

8. Der Beweis dieser Gleichung wird dem Leser als Übung überlassen.

Beispiel 7. Mit Hilfe der Formel $\operatorname{grad} r^n = n r^{n-2} \mathbf{r}$ (s. Aufgabe 9 in 4.4) beweise man $\nabla^2 r^n = n(n+1) r^{n-2}$ ($r \neq 0$ für $n \leqq 2$).

Lösung. Es gilt (mit (4.35))

$$\nabla^2 r^n = \operatorname{div} \operatorname{grad} r^n = \operatorname{div}(n r^{n-2} \mathbf{r}) = n r^{n-2} \operatorname{div} \mathbf{r} + n \mathbf{r} \cdot \operatorname{grad} r^{n-2},$$

wegen Gleichung (4.49). Also folgt

$$\nabla^2 r^n = 3 n r^{n-2} + n(n-2) r^{n-4} \mathbf{r} \cdot \mathbf{r} = n(n+1) r^{n-2}.$$

Beispiel 8. Man zeige, daß das Vektorfeld $\mathbf{H} = \Phi \nabla \Psi$ und rot **H** in all den Punkten senkrecht zueinander sind, in denen keines von beiden verschwindet.

Lösung. Wenden wir Gleichung (4.58) an, so folgt

$$\nabla \times (\Phi \nabla \Psi) = \Phi \nabla \times \nabla \Psi - \nabla \Psi \times \nabla \Phi = \nabla \Phi \times \nabla \Psi \text{ (mit (4.55))}.$$

Also ist

$$\mathbf{H} \cdot \operatorname{rot} \mathbf{H} = \Phi \nabla \Psi \cdot (\nabla \Phi \times \nabla \Psi) = 0,$$

was zeigt, daß **H** und rot **H** in allen Punkten, in denen $\mathbf{H} \neq \mathbf{0}$ und rot $\mathbf{H} \neq \mathbf{0}$ ist, senkrecht aufeinander stehen.

Übungsaufgaben. 25. Man beweise die Gleichungen (4.50) und (4.53).

26. Man zeige, daß rot $(\mathbf{r}/r^2) = \mathbf{0}$ gilt. Außerdem zeige man, daß div $(\mathbf{r}/r^2) = 1/r^2$ ist.

27. Mit Hilfe der zu Beginn des Abschnitts eingeführten Schreibweise zeige man $\nabla^2 \equiv \mathbf{e}_i \cdot \mathbf{e}_j\, \partial^2/\partial x_i\, \partial x_j$. Mit (4.44) zeige man rot rot $\mathbf{F} \equiv$ grad (div $\mathbf{F}$) $- \nabla^2 \mathbf{F}$.

28. Man zeige rot $(\mathbf{r} \times$ rot $\mathbf{F}) + (\mathbf{r} \cdot \nabla)$ rot $\mathbf{F} + 2$ rot $\mathbf{F} \equiv \mathbf{0}$.

29. Man beweise $\nabla^2 (\Phi\Psi) \equiv \Phi\nabla^2 \Psi + 2\nabla\Phi \cdot \nabla\Psi + \Psi\nabla^2 \Phi$.

30. Wenn Φ die Laplace-Gleichung $\nabla^2 \Phi = 0$ erfüllt, und wenn außerdem $\mathbf{r} \cdot \nabla\Phi = m\Phi$ für eine Konstante m gilt, so zeige man, daß auch Φ/r^{2m+1} eine Lösung der Laplace-Gleichung ist.

Hinweis. Man setze in Aufgabe 29 ein $\Psi = 1/r^{2m+1}$ und benutze die Formel aus Aufgabe 9 in 4.4; s. auch Beispiel 8.

4.10. Zylinderkoordinaten und sphärische Polarkoordinaten

In der Theorie, die wir bisher entwickelt haben, haben wir ausschließlich mit rechtwinkligen kartesischen Koordinaten gearbeitet. In der Praxis dagegen sind andere Koordinatensysteme oft angenehmer. Besonders wichtig sind Zylinderkoordinaten und sphärische Polarkoordinaten.

Zylinderkoordinaten. Ein Punkt P habe die rechtwinkligen kartesischen Koordinaten (x, y, z). Sei R der senkrechte Abstand von P zur z-Achse, und φ der Winkel zwischen der zx-Ebene und der Ebene, die sowohl P als auch die z-Achse enthält; wir wählen φ in der Richtung positiv, die der Pfeil in Fig. 37 anzeigt, und beschränken seinen Wertebereich auf $-\pi < \varphi \leqq \pi$, oder auch auf $0 \leqq \varphi < 2\pi$. Dann sind R, φ, z die Zylinderkoordinaten von P.

Aus der Geometrie in Fig. 37 erhält man für die Beziehung zwischen den rechtwinkligen Koordinaten (x, y, z) von P und den Zylinderkoordinaten (R, φ, z) die Gleichungen

$$x = R\cos\varphi, \quad y = R\sin\varphi, \quad z = z. \tag{4.62}$$

Die Gleichungen können nach R, φ aufgelöst werden und liefern

$$\left.\begin{aligned} R &= (x^2 + y^2)^{1/2}, \\ \varphi &= \tan^{-1}(y/x). \end{aligned}\right\} \tag{4.63}$$

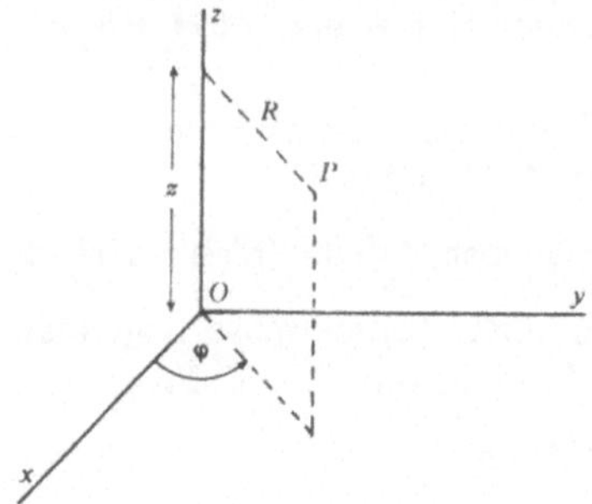

Fig. 37
Zylinderkoordinaten R, φ, z

Sphärische Polarkoordinaten. Wie vorher habe P die rechtwinkligen kartesischen Koordinaten (x, y, z). Sei r der Abstand von P zum Ursprung O, sei ϑ der Winkel, den OP mit der z-Achse bildet, und sei φ der Winkel zwischen der zx-Ebene und der Ebene, die sowohl P als auch die z-Achse enthält. Die Winkel ϑ und φ werden in der Richtung positiv gemessen, die in Fig. 38 durch Pfeile angegeben ist, und ihre Wertebereiche werden auf $0 \leqq \vartheta \leqq \pi$ und $-\pi < \varphi \leqq \pi$ (oder auch auf $0 \leqq \varphi < 2\pi$) beschränkt. Dann heißen r, ϑ, φ sphärische Polarkoordinaten von P.
Aus der Geometrie in Fig. 38 ergeben sich als Beziehungen zwischen den rechtwinkligen kartesischen Koordinaten (x, y, z) von P und den Polarkoordinaten (r, ϑ, φ) die Gleichungen

$$x = r \sin\vartheta \cos\varphi, \quad y = r \sin\vartheta \sin\varphi, \quad z = r \cos\vartheta. \tag{4.64}$$

Lösen wir (x, y, z) nach (r, ϑ, φ) auf, so erhalten wir

$$\begin{aligned} r &= (x^2 + y^2 + z^2)^{1/2}, \\ \vartheta &= \cos^{-1} \frac{z}{(x^2 + y^2 + z^2)^{1/2}}, \\ \varphi &= \tan^{-1}(y/x). \end{aligned} \tag{4.65}$$

Koordinatenlinien. Hält man die Koordinaten y und z des Punktes P fest und variiert x im Definitionsbereich, so ist der Ort von P eine zur x-Achse parallele Gerade: sie heißt x-Koordinatenlinie. Hält man ebenso x und z fest und verändert y, bekommt man die y-Koordinatenlinie; wenn man x und y festhält und z variiert, erhält man die z-Koordinatenlinie (Fig. 39).
Bei Zylinderkoordinaten heißt der Ort von P (R, φ, z), wenn man φ und z festhält und R verändert R-Koordinatenlinie; wenn man R, z festläßt und φ variiert, ist es die φ-Koordinatenlinie; und läßt man R und φ fest und

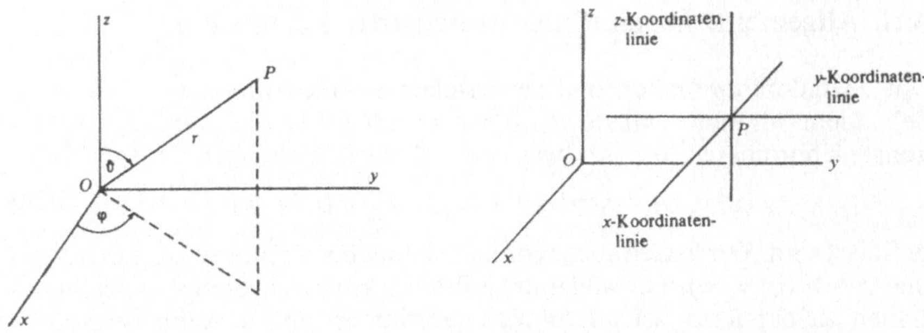

Fig. 38
Sphärische Polarkoordinaten r, ϑ, φ

Fig. 39
Koordinatenlinien zu rechtwinkligen kartesischen Koordinaten

ändert z, so bekommt man die z-Koordinatenlinie. Die R-Koordinatenlinien sind Geraden, radial und senkrecht zur z-Achse; die φ-Koordinatenlinien sind Kreise parallel zur xy-Ebene mit der z-Achse im Mittelpunkt; und die z-Koordinatenlinien sind Parallelen zur z-Achse (Fig. 40 a). Die Koordinatenlinien zu sphärischen Polarkoordinaten sind analog definiert (Fig. 40 b).
In jedem der obigen Koordinatensysteme stehen in einem Punkt P die Tangenten an die drei Koordinatenlinien durch P senkrecht aufeinander. Solche Koordinaten heißen orthogonal. Wegen dieser Eigenschaft ist es einfach, sie alle im Rahmen der Theorie rechtwinkliger kartesischer Koordinaten zu behandeln.

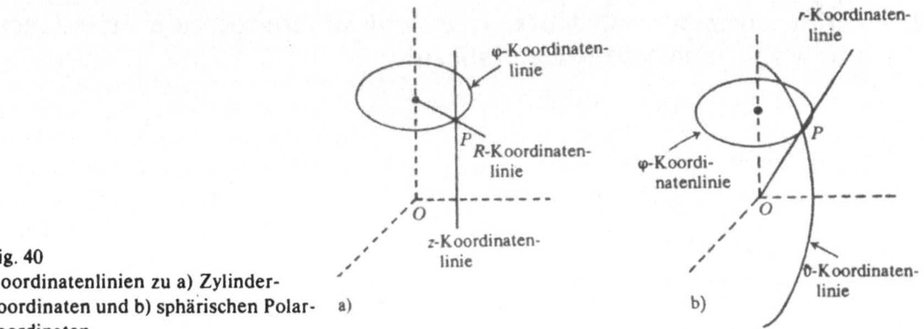

Fig. 40
Koordinatenlinien zu a) Zylinderkoordinaten und b) sphärischen Polarkoordinaten

Übungsaufgabe. 31. In rechtwinkligen kartesischen Koordinaten ist x = konst. eine Ebene parallel zur yz-Ebene. Sie heißt Koordinatenfläche. Ähnlich sind die Flächen y = konst. und z = konst. als Koordinatenflächen definiert. Welche geometrische Gestalt haben die Koordinatenflächen in 1. Zylinderkoordinaten, 2. sphärischen Polarkoordinaten?

4.11. Allgemeine krummlinige orthogonale Koordinaten

Mit Zylinderkoordinaten und sphärischen Polarkoordinaten als Beispiel, behandeln wir nun Transformationen in allgemeine krummlinige orthogonale Koordinaten (u, v, w), wie sie durch die Gleichungen

$$x = x(u, v, w), \quad y = y(u, v, w), \quad z = z(u, v, w) \tag{4.66}$$

definiert sind. Wir hätten auch schreiben können $x = f(u, v, w)$, $y = g(u, v, w)$ und $z = h(u, v, w)$. Die allgemeine Praxis, x, y, z als Symbole der Funktionen zu benutzen, ist allerdings angenehmer, und es kann keine Verwechslungen in diesem Zusammenhang geben. Schreiben wir (wie gewöhnlich) $\mathbf{r} = x\mathbf{i} + y\mathbf{j} + z\mathbf{k}$, so kann Gleichung (4.66) kürzer geschrieben werden:

$$\mathbf{r} = \mathbf{r}(u, v, w). \tag{4.67}$$

Um ein Koordinatensystem von praktischem Wert zu erhalten, legen wir den Funktionen x, y, z die folgenden Beschränkungen auf:

1. Wir nehmen an, daß die Zuordnung zwischen (x, y, z) und dem Tripel (u, v, w) in jedem betrachteten Bereich eindeutig ist. Da jedem Punkt eindeutig rechtwinklige kartesische Koordinaten (x, y, z) zuzuordnen sind, sind dann auch die krummlinigen Koordinaten (u, v, w) für jeden Punkt eindeutig bestimmt. Weiterhin sollen die Gleichungen (4.66) nach (u, v, w) auflösbar sein, d. h. es soll gelten

$$u = u(x, y, z), \quad v = v(x, y, z), \quad w = w(x, y, z). \tag{4.68}$$

2. Es wird angenommen, daß x, y, z stetig differenzierbare Funktionen von u, v, w sind, und daß die Determinante

$$J = \begin{vmatrix} \frac{\partial x}{\partial u} & \frac{\partial y}{\partial u} & \frac{\partial z}{\partial u} \\ \frac{\partial x}{\partial v} & \frac{\partial y}{\partial v} & \frac{\partial z}{\partial v} \\ \frac{\partial x}{\partial w} & \frac{\partial y}{\partial w} & \frac{\partial z}{\partial w} \end{vmatrix} \tag{4.69}$$

in keinem Punkt verschwindet. Die Determinante heißt Jacobische Determinante der Transformation.

Zusätzlich zu diesen Bedingungen seien in einem Punkt P die Tangenten an die Koordinatenlinien durch diesen Punkt zueinander senkrecht, so daß das Koordinatensystem orthogonal ist. Die Parameterdarstellung der Koordinatenlinien erhält man, indem man in Gleichung (4.67) konstante Werte für Paare von u, v, w einsetzt. Wenn also u_0, v_0, w_0 Konstanten sind, so stellen die Gleichungen

$$\mathbf{r} = \mathbf{r}(u, v_0, w_0), \quad \mathbf{r} = \mathbf{r}(u_0, v, w_0), \quad \mathbf{r} = \mathbf{r}(u_0, v_0, w) \tag{4.70}$$

die u-, v- bzw. w-Koordinatenlinien dar.

Transformationen, die in der Praxis ausgeführt werden, werden gewöhnlich so gewählt, daß die obigen Bedingungen überall mit Ausnahme isolierter Punkte oder bestimmter Kurven bzw. Flächen gelten. So fehlt im Falle von Zylinderkoordinaten die eindeutige Zuordnung zwischen dem Tripel (x, y, z) und dem Tripel (R, φ, z) auf der z-Achse; den Koordinaten R = 0, $z = z_0$ entspricht der Punkt x = y = 0, $z = z_0$ auf der z-Achse, unabhängig vom Wert von φ. Allerdings sind solche Ausnahmen leicht zu erkennen und führen nicht zu ernsten Schwierigkeiten. Sie werden im weiteren nicht beachtet.

Wir betrachten nun die Koordinatentransformation, die in Gleichung (4.67) definiert wurde, und setzen

$$h_1 = \left|\frac{\partial \mathbf{r}}{\partial u}\right|, \quad h_2 = \left|\frac{\partial \mathbf{r}}{\partial v}\right|, \quad h_3 = \left|\frac{\partial \mathbf{r}}{\partial w}\right|. \tag{4.71}$$

Die Elemente der ersten, zweiten bzw. dritten Reihe der Jacobischen Determinante (4.69) sind die Komponenten von $\partial\mathbf{r}/\partial u$, $\partial\mathbf{r}/\partial v$, $\partial\mathbf{r}/\partial w$. Da wir angenommen haben, daß die Jacobische Determinante nicht verschwindet, muß mindestens ein Element in jeder Reihe ungleich Null sein und es folgt, daß h_1, h_2, h_3 nicht verschwinden.

Seien $\mathbf{e}_u$, $\mathbf{e}_v$, $\mathbf{e}_w$ jeweils die Tangenteneinheitsvektoren im Punkt P an die u-, v-, w-Koordinatenlinien durch diesen Punkt. Dann gilt (s. (3.13) in 3.4)

$$\mathbf{e}_u = \frac{1}{h_1}\frac{\partial \mathbf{r}}{\partial u}, \quad \mathbf{e}_v = \frac{1}{h_2}\frac{\partial \mathbf{r}}{\partial v}, \quad \mathbf{e}_w = \frac{1}{h_3}\frac{\partial \mathbf{r}}{\partial w}, \tag{4.72}$$

wobei die rechte Seite natürlich im Punkt P genommen wird. Diese Einheitsvektoren stehen senkrecht aufeinander, da das Koordinatensystem orthogonal ist. Sinnvollerweise werden die Parameter u, v, w der Koordinatenlinien stets so gewählt, daß $\mathbf{e}_u$, $\mathbf{e}_v$, $\mathbf{e}_w$ (in dieser Reihenfolge) ein Rechtssystem bilden. Das kann man immer erreichen, denn wenn man in (4.67) die Größe u durch −u ersetzt, wird die Richtung von $\partial\mathbf{r}/\partial u$ umgekehrt.

Die Vektoren $\mathbf{e}_u$, $\mathbf{e}_v$, $\mathbf{e}_w$ bilden ein orthonormales Tripel, geradeso wie die Vektoren **i**, **j**, **k**. Es gibt allerdings einen grundlegenden Unterschied zwischen den beiden Tripeln: während die Vektoren **i**, **j**, **k** in eine feste Richtung zeigen, *ändert sich die Richtung von* $\mathbf{e}_u$, $\mathbf{e}_v$, $\mathbf{e}_w$ *im allgemeinen von Punkt zu Punkt,* denn die Koordinatenlinien werden gebogen sein (Fig. 41).

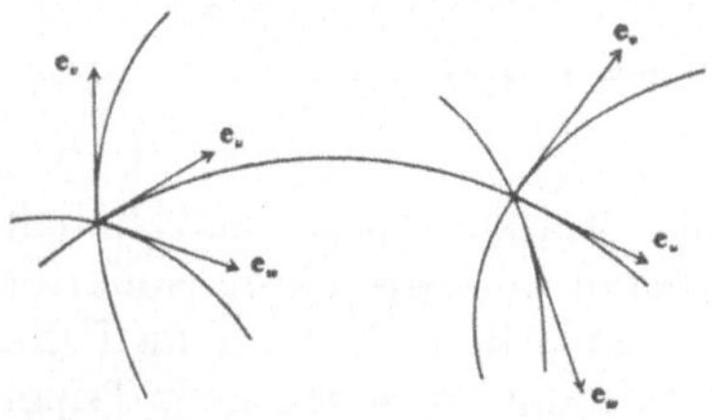

Fig. 41
Die Einheitsvektoren $\mathbf{e}_u$, $\mathbf{e}_v$, $\mathbf{e}_w$ an zwei verschiedenen Punkten der u-Koordinatenlinie

Beispiel 9 (sphärische Polarkoordinaten). In sphärischen Polarkoordinaten definiert in den Gleichungen (4.64) gilt

$$\mathbf{r} = r(\sin\vartheta\cos\varphi, \sin\vartheta\sin\varphi, \cos\vartheta). \tag{4.73}$$

Dann ist

$$\partial\mathbf{r}/\partial r = (\sin\vartheta\cos\varphi, \sin\vartheta\sin\varphi, \cos\vartheta),$$

$$\partial\mathbf{r}/\partial\vartheta = r(\cos\vartheta\cos\varphi, \cos\vartheta\sin\varphi, -\sin\vartheta),$$

und $\quad \partial\mathbf{r}/\partial\varphi = r(-\sin\vartheta\sin\varphi, \sin\vartheta\cos\varphi, 0).$

Es folgt

$$\begin{aligned} h_1^2 &= \sin^2\vartheta\cos^2\varphi + \sin^2\vartheta\sin^2\varphi + \cos^2\vartheta \\ &= \sin^2\vartheta(\cos^2\varphi + \sin^2\varphi) + \cos^2\vartheta = 1. \end{aligned}$$

Ähnlich erhält man

$$h_2^2 = r^2 \quad \text{und} \quad h_3^2 = r^2\sin^2\vartheta.$$

Dann ist, da $0 \leqq \vartheta \leqq \pi$ d. h. $\sin\vartheta \geqq 0$ gilt,

$$h_1 = 1, \quad h_2 = r, \quad h_3 = r\sin\vartheta. \tag{4.74}$$

Aus der Definition (4.72) folgt also

$$\begin{aligned} \mathbf{e}_r &= (\sin\vartheta\cos\varphi, \sin\vartheta\sin\varphi, \cos\vartheta), \\ \mathbf{e}_\vartheta &= (\cos\vartheta\cos\varphi, \cos\vartheta\sin\varphi, -\sin\vartheta), \\ \mathbf{e}_\varphi &= (-\sin\varphi, \cos\varphi, 0). \end{aligned} \tag{4.75}$$

Die Richtungen dieser Einheitsvektoren sind in Fig. 42a gezeigt.

Beispiel 10 (Zylinderkoordinaten). Für Zylinderkoordinaten (R, φ, z), definiert in (4.62), erhält man

$$h_1 = 1, \quad h_2 = R, \quad h_3 = 1. \tag{4.76}$$

Also ist

$$\begin{aligned} \mathbf{e}_R &= (\cos \varphi, \sin \varphi, 0), \\ \mathbf{e}_\varphi &= (-\sin \varphi, \cos \varphi, 0), \\ \mathbf{e}_z &= (0, 0, 1). \end{aligned} \tag{4.77}$$

Es wird dem Leser als Übung überlassen, dies zu beweisen. Fig. 42b zeigt die Richtung der Einheitsvektoren $\mathbf{e}_R$, $\mathbf{e}_\varphi$, $\mathbf{e}_z$.

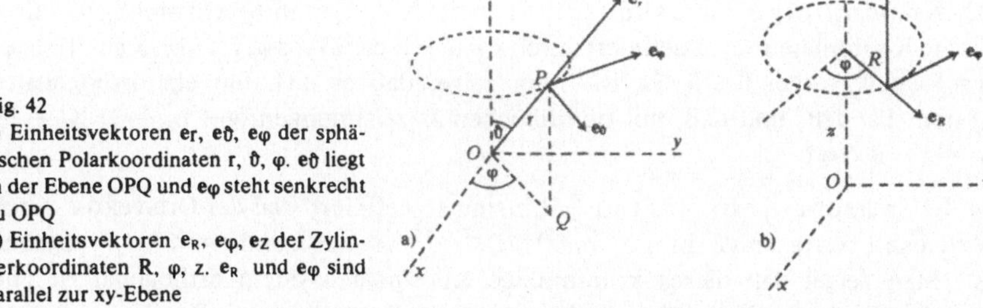

Fig. 42
a) Einheitsvektoren $\mathbf{e}_r$, $\mathbf{e}_\vartheta$, $\mathbf{e}_\varphi$ der sphärischen Polarkoordinaten r, ϑ, φ. $\mathbf{e}_\vartheta$ liegt in der Ebene OPQ und $\mathbf{e}_\varphi$ steht senkrecht zu OPQ
b) Einheitsvektoren $\mathbf{e}_R$, $\mathbf{e}_\varphi$, $\mathbf{e}_z$ der Zylinderkoordinaten R, φ, z. $\mathbf{e}_R$ und $\mathbf{e}_\varphi$ sind parallel zur xy-Ebene

Die Formeln für h_1, h_2, h_3 kann man ebenfalls mit Hilfe der folgenden geometrischen Argumente erhalten. Wächst u um ein infinitesimal kleines Stück du und sind v und w konstant, so erhält man aus (4.67) als entsprechenden Zuwachs von $\mathbf{r}$

$$d\mathbf{r} = \frac{\partial \mathbf{r}}{\partial u} du,$$

und damit ist

$$|d\mathbf{r}| = \left|\frac{\partial \mathbf{r}}{\partial u}\right| du = h_1 \, du.$$

Da $\mathbf{r}$ der Ortsvektor des Punktes P relativ zum Ursprung O ist, ist $|d\mathbf{r}| = h_1 \, du$ die Verschiebung von P, die dem Zuwachs du in u entspricht. Ähnlich sind $h_2 \, dv$ und $h_3 \, dw$ die Verschiebung beim Zuwachs dv in v bzw. dw in w. Also kann man h_1, h_2, h_3 erhalten, indem man u, v, w verschiebt und die geometrische Auswirkung betrachtet. Fig. 43 zeigt, wie diese Methode auf sphärische Polarkoordinaten und Zylinderkoordinaten anzuwenden ist.

Übungsaufgaben. 32. Man beweise die in (4.76) und (4.77) aufgestellten Gleichungen.

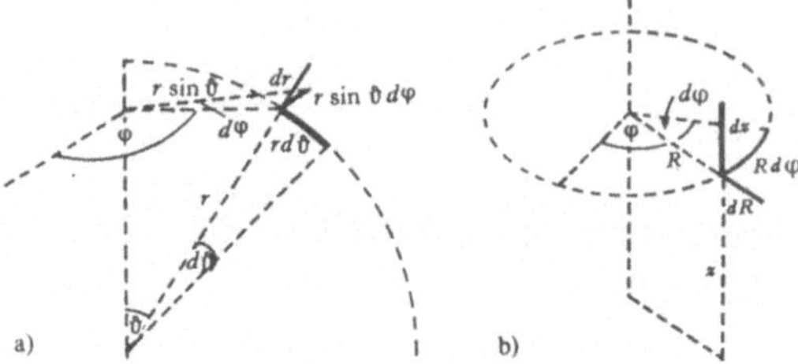

Fig. 43
a) In sphärischen Polarkoordinaten r, ϑ, φ gilt dr = (dr, rdϑ, r sin ϑ dφ). Also ist $h_1 = 1$, $h_2 = r$, $h_3 = r \sin \vartheta$
b) In Zylinderkoordinaten R, φ, z gilt dr = (dR, R dφ, dz), also ist $h_1 = 1$, $h_2 = R$, $h_3 = 1$.

33. Krummlinige Toruskoordinaten R, ϑ, φ seien mit rechtwinkligen kartesische Koordinaten x, y, z definiert durch $x = (a - R\cos\vartheta)\cos\varphi$, $y = (a - R\cos\vartheta)\sin\varphi$, $z = R\sin\vartheta$, wobei $0 \leqq R < a$ ist. Man zeige, daß es sich um ein orthogonales System handelt, und daß, mit den üblichen Bezeichnungen, gilt $h_1 = 1$, $h_2 = R$, $h_3 = a - R\cos\vartheta$.

34. Elliptische Koordinaten ξ, η, z sind so definiert, daß der Ortsvektor durch $\mathbf{r} = (\cosh\xi\cos\eta, \sinh\xi\sin\eta, z)$ mit $0 \leqq \xi < \infty$, $-\pi < \eta \leqq \pi$ und $-\infty < z < \infty$ gegeben ist. Man zeige, daß dieses krummlinige Koordinatensystem orthogonal ist und berechne h_1, h_2, h_3. Wie sehen die ξ- und η-Koordinatenlinien aus?

35. Parabolische Koordinaten u, v, w sind so definiert, daß der Ortsvektor relativ zu rechtwinkligen kartesischen Koordinaten durch $\mathbf{r} = ((u^2 - v^2)/2, uv, -w)$ mit $-\infty < u < \infty$, $0 \leqq v < \infty$, $-\infty < w < \infty$ gegeben ist. Man zeige, daß für jeden festen Wert von w die u- und v-Koordinatenlinien Parabeln mit gleichem Brennpunkt sind. Man zeige, daß das System orthogonal ist und die Basiseinheitsvektoren im Punkt u=v=w=1 durch $(1, 1, 0)/\sqrt{2}$, $(-1, 1, 0)/\sqrt{2}$ und $(0, 0, -1)$ gegeben sind. Man zeige, daß Zylinderkoordinaten so gewählt werden können, daß $u = (2R)^{1/2}\cos\varphi/2$, $v = (2R)^{1/2}\sin\varphi/2$, $w = -z$ gilt.

36. Man zeige, daß für sphärische Polarkoordinaten gilt

$$\partial \mathbf{e}_r/\partial\vartheta = \mathbf{e}_\vartheta,\ \partial \mathbf{e}_\vartheta/\partial\vartheta = -\mathbf{e}_r,\ \partial \mathbf{e}_\varphi/\partial\vartheta = \mathbf{0},$$
$$\partial \mathbf{e}_r/\partial\varphi = \sin\vartheta\,\mathbf{e}_\varphi,\ \partial \mathbf{e}_\vartheta/\partial\varphi = \cos\vartheta\,\mathbf{e}_\varphi,$$
$$\partial \mathbf{e}_\varphi/\partial\varphi = -\sin\vartheta\,\mathbf{e}_r - \cos\vartheta\,\mathbf{e}_\vartheta.$$

4.12. Vektorkomponenten in krummlinigen orthogonalen Koordinaten

Ein Vektorfeld habe im Punkt P mit den krummlinigen Koordinaten (u, v, w) den Wert **F**. Da die Einheitsvektoren $\mathbf{e}_u$, $\mathbf{e}_v$, $\mathbf{e}_w$ nicht in einer Ebene liegen, folgt aus dem in 2.8 gerechneten Beispiel 5, daß **F** in der Form

$$\mathbf{F} = F_u\,\mathbf{e}_u + F_v\,\mathbf{e}_v + F_w\,\mathbf{e}_w \tag{4.78}$$

dargestellt werden kann. Mit anderen Worten können die Vektoren $\mathbf{e}_u$, $\mathbf{e}_v$, $\mathbf{e}_w$, die P zugeordnet sind, als Orthonormalbasis dienen, um **F** darzustellen. *Wir nennen* F_u, F_v, F_w *die Komponenten von* **F** *entlang der Koordinatenlinien.* Als wir rechtwinklige kartesische Koordinaten benutzten, schrieben wir

$$\mathbf{F} = (F_1, F_2, F_3)$$

und es scheint natürlich, jetzt die Bezeichnung

$$\mathbf{F} = (F_u, F_v, F_w) \tag{4.79}$$

zu benutzen. Allerdings wird in diesem Fall die Ortsänderung von **F** nicht völlig durch die Änderung von F_u, F_v, F_w dargestellt, da die Basisvektoren im allgemeinen selbst Funktionen von u, v, w sind. So gilt

$$\frac{\partial \mathbf{F}}{\partial u} = \frac{\partial F_u}{\partial u}\mathbf{e}_u + \frac{\partial F_v}{\partial u}\mathbf{e}_v + \frac{\partial F_w}{\partial u}\mathbf{e}_w + F_u\frac{\partial \mathbf{e}_u}{\partial u} + F_v\frac{\partial \mathbf{e}_v}{\partial u} + F_w\frac{\partial \mathbf{e}_w}{\partial u},$$

und daher im allgemeinen

$$\frac{\partial \mathbf{F}}{\partial u} \neq \left(\frac{\partial F_u}{\partial u}, \frac{\partial F_v}{\partial u}, \frac{\partial F_w}{\partial u}\right).$$

Um mögliche Mißverständnisse zu vermeiden, werden wir (4.78) stets der Bezeichnung (4.79) vorziehen, wenn die Koordinatensysteme krummlinig sind.

Das Vektorfeld

$$\mathbf{F}(x, y, z) = F_1(x, y, z)\,\mathbf{i} + F_2(x, y, z)\,\mathbf{j} + F_3(x, y, z)\,\mathbf{k} \tag{4.80}$$

erhält man in der Form

$$\mathbf{F}(u, v, w) = F_u(u, v, w)\,\mathbf{e}_u + F_v(u, v, w)\,\mathbf{e}_v + F_w(u, v, w)\,\mathbf{e}_w \tag{4.81}$$

durch einfaches Ausrechnen. Zuerst werden F_1, F_2, F_3 durch Substitution mit Gleichung (4.66) als Funktionen von u, v, w berechnet. Da das Tripel $\mathbf{e}_u$, $\mathbf{e}_v$, $\mathbf{e}_w$ orthonormal ist, gilt außerdem

$$F_u = \mathbf{F}\cdot\mathbf{e}_u = F_1\mathbf{i}\cdot\mathbf{e}_u + F_2\mathbf{j}\cdot\mathbf{e}_u + F_3\mathbf{k}\cdot\mathbf{e}_u.$$

Aus den Definitionsgleichungen (4.71) und (4.72) folgt aber

$$\mathbf{e}_u = \frac{1}{h_1}\frac{\partial \mathbf{r}}{\partial u} = \frac{1}{h_1}\left(\frac{\partial x}{\partial u}\mathbf{i} + \frac{\partial y}{\partial u}\mathbf{j} + \frac{\partial z}{\partial u}\mathbf{k}\right),$$

wobei $h_1 = \left\{\left(\frac{\partial x}{\partial u}\right)^2 + \left(\frac{\partial y}{\partial u}\right)^2 + \left(\frac{\partial z}{\partial u}\right)^2\right\}^{1/2}$

gilt. Also erhält man

$$F_u = \frac{1}{h_1}\left(F_1 \frac{\partial x}{\partial u} + F_2 \frac{\partial y}{\partial u} + F_3 \frac{\partial z}{\partial u}\right).$$

Ähnlich werden F_v und F_w in Termen von u, v, w berechnet, und damit ist **F** in der Form (4.81) dargestellt.

Beispiel 11. Man schreibe das Vektorfeld $\mathbf{F} = z\mathbf{i} = (z, 0, 0)$ in der Form $\mathbf{F} = F_r\,\mathbf{e}_r + F_\vartheta\,\mathbf{e}_\vartheta + F_\varphi\,\mathbf{e}_\varphi$ mit sphärischen Polarkoordinaten r, ϑ, φ auf.

Lösung. Die Einheitsvektoren $\mathbf{e}_r$, $\mathbf{e}_\vartheta$, $\mathbf{e}_\varphi$ wurden bereits berechnet und sind in (4.75) gegeben. Wenden wir diese Gleichungen an und benutzen, daß $z = r\cos\vartheta$ gilt, so folgt

$$\begin{aligned} F_r &= \mathbf{F}\cdot\mathbf{e}_r = z\sin\vartheta\cos\varphi = r\cos\vartheta\sin\vartheta\cos\varphi, \\ F_\vartheta &= \mathbf{F}\cdot\mathbf{e}_\vartheta = z\cos\vartheta\cos\varphi = r\cos^2\vartheta\cos\varphi, \\ F_\varphi &= \mathbf{F}\cdot\mathbf{e}_\varphi = -z\sin\varphi = -r\cos\vartheta\sin\varphi. \end{aligned}$$

Also ist

$$\mathbf{F} = r\cos\vartheta\sin\vartheta\cos\varphi\,\mathbf{e}_r + r\cos^2\vartheta\cos\varphi\,\mathbf{e}_\vartheta - r\cos\vartheta\sin\varphi\,\mathbf{e}_\varphi.$$

Übungsaufgaben. 37. Man schreibe das Vektorfeld $\mathbf{F} = (-y, x, 0)$ in Zylinder- und sphärische Polarkoordinaten um.

38. Man schreibe den Ortsvektor in Zylinderkoordinaten auf.

39. In sphärischen Polarkoordinaten sei $\mathbf{F} = r\mathbf{e}_\vartheta + r\mathbf{e}_\varphi$. Man berechne in diesem Koordinatensystem $\partial\mathbf{F}/\partial r$, $\partial\mathbf{F}/\partial\vartheta$ und $\partial\mathbf{F}/\partial\varphi$.

4.13. grad Ω, div F, rot F und ∇^2 in krummlinigen orthogonalen Koordinaten

Wir werden nun die folgenden Formeln beweisen, wobei die Bezeichnungen aus 4.11 und 4.12 benutzt werden:

1. $$\operatorname{grad}\Omega = \frac{\mathbf{e}_u}{h_1}\frac{\partial\Omega}{\partial u} + \frac{\mathbf{e}_v}{h_2}\frac{\partial\Omega}{\partial v} + \frac{\mathbf{e}_w}{h_3}\frac{\partial\Omega}{\partial w}; \qquad (4.82)$$

oder anders, in Operatorschreibweise

$$\boldsymbol{\nabla} = \frac{\mathbf{e}_u}{h_1}\frac{\partial}{\partial u} + \frac{\mathbf{e}_v}{h_2}\frac{\partial}{\partial v} + \frac{\mathbf{e}_w}{h_3}\frac{\partial}{\partial w}. \qquad (4.83)$$

2. $$\operatorname{div}\mathbf{F} = \frac{1}{h_1 h_2 h_3}\left\{\frac{\partial}{\partial u}(h_2 h_3 F_u) + \frac{\partial}{\partial v}(h_3 h_1 F_v) + \frac{\partial}{\partial w}(h_1 h_2 F_w)\right\}. \tag{4.84}$$

3. $$\operatorname{rot}\mathbf{F} = \frac{1}{h_1 h_2 h_3}\begin{vmatrix} h_1 \mathbf{e}_u & h_2 \mathbf{e}_v & h_3 \mathbf{e}_w \\ \frac{\partial}{\partial u} & \frac{\partial}{\partial v} & \frac{\partial}{\partial w} \\ h_1 F_u & h_2 F_v & h_3 F_w \end{vmatrix}. \tag{4.85}$$

4. $$\nabla^2 = \frac{1}{h_1 h_2 h_3}\left\{\frac{\partial}{\partial u}\left(\frac{h_2 h_3}{h_1}\frac{\partial}{\partial u}\right) + \frac{\partial}{\partial v}\left(\frac{h_3 h_1}{h_2}\frac{\partial}{\partial v}\right) + \frac{\partial}{\partial w}\left(\frac{h_1 h_2}{h_3}\frac{\partial}{\partial w}\right)\right\}. \tag{4.86}$$

Bemerkung. Diese Formeln sind für den Spezialfall der Zylinderkoordinaten und sphärischen Polarkoordinaten im Anhang 3 aufgeführt, damit sie leichter zu finden sind.

Beweise. 1. Wir haben

$$\mathbf{e}_u = \frac{1}{h_1}\frac{\partial \mathbf{r}}{\partial u} = \frac{1}{h_1}\left(\frac{\partial x}{\partial u}, \frac{\partial y}{\partial u}, \frac{\partial z}{\partial u}\right)$$

und $$\operatorname{grad}\Omega = \left(\frac{\partial \Omega}{\partial x}, \frac{\partial \Omega}{\partial y}, \frac{\partial \Omega}{\partial z}\right).$$

Damit ist die Komponente von grad Ω in Richtung $\mathbf{e}_u$ gegeben durch

$$\mathbf{e}_u \cdot \operatorname{grad}\Omega = \frac{1}{h_1}\left(\frac{\partial \Omega}{\partial x}\frac{\partial x}{\partial u} + \frac{\partial \Omega}{\partial y}\frac{\partial y}{\partial u} + \frac{\partial \Omega}{\partial z}\frac{\partial z}{\partial u}\right) = \frac{1}{h_1}\frac{\partial \Omega}{\partial u} \tag{4.87}$$

(mit der Kettenregel (4.3)).

Die Komponenten von grad Ω in $\mathbf{e}_v$, $\mathbf{e}_w$ Richtung folgen analog und damit ist gezeigt, daß gilt

$$\operatorname{grad}\Omega = \frac{\mathbf{e}_u}{h_1}\frac{\partial \Omega}{\partial u} + \frac{\mathbf{e}_v}{h_2}\frac{\partial \Omega}{\partial v} + \frac{\mathbf{e}_w}{h_3}\frac{\partial \Omega}{\partial w}.$$

2. Es ist einfacher, in diesem Beweis die Operatorschreibweise zu benutzen. Setzen wir in (4.82) für Ω die Skalare u, v, w ein, so erhalten wir

$$\mathbf{e}_u = h_1 \nabla u, \quad \mathbf{e}_v = h_2 \nabla v, \quad \mathbf{e}_w = h_3 \nabla w. \tag{4.88}$$

Also gilt, da die $\mathbf{e}_u$, $\mathbf{e}_v$, $\mathbf{e}_w$ ein rechtsorientiertes System sind,

$$\mathbf{e}_u = \mathbf{e}_v \times \mathbf{e}_w = h_2 h_3 \nabla v \times \nabla w.$$

Nun folgt

$$\begin{aligned}\nabla \cdot (F_u \mathbf{e}_u) &= \nabla \cdot (h_2 h_3 F_u \nabla v \times \nabla w) \\ &= h_2 h_3 F_u \nabla \cdot (\nabla v \times \nabla w) + (\nabla v \times \nabla w) \cdot \nabla (h_2 h_3 F_u),\end{aligned}$$

wobei die Identität (4.57) benutzt wurde. Wenden wir (4.60) und danach (4.55) an, so gilt

$$\nabla \cdot (\nabla v \times \nabla w) = \nabla w \cdot (\nabla \times \nabla v) - \nabla v \cdot (\nabla \times \nabla w) = 0.$$

Es folgt also

$$\begin{aligned}\nabla \cdot (F_u \mathbf{e}_u) &= (\nabla v \times \nabla w) \cdot \nabla (h_2 h_3 F_u) = \frac{\mathbf{e}_u}{h_2 h_3} \cdot \nabla (h_2 h_3 F_u) \\ &= \frac{1}{h_1 h_2 h_3} \frac{\partial}{\partial u} (h_2 h_3 F_u), \quad (\text{mit } (4.87)).\end{aligned}$$

Ähnliche Ergebnisse erhält man für $\nabla \cdot (F_v \mathbf{e}_v)$ und $\nabla \cdot (F_w \mathbf{e}_w)$.
Also folgt, da

$$\begin{aligned}&\nabla \cdot (F_u \mathbf{e}_u) + \nabla \cdot (F_v \mathbf{e}_v) + \nabla \cdot (F_w \mathbf{e}_w) \\ &= \nabla \cdot (F_u \mathbf{e}_u + F_v \mathbf{e}_v + F_w \mathbf{e}_w) = \operatorname{div} \mathbf{F},\end{aligned}$$

die Formel (4.84).

3. Es gilt

$$\begin{aligned}\nabla \times (F_u \mathbf{e}_u) &= \nabla \times (h_1 F_u \nabla u) \quad (\text{mit } (4.88)) \\ &= h_1 F_u \nabla \times (\nabla u) - \nabla u \times \nabla (h_1 F_u) \quad (\text{mit } (4.58)) \\ &= \nabla (h_1 F_u) \times \nabla u \quad (\text{mit } (4.55))\end{aligned}$$

$$= \left[\frac{\mathbf{e}_u}{h_1} \frac{\partial}{\partial u} (h_1 F_u) + \frac{\mathbf{e}_v}{h_2} \frac{\partial}{\partial v} (h_1 F_u) + \frac{\mathbf{e}_w}{h_3} \frac{\partial}{\partial w} (h_1 F_u)\right] \times \frac{\mathbf{e}_u}{h_1}$$

$$= \frac{\mathbf{e}_v}{h_1 h_3} \frac{\partial}{\partial w} (h_1 F_u) - \frac{\mathbf{e}_w}{h_1 h_2} \frac{\partial}{\partial v} (h_1 F_u)$$

$$= \frac{1}{h_1 h_2 h_3} \begin{vmatrix} h_1 \mathbf{e}_u & h_2 \mathbf{e}_v & h_3 \mathbf{e}_w \\ \frac{\partial}{\partial u} & \frac{\partial}{\partial v} & \frac{\partial}{\partial w} \\ h_1 F_u & 0 & 0 \end{vmatrix}.$$

Analog gilt

$$\boldsymbol{\nabla} \times (F_v \mathbf{e}_v) = \frac{1}{h_1 h_2 h_3} \begin{vmatrix} h_1 \mathbf{e}_u & h_2 \mathbf{e}_v & h_3 \mathbf{e}_w \\ \frac{\partial}{\partial u} & \frac{\partial}{\partial v} & \frac{\partial}{\partial w} \\ 0 & h_2 F_v & 0 \end{vmatrix}$$

und
$$\boldsymbol{\nabla} \times (F_w \mathbf{e}_w) = \frac{1}{h_1 h_2 h_3} \begin{vmatrix} h_1 \mathbf{e}_u & h_2 \mathbf{e}_v & h_3 \mathbf{e}_w \\ \frac{\partial}{\partial u} & \frac{\partial}{\partial v} & \frac{\partial}{\partial w} \\ 0 & 0 & h_3 F_w \end{vmatrix}.$$

Addiert man die drei Resultate, so folgt Formel (4.85).

4. Wir haben

$$\nabla^2 = \boldsymbol{\nabla} \cdot \boldsymbol{\nabla} = \boldsymbol{\nabla} \cdot \left[\frac{\mathbf{e}_u}{h_1}\frac{\partial}{\partial u} + \frac{\mathbf{e}_v}{h_2}\frac{\partial}{\partial v} + \frac{\mathbf{e}_w}{h_3}\frac{\partial}{\partial w}\right].$$

Wenden wir (4.84) an, indem wir

$$F_u, F_v, F_w \quad \text{durch} \quad \frac{1}{h_1}\frac{\partial}{\partial u}, \frac{1}{h_2}\frac{\partial}{\partial v}, \frac{1}{h_3}\frac{\partial}{\partial w}$$

ersetzen, so folgt Formel (4.86).

Beispiel 12. Man berechne Rotation und Divergenz des Vektorfeldes $\mathbf{H} = r^2 \cos\vartheta\, \mathbf{e}_r + (\mathbf{e}_\vartheta \sin\vartheta + \mathbf{e}_\varphi)/r \sin\vartheta$ in sphärischen Polarkoordinaten r, ϑ, φ.

Lösung. Für sphärische Polarkoordinaten sind

$$h_1 = 1, \quad h_2 = r, \quad h_3 = r \sin\vartheta.$$

Also ist

$$\operatorname{rot}\mathbf{H} = \frac{1}{r^2 \sin\vartheta} \begin{vmatrix} \mathbf{e}_r & r\mathbf{e}_\vartheta & r\sin\vartheta\, \mathbf{e}_\varphi \\ \partial/\partial r & \partial/\partial\vartheta & \partial/\partial\varphi \\ r^2\cos\vartheta & 1 & 1 \end{vmatrix} = r\sin\vartheta\, \mathbf{e}_\varphi$$

und

$$\operatorname{div}\mathbf{H} = \frac{1}{r^2}\frac{\partial}{\partial r}(r^2 H_r) + \frac{1}{r\sin\vartheta}\frac{\partial}{\partial\vartheta}(H_\vartheta \sin\vartheta) + \frac{1}{r\sin\vartheta}\frac{\partial H_\varphi}{\partial\varphi}$$
$$= 4r\cos\vartheta + r^{-2}\cot\vartheta.$$

Beispiel 13. Sei ψ (R, z) in Zylinderkoordinaten R, φ, z nur eine Funktion von R, z. Man zeige, daß das Vektorfeld

$$\mathbf{H} = -\frac{1}{R}\frac{\partial\psi}{\partial z}\mathbf{e}_R + \frac{1}{R}\frac{\partial\psi}{\partial R}\mathbf{e}_z$$

die Gleichungen

$$\operatorname{div}\mathbf{H} = 0 \quad \text{und} \quad \operatorname{rot}\mathbf{H} = \left(\frac{1}{R^2}\frac{\partial\psi}{\partial R} - \frac{1}{R}\frac{\partial^2\psi}{\partial R^2} - \frac{1}{R}\frac{\partial^2\psi}{\partial z^2}\right)\mathbf{e}_\varphi$$

erfüllt.

Lösung. Für Zylinderkoordinaten sind $h_1 = 1$, $h_2 = R$, $h_3 = 1$, und damit ist

$$\operatorname{div}\mathbf{H} = \frac{1}{R}\frac{\partial}{\partial R}(RH_R) + \frac{1}{R}\frac{\partial H_\varphi}{\partial\varphi} + \frac{\partial H_z}{\partial z} = -\frac{1}{R}\frac{\partial^2\psi}{\partial R\,\partial z} + \frac{1}{R}\frac{\partial^2\psi}{\partial z\,\partial R} = 0,$$

vorausgesetzt, daß die Reihenfolge der Differentiationen vertauschbar ist. Weiterhin gilt

$$\operatorname{rot}\mathbf{H} = \frac{1}{R}\begin{vmatrix} \mathbf{e}_R & R\,\mathbf{e}_\varphi & \mathbf{e}_z \\ \partial/\partial R & \partial/\partial\varphi & \partial/\partial z \\ -\frac{1}{R}\frac{\partial\psi}{\partial z} & 0 & \frac{1}{R}\frac{\partial\psi}{\partial R} \end{vmatrix} = -\left[\frac{\partial}{\partial R}\left(\frac{1}{R}\frac{\partial\psi}{\partial R}\right) + \frac{1}{R}\frac{\partial^2\psi}{\partial z^2}\right]\mathbf{e}_\varphi,$$

womit das gefragte Ergebnis bewiesen ist.

Beispiel 14. Ein Vektorfeld **F** erfülle in Zylinderkoordinaten R, φ, z die Gleichung

$$\mathbf{F} = F_R\,\mathbf{e}_R + F_\varphi\,\mathbf{e}_\varphi,$$

wobei F_R und F_φ von z unabhängig sind. Man berechne $(\mathbf{F}\cdot\nabla)\,\mathbf{F}$, $\operatorname{grad} F^2/2$ und $F \times \operatorname{rot} F$ in Zylinderkoordinaten und zeige, daß die Gleichung

$$(\mathbf{F}\cdot\nabla)\,\mathbf{F} = \tfrac{1}{2}\operatorname{grad} F^2 - \mathbf{F}\times\operatorname{rot}\mathbf{F} \tag{4.89}$$

erfüllt ist.

Lösung. Für Zylinderkoordinaten gilt $h_1 = 1$, $h_2 = R$, $h_3 = 1$ (Gleichung (4.76)) und damit

$$\nabla = \mathbf{e}_R\frac{\partial}{\partial R} + \mathbf{e}_\varphi\frac{\partial}{R\partial\varphi} + \mathbf{e}_z\frac{\partial}{\partial z}.$$

Es folgt

$$(\mathbf{F}\cdot\nabla)\,\mathbf{F} = \left(F_R\frac{\partial}{\partial R} + F_\varphi\frac{\partial}{R\partial\varphi}\right)(F_R\,\mathbf{e}_R + F_\varphi\,\mathbf{e}_\varphi) = F_R\frac{\partial F_R}{\partial R}\mathbf{e}_R + F_R^2\frac{\partial\mathbf{e}_R}{\partial R} + F_R\frac{\partial F_\varphi}{\partial R}\mathbf{e}_\varphi$$
$$+ F_R F_\varphi\frac{\partial\mathbf{e}_\varphi}{\partial R} + F_\varphi\frac{\partial F_R}{R\partial\varphi}\mathbf{e}_R + F_\varphi F_R\frac{\partial\mathbf{e}_R}{R\partial\varphi} + F_\varphi\frac{\partial F_\varphi}{R\partial\varphi}\mathbf{e}_\varphi + F_\varphi^2\frac{\partial\mathbf{e}_\varphi}{R\partial\varphi}.$$

Mit Hilfe von (4.77)

$$\mathbf{e}_R = (\cos\varphi, \sin\varphi, 0), \qquad \mathbf{e}_\varphi = (-\sin\varphi, \cos\varphi, 0).$$

folgt
$$\frac{\partial \mathbf{e}_R}{\partial\varphi} = (-\sin\varphi, \cos\varphi, 0) = \mathbf{e}_\varphi, \qquad \frac{\partial \mathbf{e}_\varphi}{\partial\varphi} = (-\cos\varphi, -\sin\varphi, 0) = -\mathbf{e}_R\,.$$

Außerdem sind die Ableitungen von $\mathbf{e}_R$ und $\mathbf{e}_\varphi$ nach R gleich Null, also ist

$$(\mathbf{F}\cdot\nabla)\,\mathbf{F} = \left(F_R\frac{\partial F_R}{\partial R} + F_\varphi\frac{\partial F_R}{R\,\partial\varphi} - \frac{F_\varphi^2}{R}\right)\mathbf{e}_R + \left(F_R\frac{\partial F_\varphi}{\partial R} + \frac{F_R F_\varphi}{R} + F_\varphi\frac{\partial F_\varphi}{R\,\partial\varphi}\right)\mathbf{e}_\varphi. \quad (4.90)$$

Da F_R und F_φ von z unabhängig sind, gilt auch

$$\frac{1}{2}\,\mathrm{grad}\,F^2 = \frac{1}{2}\left(\mathbf{e}_R\frac{\partial}{\partial R} + \mathbf{e}_\varphi\frac{\partial}{R\,\partial\varphi} + \mathbf{e}_z\frac{\partial}{\partial z}\right)(F_R^2 + F_\varphi^2)$$

$$= \left(F_R\frac{\partial F_R}{\partial R} + F_\varphi\frac{\partial F_\varphi}{\partial R}\right)\mathbf{e}_R + \left(F_R\frac{\partial F_R}{R\,\partial\varphi} + F_\varphi\frac{\partial F_\varphi}{R\,\partial\varphi}\right)\mathbf{e}_\varphi, \quad (4.91)$$

Mit (4.85) folgt also

$$\mathbf{F}\times\mathrm{rot}\,\mathbf{F} = \mathbf{F}\times\frac{1}{R}\begin{vmatrix} \mathbf{e}_R & R\mathbf{e}_\varphi & \mathbf{e}_z \\ \dfrac{\partial}{\partial R} & \dfrac{\partial}{\partial\varphi} & \dfrac{\partial}{\partial z} \\ F_R & RF_\varphi & 0 \end{vmatrix} = \mathbf{F}\times\frac{1}{R}\left[\frac{\partial}{\partial R}(RF_\varphi) - \frac{\partial F_R}{\partial\varphi}\right]\mathbf{e}_z$$

$$= (F_R\,\mathbf{e}_R + F_\varphi\,\mathbf{e}_\varphi)\times\left(\frac{\partial F_\varphi}{\partial R} + \frac{F_\varphi}{R} - \frac{\partial F_R}{R\,\partial\varphi}\right)\mathbf{e}_z \quad (4.92)$$

$$= \left(F_\varphi\frac{\partial F_\varphi}{\partial R} + \frac{F_\varphi^2}{R} - F_\varphi\frac{\partial F_R}{R\,\partial\varphi}\right)\mathbf{e}_R + \left(F_R\frac{\partial F_R}{R\,\partial\varphi} - \frac{F_R F_\varphi}{R} - F_R\frac{\partial F_\varphi}{\partial R}\right)\mathbf{e}_\varphi.$$

Setzt man die Ergebnisse aus (4.90), (4.91) und (4.92) in (4.89) ein, so sieht man, daß die Gleichung erfüllt ist. Es ist anzumerken, daß (4.89) ein Spezialfall von Gleichung (4.51) ist, wenn $\mathbf{F} \equiv \mathbf{G}$ gesetzt wird.

Übungsaufgaben. 40. Wenn u, v, w mit den rechtwinkligen kartesischen Koordinaten x, y, z übereinstimmen, so zeige man, daß $h_1 = h_2 = h_3 = 1$ gilt. Man beweise, daß sich in diesem Fall die Gleichungen (4.82) bis (4.86) auf die ursprünglich gegebenen Definitionen von grad Ω, div **F**, rot **F** und ∇^2 reduzieren.

41. Man berechne grad $(R^2 z \sin\varphi \cos\varphi)$ im Punkt $R = 1$, $\varphi = \pi/4$, $z = 2$.

42. Für ein Skalarfeld $\Omega\,(r, \vartheta, \varphi)$ gelte $\mathbf{r}\cdot\mathrm{grad}\,\Omega = n\Omega$ mit konstantem n. Man zeige, daß Ω die Form $\Omega = r^n f(\vartheta, \varphi)$ hat.

43. Man berechne die Divergenz des Vektorfeldes $R\cos\varphi\,\mathbf{e}_R + R\sin\varphi\,\mathbf{e}_\varphi$ in Zylinderkoordinaten R, φ, z.

44. Man berechne die Komponenten von grad (div $\mathbf{e}_\vartheta$) in sphärischen Polarkoordinaten.

45. Man zeige, daß für das Vektorfeld

$$\mathbf{F} = (R \sin\varphi \cos\varphi + z \cos\varphi)\, \mathbf{e}_R + (R \cos^2\varphi - z \sin\varphi)\, \mathbf{e}_\varphi + R \sin\varphi\, \mathbf{e}_z$$

gilt rot rot $\mathbf{F} \equiv \mathbf{0}$, und rechne dabei nur in Zylinderkoordinaten.

46. In sphärischen Polarkoordinaten sei $\mathbf{F} = F_r\, \mathbf{e}_r + F_\vartheta\, \mathbf{e}_\vartheta$, wobei F_r, F_ϑ unabhängig von φ seien. Man zeige, daß rot rot $\mathbf{F}$ eine ähnliche Form wie $\mathbf{F}$ hat.

47. In sphärischen Polarkoordinaten zeige man, daß für ein konstantes n gilt $\nabla^2 r^n = n\,(n+1)\, r^{n-2}$ ($r \neq 0$ für $n \leqq 2$).

48. Man zeige, daß die Laplace-Gleichung (4.37) aus 4.8 in Zylinderkoordinaten lautet

$$\frac{\partial^2 \Omega}{\partial R^2} + \frac{1}{R}\frac{\partial \Omega}{\partial R} + \frac{1}{R^2}\frac{\partial^2 \Omega}{\partial \varphi^2} + \frac{\partial^2 \Omega}{\partial z^2} = 0.$$

49. Sei $\mathbf{F} = R \cos\varphi\, \mathbf{e}_R + \sin\varphi\, \mathbf{e}_\varphi$; man berechne $(\mathbf{F} \cdot \nabla)\, \mathbf{F}$.

50. Man zeige in Zylinderkoordinaten, daß für das Vektorfeld $\mathbf{F} = \mathbf{e}_\varphi$ die Gleichung rot rot $\mathbf{F}$ = grad (div $\mathbf{F}$) $- \nabla^2 \mathbf{F}$ gilt.

4.14. Vektoranalysis im n-dimensionalen Raum

Der Leser ist sich wahrscheinlich der Möglichkeit bewußt, einige der Überlegungen aus dem dreidimensionalen Raum auf Räume höherer Dimension zu übertragen. Solche Verallgemeinerungen sind keinesfalls wertlos; in der Relativitätstheorie beispielsweise sind Raum und Zeit untrennbar verknüpft und es ist notwendig, mit vierdimensionalen Koordinaten zu arbeiten.

Wir haben in unseren Ausführungen über Vektoranalysis einen Punkt erreicht, an dem es bequem ist, zu erklären, wie einige der bisher behandelten Probleme auf Räume höherer Dimension ausgedehnt werden können. Die Ausführungen werden kurz sein und deshalb notgedrungen etwas flüchtig.

Im n-dimensionalen Raum sind Punkte als geordnete n-Tupel reeller Zahlen der Form $(x_1, x_2, \ldots, x_n)$ definiert. Ist der Abstand zwischen zwei Punkten $P(x_1, x_2, \ldots, x_n)$ und $Q(y_1, y_2, \ldots, y_n)$ definiert als

$$d = ((x_1 - y_1)^2 + (x_2 - y_2)^2 + \ldots + (x_n - y_n)^2)^{1/2}, \tag{4.93}$$

so heißt der Raum n-dimensionaler euklidischer Raum (oder n-dimensionaler Raum, der mit einer euklidischen Metrik versehen ist). $(x_1, x_2, \ldots, x_n)$ heißen rechtwinklige kartesische Koordinaten von P.

Eine orthogonale Koordinatentransformation in ein neues Koordinatensystem $(x_1', x_2', \ldots, x_n')$ mit dem gleichen Ursprung wie das alte System kann fast genauso definiert werden, wie das im Kapitel 1 für den dreidimensionalen Raum geschehen ist. Die Transformationsmatrix ist dann

$$\begin{bmatrix} \ell_{11} & \ell_{12} & \dots & \ell_{1n} \\ \ell_{21} & \ell_{22} & \dots & \ell_{2n} \\ \vdots & & & \vdots \\ \ell_{n1} & \ell_{n2} & \dots & \ell_{nn} \end{bmatrix}, \tag{4.94}$$

und es gilt

$$\ell_{ki}\,\ell_{kj} = \delta_{ij} \qquad \text{und} \qquad x_i' = \ell_{ij}\,x_j; \qquad (4.95)\ (4.96)$$

man beachte dabei, daß wir die Summenkonvention benutzen und jeder wiederholte Index von 1 bis n läuft.

Die Definition von Vektoren aus 2.2 und deren Addition und Subtraktion usw. lassen sich auf natürliche Weise ausdehnen. Das n-dimensionale Analogon zu (2.3) ist

$$\mathbf{a} = (a_1, a_2, \dots, a_n). \tag{4.97}$$

Die n-dimensionalen Basiseinheitsvektoren sind

$$\begin{aligned} \mathbf{e}_1 &= (1, 0, 0, \dots, 0) \\ \mathbf{e}_2 &= (0, 1, 0, \dots, 0) \\ &\vdots \\ \mathbf{e}_n &= (0, 0, \dots, 0, 1). \end{aligned} \tag{4.98}$$

Das Skalarprodukt zweier Vektoren $\mathbf{a} = (a_1, a_2, \dots, a_n)$ und $\mathbf{b} = (b_1, b_2, \dots, b_n)$ ist definiert als

$$\mathbf{a} \cdot \mathbf{b} = a_1\,b_1 + a_2\,b_2 + \dots + a_n\,b_n. \tag{4.99}$$

Wie schon im dreidimensionalen kann man zeigen, daß es invariant bei Translationen oder Drehungen des Koordinatensystems ist.

Es gibt allerdings einen Begriff, der sich nicht auf höher dimensionierte Räume ausdehnen läßt, nämlich das Vektorprodukt. In drei Dimensionen gibt es genau einen Einheitsvektor, der auf zwei gegebenen Vektoren senkrecht steht (und der mit den gegebenen Vektoren ein Rechtssystem bildet), und aus diesem Grund ist es möglich, ein Produkt aus zwei Vektoren zu bilden, daß wieder ein Vektor ist. Wenn man diese Überlegungen auf den n-dimensionalen Raum ($n > 3$) übertragen will, so stellt man fest, daß es zu zwei gegebenen Vektoren $(n - 2)$ Einheitsvektoren gibt, die darauf senkrecht stehen, und es läßt sich kein Analogon zum Vektorprodukt finden.

Einige Definitionen aus diesem Kapitel lassen sich indessen sehr einfach auf den n-dimensionalen Raum ausdehnen. Der Gradient eines Skalarfeldes ist beispielsweise definiert als

$$\operatorname{grad} \Omega = \left(\frac{\partial \Omega}{\partial x_1}, \frac{\partial \Omega}{\partial x_2}, \ldots, \frac{\partial \Omega}{\partial x_n} \right). \tag{4.100}$$

Die Definition (4.13) der Richtungsableitung läßt sich ebenso einfach übertragen, und es ist leicht zu sehen, daß die Beziehung (4.14) zwischen der Richtungsableitung und dem Gradienten eines Skalarfeldes noch gilt. Weiterhin kann man die Divergenz eines Vektorfeldes $\mathbf{F} = (F_1, F_2, \ldots, F_n)$ definieren als

$$\operatorname{div} \mathbf{F} = \frac{\partial F_1}{\partial x_1} + \frac{\partial F_2}{\partial x_2} + \cdots + \frac{\partial F_n}{\partial x_n}. \tag{4.101}$$

Dagegen läßt sich der Begriff rot $\mathbf{F}$ nicht verallgemeinern, wie man aus der engen Beziehung zwischen der Rotation und dem Vektorprodukt vermuten kann.

Wahrscheinlich ist nun genug darüber gesagt, unter welchen Gesichtspunkten einige Begriffe der Vektoranalysis auf den n-dimensionalen Raum übertragen werden können. Es gibt viele andere Erweiterungen, zum Teil unübersichtlicher als die hier erwähnten, aber eine weitere Diskussion dieses Gegenstandes würde den Rahmen des Buches sprengen.

Übungsaufgaben. 51. Man definiere den Laplace-Operator in einem n-dimensionalen rechtwinkligen kartesischen Koordinatensystem und beweise $\operatorname{div}(\operatorname{grad} \Omega) \equiv \nabla^2 \Omega$.

52. Man beweise die Gleichung $\operatorname{div}(\Phi \mathbf{F}) = \Phi \operatorname{div} \mathbf{F} + \mathbf{F} \cdot \operatorname{grad} \Phi$ für den n-dimensionalen Raum.

5. Kurven-, Oberflächen- und Volumenintegrale

In diesem Kapitel wird das Konzept des Riemannschen Integrals von Funktionen einer reellen Variablen auf Funktionen mehrerer Variabler ausgedehnt.

5.1. Das Kurvenintegral über ein Skalarfeld

Sei C eine stückweise glatte Kurve mit der natürlichen Parameterdarstellung

$$\mathbf{r} = \mathbf{r}(s) = (x(s), y(s), z(s)), \quad 0 \leqq s \leqq \ell, \tag{5.1}$$

und sei $\Omega(x, y, z)$ ein Skalarfeld, das in allen Punkten von C definiert ist. Dann ist Ω auf C eine Funktion, die nur von der Bogenlänge s abhängt. Wir definieren

$$I = \int_{s_1}^{s_2} \Omega\,(x\,(s), y\,(s), z\,(s))\,ds, \tag{5.2}$$

mit $0 \leqq s_1 \leqq s_2 \leqq \ell$ als *Kurvenintegral von* Ω *entlang der Kurve* C *von* $s = s_1$ *nach* $s = s_2$, vorausgesetzt natürlich, daß das Integral existiert. Eine andere Schreibweise ist

$$I = \int_{P_1}^{P_2} \Omega\,(s)\,ds, \tag{5.3}$$

wobei P_1 und P_2 die Punkte auf C sind, die den Parametern s_1, s_2 entsprechen. *Das Kurvenintegral über ein Skalarfeld entlang einer Kurve* C *ist unabhängig von der Richtung (oder Orientierung) von* C.

Beweis. Seien A und B die Endpunkte von C, die $s = 0$ und $s = \ell$ entsprechen. Sei

$$s' = \ell - s. \tag{5.4}$$

Dann ist s' die von B aus gemessene Bogenlänge (Fig. 44). Wenn s von 0 auf ℓ wächst, so wird die Kurve von A nach B durchlaufen; und wenn s' von 0 auf ℓ wächst, so wird die Kurve von B nach A durchlaufen.

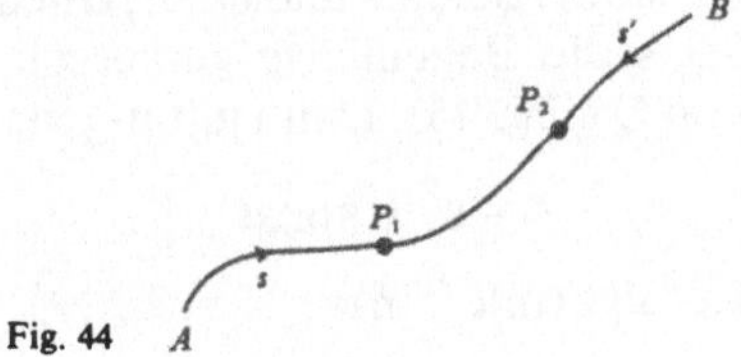

Fig. 44

Wählen wir nun auf C die Punkte P_1 und P_2, die den Werten s_1 und s_2 entsprechen, so gilt (mit (5.4))

$$\int_{P_1}^{P_2} \Omega\,ds = \int_{s_1}^{s_2} \Omega\,ds = \int_{\ell-s_1}^{\ell-s_2} -\,\Omega\,ds' = \int_{\ell-s_2}^{\ell-s_1} \Omega\,ds'.$$

Nun sind aber $\ell - s_2$ und $\ell - s_1$ die Werte von s' in P_2 und P_1. Also ist

$$\int_{P_1}^{P_2} \Omega\,ds = \int_{P_2}^{P_1} \Omega\,ds',$$

womit gezeigt ist, daß das Kurvenintegral nicht von der Orientierung von C abhängt.

Beispiel 1. Die Kurve C sei durch ihre natürliche Parameterdarstellung $\mathbf{r} = (1, \sinh^{-1} s, (1 + s^2)^{1/2})$, $0 \leqq s \leqq 1$ gegeben. Man berechne das Integral von $\Omega = z^2 - x^2$ entlang C von $s = 0$ nach $s = 1$.

Lösung. Auf C gilt $\Omega = (1 + s^2) - 1 = s^2$. Also ist das gefragte Integral

$$\int_0^1 s^2\, ds = \frac{1}{3}.$$

Das Integral über eine geschlossene Kurve. Sei C eine einfache geschlossene Kurve mit der Gesamtlänge ℓ. Das Kurvenintegral

$$\int_0^\ell \Omega\, ds,$$

über den geschlossenen Weg C wird gewöhnlich

$$\oint_C \Omega\, ds \tag{5.5}$$

geschrieben. Wir haben bereits gezeigt, daß das Kurvenintegral über ein Skalarfeld entlang einer Kurve von der Orientierung der Kurve unabhängig ist. *Bei einer geschlossenen Kurve ist das Kurvenintegral auch von dem Punkt unabhängig, von dem aus die Bogenlänge gemessen wird.*

Beweis. Seien P und Q verschiedene Punkte auf der geschlossenen Kurve C. Sei s die Bogenlänge gemessen von P, und s′ die Bogenlänge gemessen von Q (Fig. 45). Dann gilt in jedem Punkt

$$s = s' + \text{konst.} \tag{5.6}$$

Es folgt (mit (5.6))

$$\oint_C \Omega\, ds = \int_P^Q \Omega\, ds + \int_Q^P \Omega\, ds = \int_P^Q \Omega\, ds' + \int_Q^P \Omega\, ds' = \oint_C \Omega\, ds',$$

womit der Satz bewiesen ist.

Beispiel 2. Man berechne das Kurvenintegral von

$$\Omega = (a^2 y^2/b^2 + b^2 x^2/a^2)^{1/2}$$

entlang der Ellipse mit der Gleichung

$$x^2/a^2 + y^2/b^2 = 1, \quad z = 0.$$

Lösung. Als Parameterdarstellung der Ellipse können wir

$$x = a \cos \vartheta, \quad y = b \sin \vartheta, \quad z = 0, \quad 0 \leqq \vartheta \leqq 2\pi$$

wählen. Wenn s die Bogenlänge ist, erhalten wir

$$\frac{ds}{d\vartheta} = \left\{\left(\frac{dx}{d\vartheta}\right)^2 + \left(\frac{dy}{d\vartheta}\right)^2 + \left(\frac{dz}{d\vartheta}\right)^2\right\}^{1/2} = (a^2 \sin^2 \vartheta + b^2 \cos^2 \vartheta)^{1/2}.$$

Außerdem gilt auf C

$$\Omega = (a^2 \sin^2 \vartheta + b^2 \cos^2 \vartheta)^{1/2},$$

und es folgt

$$\oint_C \Omega \, ds = \int_0^{2\pi} \Omega(\vartheta) \frac{ds}{d\vartheta} d\vartheta = \int_0^{2\pi} (a^2 \sin^2 \vartheta + b^2 \cos^2 \vartheta) \, d\vartheta = \pi (a^2 + b^2).$$

Beispiel 3. Man berechne das Kurvenintegral von $\Omega = x^2 + y^2$ entlang des Dreiecks C mit den Ecken im Ursprung und an den Punkten A (1, 0, 0) und B (0, 1, 0) (Fig. 46).

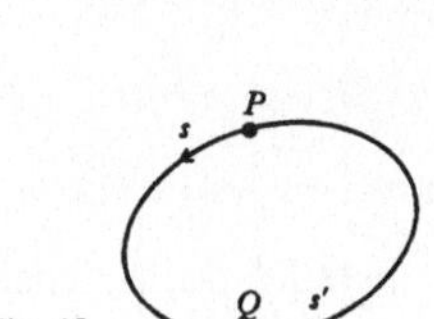

Fig. 45

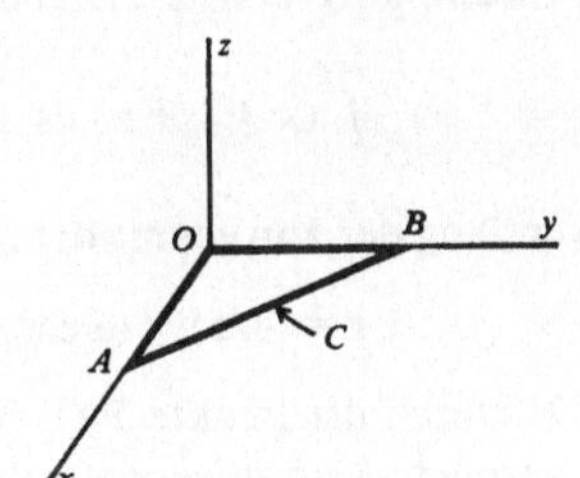

Fig. 46

Lösung. Das Integral wird in drei Teilen berechnet.

a) $$\int_O^A \Omega \, ds = \int_0^1 x^2 \, dx = \frac{1}{3}.$$

b) $$\int_O^B \Omega \, ds = \int_0^1 y^2 \, dy = \frac{1}{3}.$$

c) Die Gleichung für AB ist

$$x + y = 1, \quad z = 0.$$

Also wählen wir

$$x = 1 - t, \quad y = t, \quad z = 0$$

als Parameterdarstellung, wobei t von 0 (in A) nach 1 (in B) läuft. Ist s die Bogenlänge von AB, so gilt

$$\frac{ds}{dt} = \left\{\left(\frac{dx}{dt}\right)^2 + \left(\frac{dy}{dt}\right)^2 + \left(\frac{dz}{dt}\right)^2\right\}^{1/2} = \sqrt{2}.$$

Außerdem ist auf AB

$$\Omega = (1 - t)^2 + t^2.$$

Also gilt

$$\int_A^B \Omega \, ds = \int_0^1 \Omega \frac{ds}{dt} dt = \int_0^1 \{(1 - t)^2 + t^2\} \sqrt{2} \, dt = \frac{2}{3} \sqrt{2}.$$

Addieren wir a, b und c, so folgt

$$\oint_C \Omega \, ds = \int_O^A \Omega \, ds + \int_O^B \Omega \, ds + \int_A^B \Omega \, ds = \frac{2}{3} (1 + \sqrt{2}).$$

Übungsaufgaben. 1. Man berechne das Integral

$$\int_0^{2\pi a} (x + y + z) \, ds$$

entlang der Kurve mit der natürlichen Darstellung

$$\mathbf{r} = (4/5)^{1/2} (a \cos (s/2a), a \sin (s/2a), s).$$

2. Durch die Punkte P (1, 0, 0) und Q (1, 3, 0) sei eine Gerade parallel zur y-Achse gezogen. Man zeige, daß gilt

$$\int_P^Q (x^2 + y^2 + z^2) \, ds = 12.$$

Hinweis. Man wähle $s = y$.

3. Man berechne

$$\int_P^Q (x + y + z) \, ds$$

entlang der Geraden, die die Punkte P (1, 2, 3) und Q (4, 5, 6) verbindet.

4. Man berechne

$$\oint_C \Omega \, ds,$$

mit $\Omega = y^2 + z^2$ und C: $x^2 + y^2 = a^2$, $z = 0$.

5. Die geschlossene Kurve C habe die folgende Form: a) der Ursprung O sei mit dem Punkt A (1, 0, 0) durch eine Gerade verbunden; b) der Punkt A sei mit B (1, 1, 1) durch einen Teil der Kurve mit der Parameterdarstellung $\mathbf{r} = (1, t, t^2)$ verbunden; c) der Punkt B sei mit dem Ursprung O durch eine Gerade verbunden. Man berechne

$$\oint_C xy \, ds.$$

5.2. Das Kurvenintegral über ein Vektorfeld

Skalare Kurvenintegrale. Ein Vektorfeld $\mathbf{F}(x, y, z)$ sei in allen Punkten einer stückweise glatten Kurve C, die durch Gleichung (5.1) gegeben sei, definiert. Sei $\hat{\mathbf{T}}$ der Tangenteneinheitsvektor an C, so definieren wir

$$I = \int_0^\ell \mathbf{F} \cdot \hat{\mathbf{T}} \, ds \tag{5.7}$$

als skalares Kurvenintegral von $\mathbf{F}$ entlang C, vorausgesetzt natürlich, daß das Integral existiert. Da $\hat{\mathbf{T}} = d\mathbf{r}/ds$ ist, setzt man gewöhnlich

$$\hat{\mathbf{T}} \, ds = d\mathbf{r}. \tag{5.8}$$

Dann wird aus (5.7)

$$I = \int_0^\ell \mathbf{F} \cdot d\mathbf{r}. \tag{5.9}$$

Wenn C eine einfache geschlossene Kurve ist, wird das Integral rund um C mit

$$K = \oint_C \mathbf{F} \cdot d\mathbf{r} \tag{5.10}$$

bezeichnet. K wird mitunter auch Umlaufintegral genannt. Wenn man die Orientierung der Kurve umkehrt, so kehrt man auch die Richtung des Tangenteneinheitsvektors $\hat{\mathbf{T}}$ um. *Daher ändert das skalare Kurvenintegral eines Vektorfeldes entlang einer Kurve sein Vorzeichen, wenn sich die Orientierung der Kurve ändert.*

Beispiel 4. Man berechne das skalare Kurvenintegral von $\mathbf{F} = (z, x, y)$ über den Kreis $x^2 + y^2 = a^2$, $z = 0$, der für einen Beobachter, der entlang der z-Achse sieht, entgegen dem Uhrzeigersinn durchlaufen wird.

Lösung. Eine Parameterdarstellung des Kreises ist

$$\mathbf{r} = (a \cos \vartheta, a \sin \vartheta, 0), \quad 0 \leqq \vartheta \leqq 2\pi,$$

wobei der Definitionsbereich von ϑ so gewählt wurde, daß der Kreis richtig orientiert ist.

Auf C gilt

$$\mathbf{F} = (0, a \cos \vartheta, a \sin \vartheta).$$

Außerdem ist

$$\frac{d\mathbf{r}}{d\vartheta} = (-a \sin \vartheta, a \cos \vartheta, 0).$$

Also folgt

$$\oint_C \mathbf{F} \cdot d\mathbf{r} = \int_0^{2\pi} \mathbf{F} \cdot \frac{d\mathbf{r}}{d\vartheta} d\vartheta = \int_0^{2\pi} a^2 \cos^2 \vartheta \, d\vartheta = \pi a^2.$$

Beispiel 5. Man zeige, daß das Umlaufintegral eines konstanten Vektorfeldes **A** um eine beliebige geschlossene Kurve C Null ist.

Lösung. Wir wählen die x-Achse parallel zu **A**. Dann gilt

$$\mathbf{A} \cdot d\mathbf{r} = (A, 0, 0) \cdot (dx, dy, dz) = A\, dx.$$

Also ist

$$\oint_C \mathbf{A} \cdot d\mathbf{r} = A \oint_C dx.$$

Sind P_1 und P_2 zwei Punkte auf C, die den Werten $x = x_1$ und $x = x_2$ entsprechen, so gilt, wenn wir entlang C integrieren,

$$\int_{P_1}^{P_2} dx = x_2 - x_1.$$

Lassen wir den Punkt P_2 auf C wandern, bis er mit P_1 zusammenfällt, so gilt $x_1 = x_2$ und damit

$$\oint_C dx = \int_{P_1}^{P_2} dx = 0.$$

Daraus folgt die Behauptung sofort.

Vektorielle Kurvenintegrale. Sind die Komponenten F_1, F_2, F_3 eines Vektorfeldes

$$\mathbf{F} = F_1 \mathbf{i} + F_2 \mathbf{j} + F_3 \mathbf{k}$$

entlang einer Kurve C integrierbar, so ist das vektorielle Kurvenintegral von **F** entlang C von $s = s_1$ nach $s = s_2$ definiert als

$$\int_{s_1}^{s_2} \mathbf{F}\, ds = \mathbf{i} \int_{s_1}^{s_2} F_1\, ds + \mathbf{j} \int_{s_1}^{s_2} F_2\, ds + \mathbf{k} \int_{s_1}^{s_2} F_3\, ds. \tag{5.11}$$

Der Tangenteneinheitsvektor $\hat{\mathbf{T}}$ an eine Kurve C ist selbst ein Vektorfeld, das auf C definiert ist. Daher kann man aus (5.11) das vektorielle Kurvenintegral eines Skalarfeldes Ω berechnen, das definiert ist durch

$$\int \Omega\, d\mathbf{r} = \int \Omega \hat{\mathbf{T}}\, ds. \tag{5.12}$$

Natürlich kann $\hat{\mathbf{T}}$ auch als Teil eines Vektorproduktes auftreten, das dann zum folgenden Kurvenintegral führt:

$$\int \mathbf{F} \times d\mathbf{r} = -\int d\mathbf{r} \times \mathbf{F} = \int \mathbf{F} \times \hat{\mathbf{T}}\, ds. \tag{5.13}$$

Für den Leser sollte der Umgang mit den neuen Begriffen, wie sie in den folgenden Übungen auftreten, wenig Schwierigkeiten bieten.

Übungsaufgaben. 6. Sei $\mathbf{F} = (x, 2y, 3z)$, man berechne

a) $\int_O^A \mathbf{F} \cdot d\mathbf{r}$, b) $\int_O^A \mathbf{F} \times d\mathbf{r}$, c) $\int_O^A \mathbf{F}\, ds$,

entlang der Kurve $\mathbf{r} = (t, t^2/\sqrt{2}, t^3/3)$ vom Ursprung O zum Punkt A $(1, 1/\sqrt{2}, 1/3)$.

7. Man berechne $\int z\; d\mathbf{r}$ entlang der Kurve $\mathbf{r} = (a \cos t, b \sin t, ct)$ vom Punkt mit $t = 0$ zum Punkt mit $t = 2\pi$.

8. Sei $\mathbf{F} = (y\mathbf{i} - x\mathbf{j})/(x^2 + y^2)$ und C der Kreis $x^2 + y^2 = a^2$ in der xy-Ebene, der entgegen dem Uhrzeigersinn durchlaufen wird. Man berechne

$$\oint_C \mathbf{F} \cdot d\mathbf{r}.$$

9. Man berechne

$$\oint_C \mathbf{F} \cdot d\mathbf{r},$$

wenn $\mathbf{F} = (x - 3y, y - 2x, 0)$ ist und C der Rand der Ellipse $x^2/9 + y^2/4 = 1$ in der xy-Ebene, die entgegen dem Uhrzeigersinn durchlaufen wird.

10. Man berechne

$$\int_C \mathbf{r} \times d\mathbf{r} \quad \text{und} \quad \int_C \mathbf{r}\, ds$$

entlang der Spirale $\mathbf{r} = (a \cos t, a \sin t, bt)$ vom Punkt $(a, 0, 0)$ zum Punkt $(a, 0, 2\pi b)$.

5.3. Mehrfachintegrale

Ehe wir Oberflächen- und Volumenintegrale diskutieren, ist es nötig, die Grundlagen der mehrfachen Integration und (im nächsten Abschnitt) Doppel- und Dreifachintegrale einzuführen.

Seien p (x) und q (x) Funktionen von x und werde damit das folgende Integral der Funktion f (x, y) gebildet:

$$I(x) = \int_{p(x)}^{q(x)} f(x, y)\, dy.$$

Nun wird I (x) zwischen den Grenzen x = a und x = b integriert. Wir schreiben

$$\int_a^b \left\{ \int_{p(x)}^{q(x)} f(x, y)\, dy \right\} dx = \int_a^b \int_{p(x)}^{q(x)} f(x, y)\, dy\, dx. \tag{5.14}$$

Solche Integrale werden Mehrfachintegrale genannt.
Zwei wichtige Eigenschaften sind:

1. Wenn p = c und q = d mit konstantem c, d ist, so gilt

$$\int_a^b \int_c^d f(x, y)\, dy\, dx = \int_c^d \int_a^b f(x, y)\, dx\, dy; \tag{5.15}$$

d. h. die Reihenfolge der Integrationen ist vertauschbar, wenn die Integrationsgrenzen konstant sind.

2. Sei f (x, y) = φ (x) ψ (y), so gilt

$$\int_a^b \int_c^d \varphi(x)\, \psi(y)\, dy\, dx = \left(\int_a^b \varphi(x)\, dx \right) \left(\int_c^d \psi(y)\, dy \right); \tag{5.16}$$

d. h. ist der Integrand eine separable Funktion von x und y und sind die Integrationsgrenzen konstant, so läßt sich das Mehrfachintegral in ein Produkt zweier einfacher Integrale aufspalten. Die erste Eigenschaft wird im nächsten Abschnitt bewiesen werden. Die zweite Eigenschaft folgt daraus, daß die erste Integration (die nach y) keinen Einfluß auf φ (x) hat.

Beispiel 6. Man berechne

$$I = \int_0^1 \int_{x/2}^{1/2} xy\, dy\, dx.$$

Lösung. Führt man die Integration nach y aus, so erhält man

$$I = \int_0^1 \left[\frac{1}{2} xy^2 \right]_{y=x/2}^{y=1/2} dx = \int_0^1 \left(\frac{1}{8} x - \frac{1}{8} x^3 \right) dx = \frac{1}{32}.$$

Beispiel 7. Man berechne

$$I = \int_0^1 \int_0^2 (x^2 + y)\, dy\, dx$$

und weise nach, daß man das gleiche Ergebnis erhält, wenn man die Reihenfolge der Integrationen vertauscht.

Lösung. Es gilt

$$I = \int_0^1 \left[x^2 y + \frac{1}{2} y^2\right]_{y=0}^{y=2} dx = \int_0^1 (2x^2 + 2)\, dx = \frac{8}{3}.$$

Ändert man die Reihenfolge der Integrationen, so gilt

$$I = \int_0^2 \int_0^1 (x^2 + y)\, dx\, dy = \int_0^2 \left[\frac{1}{3} x^3 + xy\right]_{x=0}^{x=1} dy = \int_0^2 \left(\frac{1}{3} + y\right) dy = \frac{8}{3},$$

wie vorher auch.

Übungsaufgaben. 11. Man zeige

$$\int_0^{\pi/2} \int_0^{\pi/6} \sin x \cos y\, dx\, dy = 1 - \frac{1}{2}\sqrt{3}.$$

12. Man zeige

$$\int_0^1 \int_0^{1-x} (x + y)^2\, dy\, dx = \frac{1}{4}.$$

13. Man zeige

$$\int_0^{\pi} \int_0^{\sin y} dx\, dy = 2.$$

5.4. Doppel- und Dreifachintegrale

Das Riemannsche Integral. Erinnern wir uns zunächst an die Definition des Riemannschen Integrals einer Funktion f (x).
Sei f (x) im Intervall $a \leqq x \leqq b$ definiert. Wir teilen das Intervall in m Teilintervalle der Länge $\delta x_1, \delta x_2, \ldots, \delta x_m$ auf, in denen jeweils die Punkte $x_1, x_2, \ldots, x_m$ liegen. Sei die Unterteilung so vorgenommen, daß alle $\delta x_1, \delta x_2, \ldots, \delta x_m$ kleiner als eine gewisse Größe ε_m sind, und gelte

$$\varepsilon_m \to 0 \quad \text{für} \quad m \to \infty. \tag{5.17}$$

Dann ist das Riemannsche Integral der Funktion f (x) über das Intervall $a \leqq x \leqq b$ definiert als

$$\lim_{m\to\infty} \sum_{r=1}^{m} f(x_r)\,\delta x_r = \int_a^b f(x)\,dx, \tag{5.18}$$

vorausgesetzt, daß der Grenzwert existiert und für alle Unterteilungen, die (5.17) erfüllen, der gleiche ist.

Doppelintegrale. Sei $f(x, y)$ im Rechteck $a \leqq x \leqq b$, $c \leqq y \leqq d$ definiert. Wir unterteilen das Intervall $a \leqq x \leqq b$ in m Teilintervalle der Länge $\delta x_1, \delta x_2, \ldots, \delta x_m$; und das Intervall $c \leqq y \leqq d$ in n Teilintervalle der Länge $\delta y_1, \delta y_2, \ldots, \delta y_n$. Dann bilden wir die Summe

$$S_{mn} = \sum_{r=1}^{m} \sum_{s=1}^{n} f(x_r, y_s)\,\delta x_r\,\delta y_s, \tag{5.19}$$

wobei (x_r, y_s) ein beliebiger Punkt im Inneren des Teilrechtecks mit der Fläche $\delta x_r\,\delta y_s$ ist (Fig. 47). Wir wählen eine beliebige Unterteilung, so daß alle $\delta x_1, \delta x_2, \ldots, \delta x_m$ kleiner als ε_m und alle $\delta y_1, \delta y_2, \ldots, \delta y_n$ kleiner als η_n sind, und daß gilt

$$\left.\begin{matrix} \varepsilon_m \to 0 \\ \eta_n \to 0 \end{matrix} \quad \text{für} \quad \begin{matrix} m \to \infty \\ n \to \infty. \end{matrix}\right\} \tag{5.20}$$

Wir definieren dann

$$\lim_{\substack{m\to\infty \\ n\to\infty}} S_{mn} = \iint_R f(x, y)\,dx\,dy \tag{5.21}$$

als Doppelintegral von $f(x, y)$, wobei R das Rechteck $a \leqq x \leqq b$, $c \leqq y \leqq d$ ist. Voraussetzung ist natürlich auch, daß der Grenzwert existiert und für alle Unterteilungen, die (5.20) erfüllen, den gleichen Wert hat.

Das so definierte Doppelintegral existiert in fast allen Fällen, die von praktischem Interesse sind.

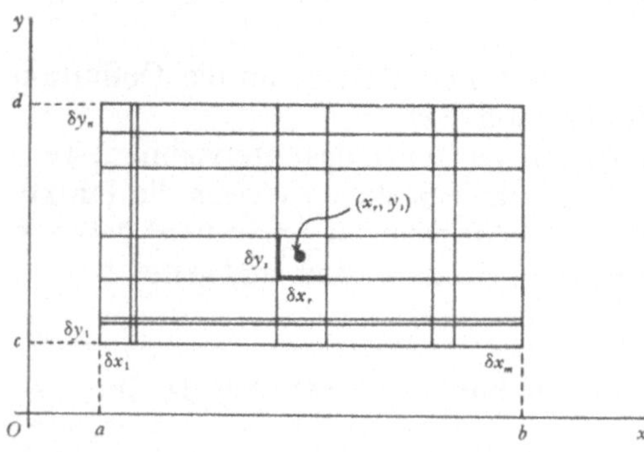

Fig. 47
Unterteilung für Doppelintegrale

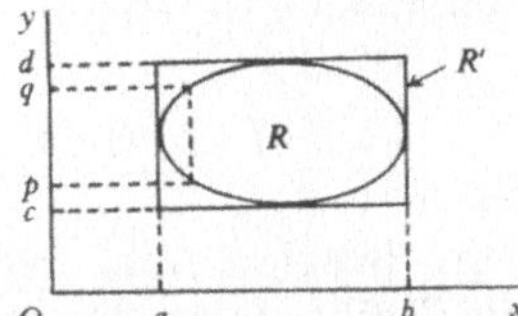

Fig. 48
Doppelintegrale über einen nicht-rechteckigen Bereich

Das Doppelintegral von f(x,y) über einen geschlossenen Bereich, der nicht rechtwinklig ist, wird folgendermaßen definiert. Sei R' ein Rechteck, dessen Seiten parallel zur x- und y-Achse liegen, und das R einschließt (Fig. 48). Sei

$$g(x, y) = \begin{cases} f(x,y) & \text{für} \quad (x,y) \text{ in R} \\ 0 & \text{für} \quad (x, y) \text{ nicht in R.} \end{cases} \tag{5.22}$$

Dann definieren wir

$$\iint_R f(x,y)\,dx\,dy = \iint_{R'} g(x,y)\,dx\,dy; \tag{5.23}$$

wobei das rechte Integral, in dem über einen rechteckigen Bereich integriert wird, in (5.21) definiert war.

Berechnung von Doppelintegralen. Ein Doppelintegral wird gewöhnlich berechnet, indem es in ein Mehrfachintegral umgeformt wird. Ein ausführlicher Beweis dafür, daß das Doppelintegral als Mehrfachintegral ausgedrückt werden kann, führt im Rahmen dieses Buches zu weit [1]). Die folgenden Argumente (die in keiner Weise vollständig sind) zeigen jedoch, daß das Ergebnis plausibel ist.

Behandeln wir zunächst den Fall, daß f(x,y) im Rechteck $a \leqq x \leqq b$, $c \leqq y \leqq d$ definiert ist. Dann gilt (mit (5.18))

$$\begin{aligned} \iint_R f(x, y)\,dx\,dy &= \lim_{m\to\infty} \lim_{n\to\infty} \sum_{r=1}^{m} \sum_{s=1}^{n} f(x_r, y_s)\,\delta x_r\,\delta y_s \\ &= \lim_{n\to\infty} \sum_{s=1}^{n} \left\{ \lim_{m\to\infty} \sum_{r=1}^{m} f(x_r, y_s)\,\delta x_r \right\} \delta y_s \\ &= \lim_{n\to\infty} \sum_{s=1}^{n} \left\{ \int_a^b f(x, y_s)\,dx \right\} \delta y_s = \int_c^d \left\{ \int_a^b f(x, y)\,dx \right\} dy, \end{aligned}$$

wobei noch einmal die Definition des Riemannintegrals (5.18) benutzt wurde. Also gilt

$$\iint_R f(x, y)\,dx\,dy = \int_c^d \int_a^b f(x, y)\,dx\,dy. \tag{5.24}$$

1) Siehe z. B. Courant, R.: Vorlesung über Differential- und Integralrechnung II. 3. Aufl. Neudruck. Berlin-Heidelberg–New York 1963.

Ähnliche Argumente liefern

$$\iint_R f(x, y)\, dx\, dy = \int_a^b \int_c^d f(x, y)\, dy\, dx. \tag{5.25}$$

Man beachte nun, daß aus (5.24) und (5.25) jetzt (5.15) folgt. Also ist die Reihenfolge der Integration im Mehrfachintegral vertauschbar, wenn das Doppelintegral existiert.

Falls R kein rechtwinkliger Bereich ist, schließe man ihn durch das Rechteck $a \leqq x \leqq b$, $c \leqq y \leqq d$ ein (Fig. 48). Nehmen wir an, daß jede Parallele zu Oy den Bereich R höchstens in zwei Punkten schneidet (die Ausdehnung auf den allgemeineren Fall ist einfach und bleibt dem Leser überlassen), dann gilt nach der Definition (5.23) und dem Ergebnis (5.25)

$$I = \iint_R f(x, y)\, dy\, dx = \int_a^b \int_c^d g(x, y)\, dy\, dx.$$

Zu einem festen Wert von x seien p (x) und q (x) die Extremwerte von y in R (Fig. 48). Da $g(x, y) = f(x, y)$ für $p(x) \leqq y \leqq q(x)$ und $g(x, y) = 0$ für $c \leqq y \leqq p(x)$ und $q(x) \leqq y \leqq d$ ist, folgt

$$I = \int_a^b \int_{p(x)}^{q(x)} f(x, y)\, dy\, dx. \tag{5.26}$$

Dreht man die Integrationsreihenfolge um, so werden die Grenzen des inneren Integrals Funktionen von y sein, und die äußeren Integrationsgrenzen werden c, d sein.

Beispiel 8. Man forme

$$I = \int_0^1 \int_{x/2}^{1/2} xy\, dy\, dx$$

in ein Doppelintegral um und berechne I durch Vertauschen der Integrationsreihenfolge.

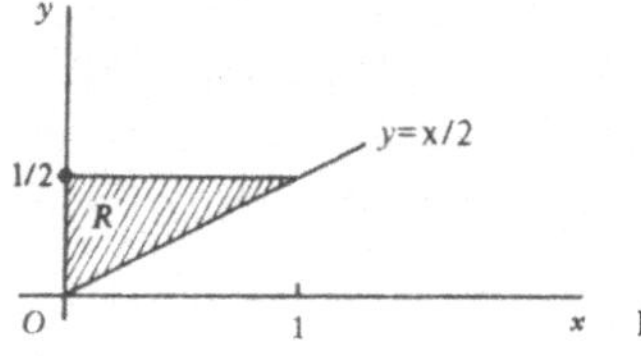

Fig. 49

Lösung. Wir sehen, daß x von 0 nach 1 läuft, und daß für jedes x die Extremwerte von y durch x/2 und 1/2 gegeben sind. Dadurch wird das Dreieck R, das in Fig. 49 dargestellt ist, überdeckt. Wir erhalten also das Doppelintegral

$$I = \iint_R xy\,dx\,dy.$$

Nun wird aber R auch überdeckt, wenn y zwischen 0 und 1/2 liegt und x zu jedem y-Wert von 0 nach 2y läuft. Also gilt

$$I = \int_0^{1/2}\int_0^{2y} xy\,dx\,dy = \int_0^{1/2}\left[\frac{1}{2}x^2 y\right]_{x=0}^{x=2y} dy = \int_0^{1/2} 2y^3\,dy = \frac{1}{32}.$$

Dieses Integral wurde bereits in Beispiel 6 in 5.3 gelöst, indem zuerst nach y und dann nach x integriert wurde; die beiden Ergebnisse stimmen überein.

Geometrische Interpretation des Doppelintegrals. In rechtwinkligen kartesischen Koordinaten x, y, z stellt die Gleichung

$$z = f(x, y) \tag{5.27}$$

eine Fläche dar (wir behandeln Flächen in 5.5 genauer).
Sei $f(x, y) > 0$ für alle Punkte (x, y) eines Bereiches R der xy-Ebene. Von einem rechteckigen Element von R mit Inhalt $\delta x_r\,\delta y_s$ ziehen wir Senkrechten zur xy-Ebene. Sie treffen auf die Fläche, wie das in Fig. 50 dargestellt ist. Ist (x_r, y_s) ein Punkt des Rechtecks, so ist das Volumen des Säulenelements näherungsweise $f(x_r, y_s)\,\delta x_r\,\delta y_s$. Da das Doppelintegral

$$\iint_R f(x, y)\,dx\,dy$$

Grenzwert einer Summe solcher Terme ist, wird anschaulich klar, daß das Volumen ‚unter der Fläche' durch das Doppelintegral berechnet werden kann; d. h. das Volumen, das begrenzt ist durch die Fläche, ihre Projektion R auf die xy-Ebene und den Zylinder, der durch Parallelen zu Oz an die Grenzen von R erzeugt wird.

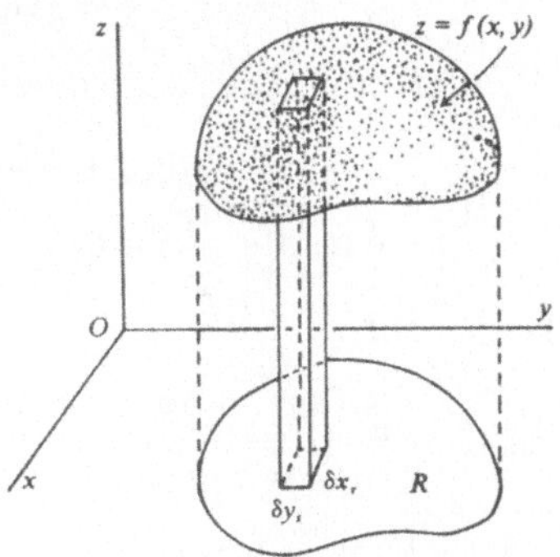

Fig. 50
Das Volumen unter einer Fläche

Ähnliche Überlegungen zeigen, daß das Doppelintegral

$$\iint_R dx\, dy$$

die Fläche des Bereiches R gibt.

Änderung der Variablen. Die Berechnung des Doppelintegrals wird oft durch eine geeignete Wahl der Variablen vereinfacht.
Gilt für die Variablen u, v stets

$$x = x(u, v), \quad y = y(u, v), \tag{5.28}$$

so kann man zeigen, daß gilt[1])

$$\iint_R f(x, y)\, dx\, dy = \iint_{R'} f\,\{x(u, v), y(u, v)\}\, |J|\, du\, dv, \tag{5.29}$$

wobei R′ der Bereich der uv-Ebene ist, der den Punkten von R in der xy-Ebene entspricht und

$$J = \frac{\partial(x, y)}{\partial(u, v)} = \begin{vmatrix} \dfrac{\partial x}{\partial u} & \dfrac{\partial x}{\partial v} \\ \dfrac{\partial y}{\partial u} & \dfrac{\partial y}{\partial v} \end{vmatrix}. \tag{5.30}$$

Die Determinante J heißt Jacobideterminante der Transformation (5.28). Den Funktionen x (u, v) und y (u, v) müssen verschiedene Beschränkungen auferlegt werden, aber wir werden die Einzelheiten übergehen.
Eine häufig benutzte Transformation führt kartesische Koordinaten x, y in ebene Polarkoordinaten r, ϑ über, die durch

$$x = r \cos\vartheta, \quad y = r \sin\vartheta \tag{5.31}$$

definiert sind. Die Jacobideterminante dieser Transformation ist

$$\frac{\partial(x, y)}{\partial(r, \vartheta)} = \begin{vmatrix} \cos\vartheta & -r\sin\vartheta \\ \sin\vartheta & r\cos\vartheta \end{vmatrix} = r.$$

Damit gilt

$$\iint_R f(x, y)\, dx\, dy = \iint_{R'} f(r\cos\vartheta, r\sin\vartheta)\, r\, dr\, d\vartheta, \tag{5.32}$$

---

[1]) Siehe Fußnote 1, S. 131.

wobei R′ der Bereich der rϑ-Ebene ist, der dem Bereich R der xy-Ebene entspricht. Das Ergebnis kann man sich folgendermaßen veranschaulichen.

Definiert man ein Doppelintegral mit Hilfe von rechtwinkligen kartesischen Koordinaten, so unterteilt man den Integrationsbereich durch Geraden x = konst., y = konst.; das typische Flächenelement ist $\delta x\,\delta y$. Bei Polarkoordinaten entspricht dem die Aufteilung in Elemente, die durch Kreise r = konst. und Geraden ϑ = konst. begrenzt sind (Fig. 51a). Das typische Flächenelement ist näherungsweise durch $r\,\delta r\,\delta\vartheta$ gegeben. In Anlehnung an die Definition (5.21) werden wir also erwarten, daß das Doppelintegral von f(x, y) in einen Grenzwert aus Summenden der Form transformiert wird: $f(r\cos\vartheta, r\sin\vartheta)\,r\,\delta r\,\delta\vartheta$; das führt auf das Ergebnis (5.32).

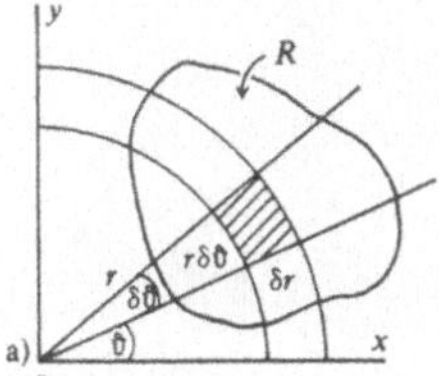

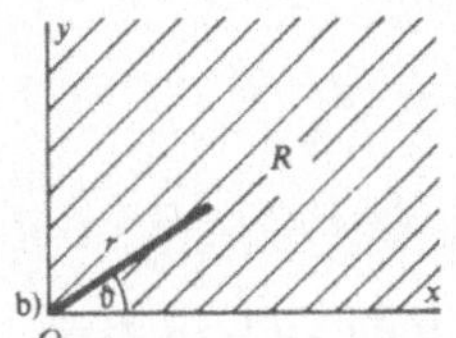

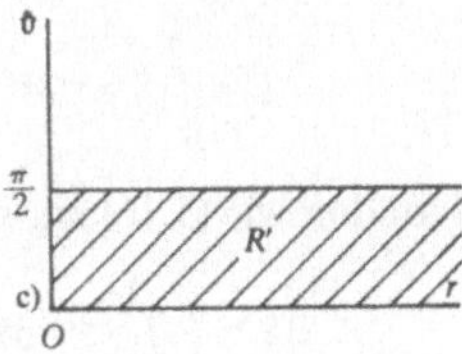

Fig. 51
Zur Berechnung eines Doppelintegrals werden ebene Polarkoordinaten benutzt
a) das Flächenelement $r\,\delta r\,\delta\vartheta$
b) der Integrationsbereich aus Beispiel 9 in der xy-Ebene
c) der Integrationsbereich aus Beispiel 9 in der rϑ-Ebene

Beispiel 9. Man berechne

$$I = \iint_R e^{-(x^2+y^2)}\,dx\,dy,$$

wobei R der Quadrant $x \geqq 0$, $y \geqq 0$ der xy-Ebene ist. Man beweise

$$\int_0^\infty e^{-x^2}\,dx = \frac{1}{2}\sqrt{\pi}.$$

Lösung. Substituieren wir $x = r\cos\vartheta$, $y = r\sin\vartheta$, so erhalten wir das Integral

$$I = \iint_{R'} e^{-r^2}\,r\,dr\,d\vartheta.$$

Alle Punkte des Bereiches R werden überdeckt, wenn ϑ von 0 nach $\pi/2$ und dazu r von 0 nach ∞ läuft (Fig. 51b). Der Bereich R′ in der rϑ-Ebene ist also der unendlich lange Streifen $0 \leqq r < \infty$, $0 \leqq \vartheta \leqq \pi/2$ (Fig. 51c). Es folgt

$$I = \int_0^{\pi/2} \int_0^{\infty} r\, e^{-r^2}\, dr\, d\vartheta.$$

Beachten wir

$$\int_0^{\infty} r \exp(-r^2)\, dr = - \left[\frac{1}{2} \exp(-r^2)\right]_0^{\infty} = \frac{1}{2},$$

so gilt

$$I = \frac{1}{4}\pi.$$

Für rechtwinklige kartesische Koordinaten gilt

$$I = \int_0^{\infty} \int_0^{\infty} e^{-(x^2+y^2)}\, dx\, dy.$$

Wenden wir (5.16) an, so folgt

$$I = \left(\int_0^{\infty} e^{-x^2}\, dx\right)\left(\int_0^{\infty} e^{-y^2}\, dy\right) = \left(\int_0^{\infty} e^{-x^2}\, dx\right)^2.$$

Daher ist

$$\int_0^{\infty} e^{-x^2}\, dx = \frac{1}{2}\sqrt{\pi},$$

es muß die positive Wurzel gewählt werden, da das Ergebnis offensichtlich positiv ist.

Beispiel 10. Man berechne

$$I = \iint_R (1 - x^2/a^2 - y^2/b^2)^{1/2}\, dx\, dy,$$

wenn R der Bereich ist, der durch die Ellipse $(x^2/a^2) + (y^2/b^2) = 1$ begrenzt ist. Man zeige dann, daß $(4/3)\,\pi abc$ das Volumen des Ellipsoids $x^2/a^2 + y^2/b^2 + z^2/c^2 = 1$ ist.

Lösung. Wir transformieren in Variable r, ϑ (die in diesem Fall keine ebenen Polarkoordinaten sind), die durch

$$x = ar \cos\vartheta, \quad y = br \sin\vartheta$$

definiert sind. Man prüft leicht nach, daß die Jacobideterminante der Transformation abr ist und auch, daß das Innere der Ellipse überdeckt wird, wenn r von 0 nach 1 und ϑ von 0 nach 2π läuft. Daher gilt

$$I = \int_0^1 \int_0^{2\pi} abr\,(1 - r^2)^{1/2}\, d\vartheta\, dr\,,$$

woraus nach einer kurzen Rechnung folgt

$$I = \frac{2}{3}\pi\, ab.$$

Das Volumen des gegebenen Ellipsoids (dessen oberer Teil in Fig. 52 dargestellt ist) beträgt

$$V = 2 \iint_R z\, dx\, dy,$$

wobei $z = c\,(1 - (x^2/a^2) - (y^2/b^2))^{1/2}$ und R der Bereich der xy-Ebene ist, der durch die Ellipse $(x^2/a^2) + (y^2/b^2) = 1$ begrenzt ist. Also ist

$$V = 2cI = \frac{4}{3}\pi\, abc,$$

wie behauptet war.

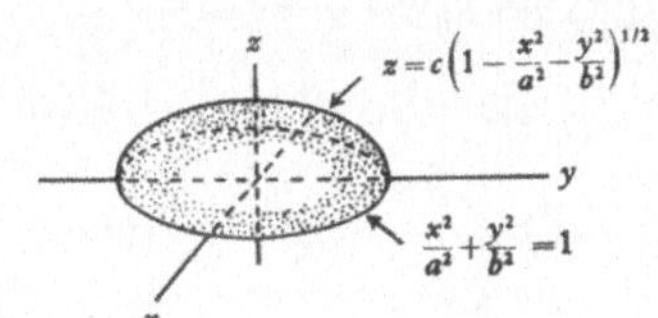

Fig. 52

Dreifachintegrale. Die Definition des Doppelintegrals kann man leicht ausdehnen, um das Dreifachintegral einer Funktion $f(x, y, z)$ über einen geschlossenen Bereich τ zu definieren. Das Integral ist gegeben durch

$$\iiint_\tau f\,(x, y, z)\, dx\, dy\, dz.$$

Wie die Doppelintegrale werden auch die Dreifachintegrale durch Mehrfachintegrale berechnet. Die Methode ist ähnlich der zur Berechnung von Doppelintegralen, und es reicht aus, einige Beispiele zu behandeln.

Beispiel 11. Sei τ der Bereich $|x| \leqq a$, $|y| \leqq b$, $|z| \leqq c$; man berechne

$$I = \iiint_\tau (y^2 + z^2)\, dx\, dy\, dz.$$

Lösung. Der Bereich τ ist ein Quader, dessen Seiten die Ebenen $x = \pm a$, $y = \pm b$, $z = \pm c$ bilden. Daher gilt

$$I = \int_{-c}^{c} \int_{-b}^{b} \int_{-a}^{a} (y^2 + z^2)\, dx\, dy\, dz = \int_{-c}^{c} \int_{-b}^{b} 2a(y^2 + z^2)\, dy\, dz$$

nach Integration über x. Es folgt

$$I = \int_{-c}^{c} 2a \left(\frac{2b^3}{3} + 2bz^2 \right) dz = \frac{8}{3}\, abc\, (b^2 + c^2),$$

nach Integration über y und z.

Beispiel 12. Ein Tetraeder habe die Ecken O (0, 0, 0), A (1, 0, 0), B (0, 1, 0) und C (0, 0, 1). Sei τ der durch den Tetraeder begrenzte Bereich, man berechne

$$I = \iiint_{\tau} z\, dx\, dy\, dz.$$

Lösung. Sei P irgendein Punkt (x, y, 0) im Inneren des Dreiecks OAB, und treffe eine Parallele zu Oz durch P die Ebene ABC in Q (Fig. 53). Die Gleichung der Ebene ABC ist

$$x + y + z = 1.$$

In Q gilt daher $z = 1 - x - y$.

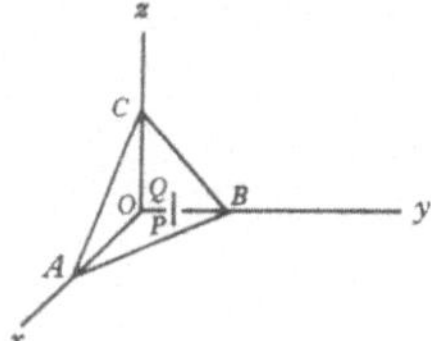

Fig. 53

Um den Integrationsbereich zu überdecken, lassen wir x, y über alle Punkte P des Dreiecks OAB laufen, und variieren z zwischen O (seinem Wert in P) und 1−x−y (seinem Wert in Q). Dann gilt

$$I = \iint_{\triangle OAB} \left(\int_0^{1-x-y} z\, dz \right) dx\, dy = \iint_{\triangle OAB} \frac{1}{2} \left(1 - x - y \right)^2 dx\, dy$$

$$= \int_0^1 \int_0^{1-y} \frac{1}{2} \left(1-x-y \right)^2 dx\, dy = \int_0^1 \left[-\frac{1}{6} \left(1-x-y \right)^3 \right]_{x=0}^{x=1-y} dy$$

$$= \int_0^1 \frac{1}{6} \left(1-y \right)^3 dy = \frac{1}{24} \cdot$$

Variablenänderung im Dreifachintegral. Sind die Variablen u, v, w durch die Beziehungen

$$x = x(u, v, w), \quad y = y(u, v, w), \quad z = z(u, v, w) \tag{5.33}$$

definiert, so kann man zeigen, daß gilt

$$\iiint_\tau f(x, y, z)\, dx\, dy\, dz = \iiint_{\tau'} f\{x(u, v, w), y(u, v, w), z(u, v, w)\} \times$$

$$\times |J|\, du\, dv\, dw, \tag{5.34}$$

wobei τ' der Bereich im uvw-Raum ist, der τ im xyz-Raum entspricht und

$$J = \frac{\partial(x, y, z)}{\partial(u, v, w)} = \begin{vmatrix} \frac{\partial x}{\partial u} & \frac{\partial x}{\partial v} & \frac{\partial x}{\partial w} \\ \frac{\partial y}{\partial u} & \frac{\partial y}{\partial v} & \frac{\partial y}{\partial w} \\ \frac{\partial z}{\partial u} & \frac{\partial z}{\partial v} & \frac{\partial z}{\partial w} \end{vmatrix}. \tag{5.35}$$

Die Determinate J ist die J a c o b i d e t e r m i n a t e d e r T r a n s f o r m a t i o n. Wie schon bei der Variablentransformation im Doppelintegral müssen die verwendeten Funktionen einige analytische Bedingungen erfüllen, aber diese werden hier übergangen.

Übungsaufgaben. 14. Man zeige durch Skizzieren der Definitionsbereiche, daß gilt

$$\int_0^1 \int_{\sqrt{y}}^1 dx\, dy = \int_0^1 \int_0^{x^2} dy\, dx.$$

Man berechne die Integrale.

15. Durch Vertauschen der Integrationsreihenfolge berechne man

$$\int_0^1 \int_{y^2}^{y^{1/2}} (y/x)\, e^x\, dx\, dy.$$

16. Ein Bereich R sei durch ein Dreieck mit den Ecken im Ursprung und in den Punkten (1, 1) und (−1, 1) begrenzt. Man zeige

$$\iint_R e^{y^2}\, dx\, dy = (e-1).$$

17. Man berechne

$$\int_0^1 \int_{y/2}^{y} \frac{xy^2}{\sqrt{(x^3 + y^3)}} \, dx \, dy + \int_1^2 \int_{y/2}^{1} \frac{xy^2}{\sqrt{(x^3 + y^3)}} \, dx \, dy.$$

Hinweis. Man skizziere die Integrationsbereiche.

18. Man berechne

$$\iint_R (x^2 + y^2) \, dx \, dy,$$

wenn R der Bereich zwischen den Kreisen $x^2 + y^2 = a^2$, $x^2 + y^2 = b^2$ $(a < b)$ ist.

Hinweis. Man benutze ebene Polarkoordinaten r, ϑ.

19. Man finde das Volumen, das durch das Paraboloid $z = 4 - x^2 - y^2$ und die xy-Ebene begrenzt ist.

20. Man berechne durch Transformation in ebene Polarkoordinaten r, ϑ

$$\int_0^{1/\sqrt{2}} \int_x^{\sqrt{(1-x^2)}} \frac{\log (x^2 + y^2)}{\sqrt{(x^2 + y^2)}} \, dy \, dx.$$

21. Man berechne mit Hilfe der Transformation $x = ar \cos \vartheta$, $y = br \sin \vartheta$

$$\iint_R x^2 \, dx \, dy,$$

wobei R durch die Ellipse $x^2/a^2 + y^2/b^2 = 1$ begrenzt ist.

22. Mit Hilfe der Substitution $x = (r \cos \vartheta)^{1/2}$, $y = (r \sin \vartheta)^{1/2}$ zeige man

$$\iint_R x^3 (1 - x^4 - y^4) \, dx \, dy = 4/45,$$

wobei R begrenzt ist durch $x \geqq 0$, $y \geqq 0$, $x^4 + y^4 \leqq 1$.

23. Man finde

$$\int_0^1 \int_0^1 \int_0^y xyz \, dx \, dy \, dz.$$

24. Man berechne

$$\iiint_\tau \exp (- x^2 - y^2 - z^2) \, dx \, dy \, dz,$$

wenn τ der gesamte Raum ist.

25. Die Variablen x, y, z seien mit r, ϑ, φ durch die Gleichungen $x = ar \sin \vartheta \cos \varphi$, $y = br \sin \vartheta \sin \varphi$, $z = cr \cos \vartheta$ verknüpft. Man zeige

$$\frac{\partial (x, y, z)}{\partial (r, \vartheta, \varphi)} = abcr^2 \sin \vartheta.$$

Mit Hilfe der oben angegebenen Variablentransformation berechne man

$$\iiint_\tau (x^2 + y^2 + z^2) \, dx \, dy \, dz,$$

wenn τ das Innere des Ellipsoids $x^2/a^2 + y^2/b^2 + z^2/c^2 = 1$ ist.

5.5. Flächen

Der variable Punkt P habe den Ortsvektor

$$\overrightarrow{OP} = \mathbf{r}(u, v) = (x(u, v), y(u, v), z(u, v)), \tag{5.36}$$

wobei: 1. u, v stetige Parameter sind, die alle Werte eines bestimmten Bereiches der uv-Ebene annehmen; 2. x, y, z stetige eindeutige Funktionen von u und v in R sind.

Wenn v der Reihe nach verschiedene feste Werte annimmt, und u jeweils in seinem Definitionsbereich variiert, wird P eine Familie von Kurven durchlaufen, die u-Koordinatenkurven heißen. Analog läuft P bei festem u und variablem v auf den v-Koordinatenkurven (Fig. 54). Das Netzwerk all dieser Kurven bedeckt die Fläche, nennen wir sie S, die also der Ort von P ist.

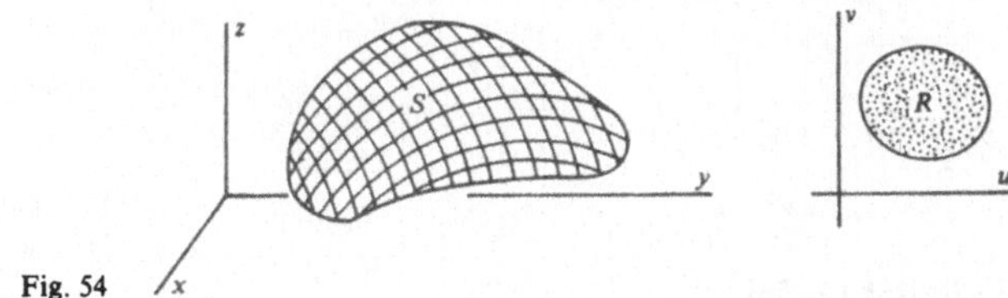

Fig. 54

Gleichung (5.36) definiert eine Abbildung eines Bereiches R der uv-Ebene auf eine Fläche S im xyz-Raum (Fig. 54). Da x, y und z eindeutige Funktionen von u und v sind, entspricht jedem Punkt von R genau ein Punkt auf S. Allerdings wäre in unserem Falle die Einschränkung auf Abbildungen, die jedem Punkt auf S genau einen Punkt aus R zuordnen (das sind eindeutige Abbildungen), zu stark. Wir erweitern die Klasse von Abbildungen, die wir behandeln werden, so daß die meisten, aber nicht notwendig alle Punkte auf S genau einem Punkt in R entsprechen: oder präziser, wir lassen Abbildungen mit Ausnahmepunkten auf S zu, die mehr als einem

Punkt in R entsprechen, vorausgesetzt, diese Ausnahmepunkte sind entweder isoliert von anderen Ausnahmepunkten oder bilden (höchstens) eine endliche Zahl von Koordinatenkurven auf S. Es wird sich zeigen, daß solche Ausnahmepunkte keine Schwierigkeiten machen.

Beispiel 13. Sei

$$\vec{OP} = \mathbf{r}(\varphi, z) = (a \cos \varphi, a \sin \varphi, z), \tag{5.37}$$

wenn $0 \leqq \varphi \leqq 2\pi$, $-\infty < z < \infty$ ist, und a eine Konstante. Nimmt z einen festen Wert z_0 an, und läuft φ von 0 nach 2π, so beschreibt P in der Ebene $z = z_0$ einen Kreis, da $x = a \cos \varphi$, $y = a \sin \varphi$ gilt. Wird φ festgehalten und z verändert, so beschreibt P eine Parallele zu Oz im Abstand a. Der vollständige Ort von P ist daher ein unendlich langer Zylinder mit dem Radius a und der Achse Oz (Fig. 55). Wir bemerken noch, daß jeder Punkt (a, 0, z) auf dem Mantel, der die positive x-Achse schneidet, zwei Werten, (0, z) und $(2\pi, z)$, in der φz-Ebene entspricht. Diese Gerade besteht also aus Ausnahmepunkten der Abbildung (5.37).

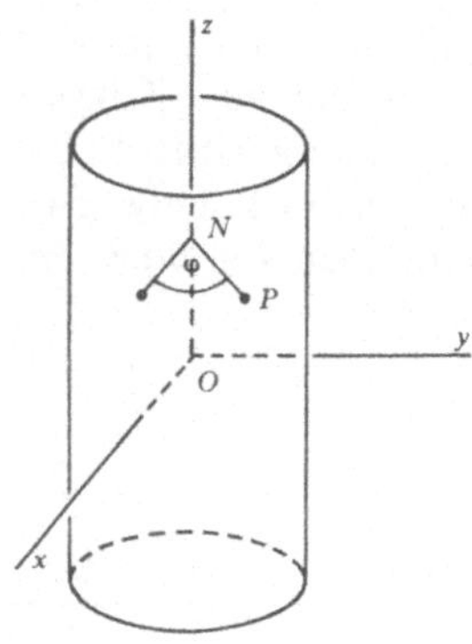

Fig. 55

Beispiel 14. Sei

$$\vec{OP} = \mathbf{r}(\vartheta, \varphi) = (a \sin \vartheta \cos \varphi, a \sin \vartheta \sin \varphi, a \cos \vartheta) \tag{5.38}$$

mit $0 \leqq \vartheta \leqq \pi$, $0 \leqq \varphi \leqq 2\pi$, dann gilt

$$x^2 + y^2 + z^2 = a^2 \sin^2 \vartheta (\cos^2 \varphi + \sin^2 \varphi) + a^2 \cos^2 \vartheta = a^2.$$

In diesem Fall liegt P für alle Werte von ϑ und φ auf der Kugel vom Radius a mit dem Ursprung als Mittelpunkt. Man kann zeigen, daß mit dem gegebenen Wertebereich von ϑ und φ die ganze Kugel überdeckt wird. Es bleibt dem Leser überlassen zu zeigen, daß der Halbkreis $0 \leqq \vartheta \leqq \pi$, $\varphi = 0$ aus Ausnahmepunkten der Abbildung (5.38) besteht.

Zweiseitige Flächen. Der Leser wird mit der Tatsache, daß eine Fläche nur eine Seite haben kann, vertraut sein. Wenn man beispielsweise einen Streifen Papier einmal dreht und dann seine Enden zusammenklebt, entsteht eine einseitige Fläche, das sogenannte Möbiusband (Fig. 56). Man zeigt, daß diese Fläche nur eine Seite hat, indem man eine stetige Linie auf dem Streifen zieht. Dabei werden alle Punkte erreicht, ohne daß die Enden übersprungen werden. Solche Flächen werden von den weiteren Überlegungen ausgeschlossen, wir diskutieren nur zweiseitige Flächen.
Für unsere Zwecke ist die anschauliche Erklärung, was zweiseitige Flächen sein sollen, ausreichend. Deshalb wird eine analytische Definition übergangen.

Fig. 56
Ein Möbiusband

Offene und geschlossene Flächen. Eine Fläche S heißt offen, wenn je zwei Punkte, die nicht auf S liegen, durch eine stetige Kurve verbunden werden können, die S nicht schneidet.
Eine Fläche S heißt geschlossen, wenn sie den Raum in zwei getrennte Bereiche R_1 und R_2 teilt, so daß jede stetige Kurve, die einen Punkt aus R_1 mit einem Punkt aus R_2 verbindet, S mindestens einmal kreuzt.
Die Kappe einer Kugel beispielsweise ist eine offene Fläche, die volle Kugeloberfläche dagegen ist eine geschlossene Fläche.

Normaleneinheitsvektoren. Betrachten wir die Fläche S aus (5.36). Wie wir gesehen haben, ist der Ort von P, wenn u variiert und v fest bleibt, eine u-Koordinatenkurve auf S, und wenn v verändert wird und u fest bleibt, ist es eine v-Koordinatenkurve. In jedem Punkt P von S sind die Vektoren

$$\frac{\partial \mathbf{r}}{\partial u} = \mathbf{r}_u, \quad \frac{\partial \mathbf{r}}{\partial v} = \mathbf{r}_v \tag{5.39}$$

tangential zu der u- bzw. v-Koordinatenkurve durch P (Fig. 57).
Der Vektor

$$\mathbf{n} = \frac{\mathbf{r}_u \times \mathbf{r}_v}{|\mathbf{r}_u \times \mathbf{r}_v|} \tag{5.40}$$

hat die Länge 1 und ist senkrecht zu den u- und v-Koordinatenkurven in P. Er heißt Normaleneinheitsvektor von S.
Vertauscht man $\mathbf{r}_u$ und $\mathbf{r}_v$ in (5.40), so ändert sich die Richtung von $\mathbf{n}$, sie ist also nicht eindeutig festgelegt. Diese Zweideutigkeit wird vermieden, wenn man eine Seite von S positiv wählt und die Reihenfolge von $\mathbf{r}_u$ und $\mathbf{r}_v$

so festsetzt, daß **n** von der positiven Seite weg zeigt. *Falls der Bereich* R *von einer geschlossenen Fläche begrenzt wird, ist es üblich, die Fläche so zu orientieren, daß der Normaleneinheitsvektor aus* R *herauszeigt* (Fig. 58).

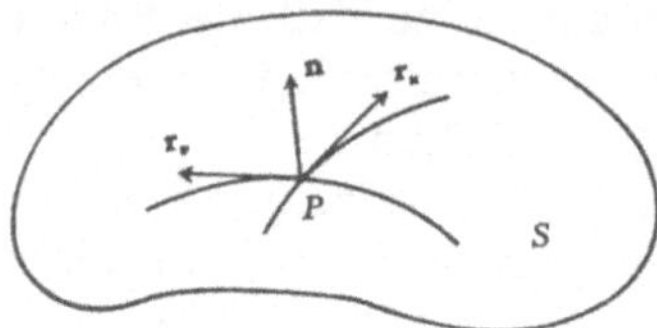

Fig. 57
Der Normaleneinheitsvektor **n** zur Fläche S

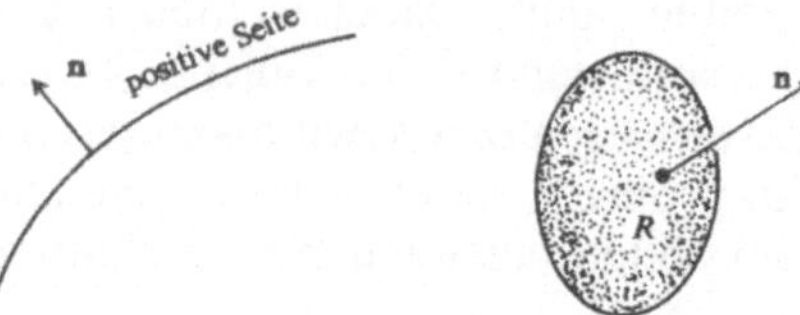

Fig. 58
Orientierung einer Fläche. Üblicherweise zeigt die positive Normale einer Fläche, die einen geschlossenen Bereich R begrenzt, aus R heraus.

Eine Fläche heißt orientiert, wenn eine ihrer Seiten als positiv ausgewählt ist.

Um die Definition (5.40) zu veranschaulichen, betrachte man den Zylinder

$$\mathbf{r} = (a\cos\varphi, a\sin\varphi, z) \quad (0 \leqq \varphi \leqq 2\pi, -\infty < z < \infty).$$

In diesem Fall ist

$$\mathbf{r}_\varphi = (-a\sin\varphi, a\cos\varphi, 0)$$

und $\mathbf{r}_z = (0, 0, 1)$.

Also ist

$$\mathbf{r}_\varphi \times \mathbf{r}_z = (a\cos\varphi, a\sin\varphi, 0). \tag{5.41}$$

Es folgt

$$\mathbf{n} = \frac{\mathbf{r}_\varphi \times \mathbf{r}_z}{|\mathbf{r}_\varphi \times \mathbf{r}_z|} = (\cos\varphi, \sin\varphi, 0). \tag{5.42}$$

Man beachte jedoch, daß in diesem einfachen Fall aus der Zeichnung (Fig. 55) klar ist, daß die Flächennormale parallel zur xy-Ebene liegt, und daß daher ihre z-Komponente 0 ist. Denkt man ferner daran, daß **n** die Länge 1 hat und parallel zu NP ist, so sieht man, daß **n** die x- und y-Komponenten cos φ bzw. sin φ hat.

Wir haben natürlich die Außenseite des Zylinders positiv gewählt.

Glatte Flächen. Wenn der Normaleneinheitsvektor existiert und in allen Punkten einer Fläche stetig ist, so heißt die Fläche glatt.

Einfache Flächen. Eine einfache Fläche ist die Vereinigung endlich vieler glatter Flächen. Solche Flächen heißen mitunter auch stückweise glatt oder regulär.
Die Kugelkappe ist ein Beispiel einer glatten Fläche; die Oberfläche eines Würfels ist eine einfache geschlossene Fläche, die Vereinigung von 6 glatten Flächen ist.

Flächeninhalt. Sei $P_0(u, v)$ ein Punkt der Fläche S mit der Parameterdarstellung $\mathbf{r} = \mathbf{r}(u, v)$. Sei $P_1(u + du, v)$ ein benachbarter Punkt auf der u-Koordinatenkurve durch P_0, und sei $P_2(u, v + dv)$ ein benachbarter Punkt auf der v-Koordinatenkurve von P_0. Sei P_3 der Punkt, in dem sich die u-Koordinatenkurve von P_2 und die v-Koordinatenkurve von P_1 treffen (Fig. 59). Der Teil von S, der von $P_0\,P_1\,P_2\,P_3$ begrenzt wird, heißt Flächenelement.

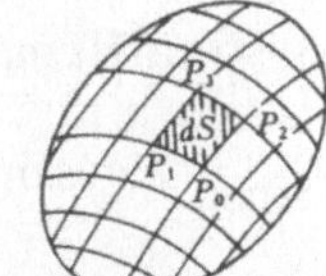

Fig. 59
Ein Flächenelement dS

Wenn wir annehmen, daß $P_0\,P_1\,P_2\,P_3$ annähernd ein Parallelogramm bilden, was die geometrische Anschauung nahelegt, so ist der Inhalt des Flächenelements

$$dS \approx |\overrightarrow{P_0 P_1} \times \overrightarrow{P_0 P_2}| \approx |\mathbf{r}_u \times \mathbf{r}_v|\,du\,dv, \tag{5.43}$$

wobei ausgenutzt wird, daß $\overrightarrow{P_0 P_1} \approx (\partial\mathbf{r}/\partial u)\,du$ und $\overrightarrow{P_0 P_2} \approx (\partial\mathbf{r}/\partial v)\,dv$ gilt. Die anschauliche Argumentation führt zu der

Definition: Flächeninhalt von $S = \iint |\mathbf{r}_u \times \mathbf{r}_v|\,du\,dv,$ (5.44)

wobei u und v so zu variieren sind, daß ganz S überdeckt wird. Wir werden $|\mathbf{r}_u \times \mathbf{r}_v|\,du\,dv$ als Inhalt des Flächenelements dS bezeichnen, obwohl natürlich nur der gesamte Flächeninhalt von S genau definiert ist.

Als Beispiel zu dieser Definition betrachten wir wieder den Zylinder

$$\mathbf{r} = (a\cos\varphi, a\sin\varphi, z) \quad 0 \leqq \varphi \leqq 2\pi, 0 \leqq z \leqq b,$$

der die Länge b und den Radius a hat (Fig. 60). Seine Oberfläche ist natürlich 2π ab. Benutzen wir das Ergebnis (5.41), so erhalten wir

$$|\mathbf{r}_\varphi \times \mathbf{r}_z| = a,$$

und mit (5.44) folgt

$$\text{Oberfläche des Zylinders} = \int_0^b \int_0^{2\pi} a \, d\varphi \, dz = 2\pi ab.$$

Man beachte dabei: wenn φ um $d\varphi$ wächst, durchläuft P einen Bogen der Länge $a\,d\varphi$, und wenn z um dz wächst, verschiebt sich P um dz (Fig. 60). Da diese Verschiebungen rechtwinklig zueinander sind, ist klar, daß der Inhalt eines Flächenelements

$$dS = a \, d\varphi \, dz \tag{5.45}$$

ist, was auf das obige Integral als gesamte Oberfläche führt.
Im Falle der Kugel (5.38) führen ähnliche geometrische Überlegungen (Fig. 61) zu dem Schluß, daß gilt

$$dS = a^2 \sin\vartheta \, d\vartheta d\varphi. \tag{5.46}$$

Also erhält man als

$$\text{gesamte Kugeloberfläche} = \int_0^{2\pi} \int_0^{\pi} a^2 \sin\vartheta \, d\vartheta \, d\varphi = 4\pi a^2,$$

was ebenfalls mit dem vertrauten elementaren Ergebnis übereinstimmt.

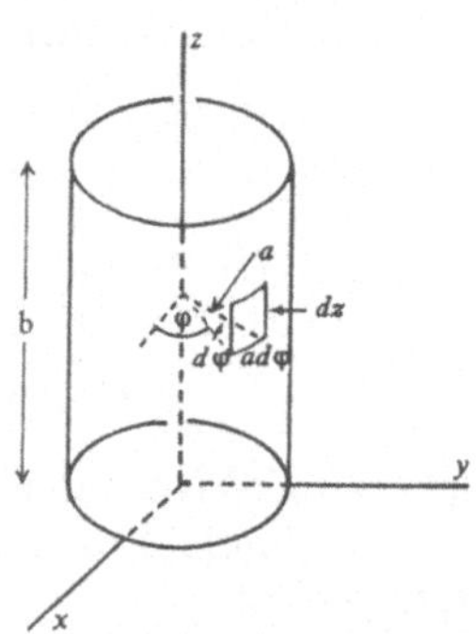

Fig. 60
Ein Flächenelement bei einer Zylinderoberfläche

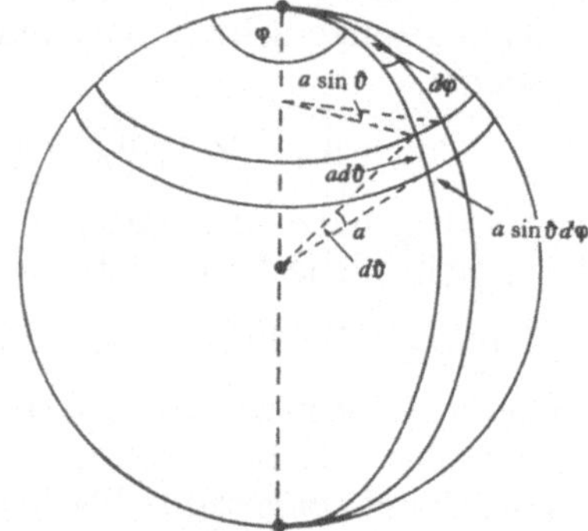

Fig. 61
Ein Flächenelement bei einer Kugeloberfläche

Koordinatenflächen. Seien u, v, w krummlinige Koordinaten, die relativ zu einem rechtwinkligen kartesischen Koordinatensystem durch die Relationen

$$\mathbf{r} = \mathbf{r}(u, v, w) \tag{5.47}$$

gegeben sind. Seien u_0, v_0, w_0 Konstanten. Dann stellt jede der Gleichungen

$$\mathbf{r} = \mathbf{r}(u_0, v, w), \quad \mathbf{r} = \mathbf{r}(u, v_0, w), \quad \mathbf{r} = \mathbf{r}(u, v, w_0) \tag{5.48}$$

eine Fläche dar: diese Flächen heißen u-, v- bzw. w-Koordinatenflächen. Sind die Koordinatensysteme orthogonal, können die Normaleneinheitsvektoren und die Flächenelemente der Koordinatenflächen leicht mit Hilfe der Größen aus 4.11 ausgedrückt werden. Die Normale an die w-Koordinatenfläche ist

$$\mathbf{n} = \frac{\mathbf{r}_u \times \mathbf{r}_v}{|\mathbf{r}_u \times \mathbf{r}_v|} = \frac{\mathbf{r}_u}{|\mathbf{r}_u|} \times \frac{\mathbf{r}_v}{|\mathbf{r}_v|},$$

wobei wir die Tatsache benutzt haben, daß $\mathbf{r}_u$ und $\mathbf{r}_v$ senkrecht aufeinander stehen. Nach den Definitionen in (4.71) ist $h_1 = |\mathbf{r}_u|$ und $h_2 = |\mathbf{r}_v|$. Wenden wir auch noch (4.72) an und beachten, daß die $\mathbf{e}_u$, $\mathbf{e}_v$, $\mathbf{e}_w$ ein rechtsorientiertes orthonormales Tripel bilden, so gilt

$$\mathbf{n} = \mathbf{e}_u \times \mathbf{e}_v = \mathbf{e}_w.$$

Ähnlich ergibt sich, daß die Normalen an die u- und v-Koordinatenflächen $\mathbf{e}_u$ bzw. $\mathbf{e}_v$ sind. (Die hier benutzte Orientierung der Koordinatenflächen ist die übliche.)
Das Flächenelement der w-Koordinatenfläche ist

$$dS = |\mathbf{r}_u \times \mathbf{r}_v| \, du \, dv = h_1 h_2 \, du \, dv;$$

und analog sind die Flächenelemente der u-, v-Koordinatenflächen durch $h_2 h_3 \, dv \, dw$ bzw. $h_1 h_3 \, du \, dw$ gegeben.
Als Beispiel behandeln wir Zylinderkoordinaten R, φ, z, die durch

$$\mathbf{r} = (R \cos \varphi, R \sin \varphi, z)$$

definiert sind. Die Koordinatenfläche $R = a$ ist ein Zylinder mit der Achse Oz. Aus dem gesagten und Gleichung (4.77) in 4.11 folgt, daß der Normaleneinheitsvektor an diese Fläche

$$\mathbf{n} = \mathbf{e}_R = (\cos \varphi, \sin \varphi, 0)$$

ist, in Übereinstimmung mit (5.42). Weiterhin folgt aus Gleichung (4.76) in 4.11 ($h_1 = 1$, $h_2 = R$), daß das Flächenelement des Zylinders $R = a$

$$dS = h_1 h_2 \, d\varphi \, dz = a \, d\varphi \, dz$$

ist in Übereinstimmung mit (5.45).

Andere Gleichungen für Flächen. Betrachten wir noch einmal die Fläche mit der Parameterdarstellung

$$x = x(u, v), \quad y = y(u, v), \quad z = z(u, v).$$

Wenn wir die ersten beiden Gleichungen benutzen, um u und v als Funktionen von x und y auszurechnen, und das Ergebnis in die dritte Gleichung einsetzen, erhalten wir

$$z = f(x, y) \tag{5.49}$$

als Gleichung der Fläche. Auf diese Darstellung wurde schon früher hingewiesen (in (5.27)). Es läßt sich zeigen, daß sie möglich ist, wenn kein Teil der Fläche (dessen Inhalt ungleich Null ist) aus Parallelen zur z-Achse besteht; d. h. die Normale nicht parallel zur xy-Ebene ist. Natürlich kann man noch einige Bemerkungen darüber machen, wann eine Fläche in der Form $x = g(y, z)$ oder $y = h(z, x)$ dargestellt werden kann.
Der Teil der Kugel mit dem Radius a und dem Mittelpunkt im Ursprung, der im Bereich $z \geqq 0$ liegt, kann beispielsweise dargestellt werden durch

$$z = (a^2 - x^2 - y^2)^{1/2}, \quad (x^2 + y^2 \leqq a^2),$$

was die Form (5.49) hat. Andererseits kann man einen Zylinder mit dem Radius a und der Achse Oz nicht in der Form (5.49) darstellen. Seine Darstellung in rechtwinkligen kartesischen Koordinaten ist nämlich $x^2 + y^2 = a^2$, die Variable z taucht darin gar nicht auf.

Übungsaufgaben. 26. Mit Hilfe der Definition (5.40) zeige man, daß der Normaleneinheitsvektor an die Kugel $\mathbf{r} = (a \sin\vartheta \cos\varphi, a \sin\vartheta \sin\varphi, a \cos\vartheta)$ gegeben ist durch $\mathbf{n} = (\sin\vartheta \cos\varphi, \sin\vartheta \sin\varphi, \cos\vartheta)$. Außerdem benutze man die Definition (5.44), um zu zeigen, daß das Kugelstück zwischen den Ebenen $\varphi = \varphi_0$ und $\varphi = \varphi_0 + \alpha$ den Flächeninhalt $2\alpha\, a^2$ hat.

27. Man zeige, daß die Fläche $\mathbf{r} = (r \cos\varphi, r \sin\varphi, r\sqrt{3})$, mit $0 \leqq r < \infty$, $0 \leqq \varphi \leqq 2\pi$ ein unendlich langer Kegel mit dem Scheitel im Ursprung und der Achse Oz ist, dessen Halböffnungswinkel 30° beträgt. Man bestimme 1. den Normaleneinheitsvektor $\mathbf{n}$ für alle Punkte und 2. das Flächenelement.

28. Man beschreibe (in geometrischen Begriffen) die Flächen mit der Parameterdarstellung

a) $\mathbf{r} = (a \cos u, b \sin u, v), \quad 0 \leqq u \leqq 2\pi, \quad -\infty < v < \infty;$

b) $\mathbf{r} = (a \cosh u, b \sinh u, v), \quad -\infty < u < \infty \quad -\infty < v < \infty.$

Im Falle a) schreibe man die Gesamtfläche zwischen den Ebenen $z = 0$ und $z = 2$ als Integral von u.

29. Man berechne den Inhalt der Fläche mit der Parameterdarstellung
$\mathbf{r} = (u \cos v, u \sin v, u^2)$, $0 \leqq u \leqq 1$, $0 \leqq v \leqq 2\pi$.

30. Man stelle die Kegelfläche aus Aufgabe 27 in der Form $z = f(x, y)$ dar.

31. Die Projektion der Fläche $z = f(x, y)$ auf die xy-Ebene sei der Bereich R. Man zeige, daß der Inhalt der Fläche durch

$$\iint_R (1 + f_x^2 + F_y^2)^{1/2}\, dx\, dy,$$

gegeben ist, wobei die Indizes die partiellen Ableitungen nach x und y bezeichnen. Außerdem zeige man, daß der Normaleneinheitsvektor in einem beliebigen Punkt gegeben ist durch

$$\pm \frac{(f_x, f_y, -1)}{\sqrt{(f_x^2 + f_y^2 + 1)}}.$$

Hinweis. Man wähle für die Fläche die Parameterdarstellung $\mathbf{r} = (x, y, f(x, y))$.

5.6. Das Oberflächenintegral

Sei S eine einfache Fläche mit der Parameterdarstellung $\mathbf{r} = \mathbf{r}(u, v)$, und sei R der Bereich in der xy-Ebene, der aus den S entsprechenden Punkten besteht. Ein Skalarfeld Ω und ein Vektorfeld $\mathbf{F}$ seien in allen Punkten von S definiert. Auf S gilt dann $\Omega = \Omega(u, v)$ und $\mathbf{F} = \mathbf{F}(u, v)$.
Wir definieren das Oberflächenintegral von Ω und $\mathbf{F}$ auf S folgendermaßen:

$$\int_S \Omega\, dS = \iint_R \Omega(u, v)\, |\mathbf{r}_u \times \mathbf{r}_v|\, du\, dv; \tag{5.50}$$

$$\int_S \mathbf{F} \cdot \mathbf{dS} = \int_S \mathbf{F} \cdot \mathbf{n}\, dS = \iint_R \mathbf{F}(u, v) \cdot (\mathbf{r}_u \times \mathbf{r}_v)\, du\, dv. \tag{5.51}$$

Dabei ist dS *als Flächenelement interpretiert und* **dS** *eine Abkürzung für* **n** dS, *wenn* $\mathbf{n} = (\mathbf{r}_u \times \mathbf{r}_v)/|\mathbf{r}_u \times \mathbf{r}_v|$ *der Normeleneinheitsvektor ist.*
In rechtwinkligen kartesischen Koordinaten sei $\mathbf{F} = F_1\, \mathbf{i} + F_2\, \mathbf{j} + F_3\, \mathbf{k}$. Wir definieren

$$\int_S \mathbf{F}\, dS = \left(\int_S F_1\, dS\right)\mathbf{i} + \left(\int_S F_2\, dS\right)\mathbf{j} + \left(\int_S F_3\, dS\right)\mathbf{k}. \tag{5.52}$$

Der Normaleneinheitsvektor **n** ist auch ein Vektorfeld. Also sind die Integrale

$$\int_S \Omega\, \mathbf{dS} = \int_S \Omega \mathbf{n}\, dS \tag{5.53}$$

und $$\int_S \mathbf{F} \times \mathbf{dS} = \int_S \mathbf{F} \times \mathbf{n}\, dS \tag{5.54}$$

im Sinne der Definition (5.52) sinnvoll.

Bemerkung. Viele Autoren benutzen eine etwas abgewandelte Schreibweise

$$\iint_S \Omega \, ds$$

um das Oberflächenintegral zu schreiben, womit angedeutet werden soll, daß es sich um ein Doppelintegral handelt. Ähnlich werden beim Volumenintegral im nächsten Abschnitt oft drei Integralzeichen benutzt um anzudeuten, daß das Volumenintegral ein dreifaches Integral ist. Trotzdem kann die hier benutzte kürzere Schreibweise nicht zu Verwechslungen führen, wenn man die Definitionen von Oberflächen- und Volumenintegral im Gedächtnis hat.

Beispiel 15. Man berechne $\int_S \Omega \, ds$ für die folgenden Fälle:

a) $\Omega = x^2 + y^2$ und S ist die Kugeloberfläche $x^2 + y^2 + z^2 = a^2$;
b) $\Omega = x^2 + y^2$ und S ist die Oberfläche des Würfels $|x| \leqq a$, $|y| \leqq a$, $|z| \leqq a$;
c) $\Omega = (b^2 x^2/a^2 + a^2 y^2/b^2)^{1/2}$ und S ist die gekrümmte Fläche des elliptischen Zylinders $x^2/a^2 + y^2/b^2 = 1$, $|z| \leqq c$.

Lösung. a) Die Parameterdarstellung der Kugel ist

$$x = a \sin \vartheta \cos \varphi, \quad y = a \sin \vartheta \sin \varphi, \quad z = a \cos \vartheta$$

mit $0 \leqq \vartheta \leqq \pi$, $0 \leqq \varphi \leqq 2\pi$. Damit gilt auf S

$$\Omega = a^2 \sin^2 \vartheta.$$

Außerdem ist $dS = a^2 \sin \vartheta \, d\vartheta \, d\varphi$. Also folgt

$$\int_S \Omega \, dS = \int_0^{2\pi} \int_0^{\pi} a^4 \sin^3 \vartheta \, d\vartheta \, d\varphi = \frac{8}{3} \pi a^4.$$

b) Das Integral wird berechnet, indem die 6 Seitenflächen des Würfels einzeln behandelt werden. Auf den zwei Seiten $z = \pm a$, die parallel zur xy-Ebene sind, gilt $dS = dxdy$. Daher liefern die beiden Seiten zum Integral den Beitrag

$$C_1 = 2 \int_{-a}^{a} \int_{-a}^{a} (x^2 + y^2) \, dx \, dy = \frac{16}{3} a^4.$$

Auf den Seiten $x = \pm a$ ist $\Omega = a^2 + y^2$ und $dS = dydz$. Also erhält man von den beiden Seitenflächen den Beitrag

$$C_2 = 2 \int_{-a}^{a} \int_{-a}^{a} (a^2 + y^2) \, dy \, dz = \frac{32}{3} a^4.$$

Schließlich liefern die Seiten $y = \pm a$ den Beitrag

$$C_3 = 2 \int_{-a}^{a} \int_{-a}^{a} (x^2 + a^2)\, dx\, dz = \frac{32}{3} a^4.$$

Zusammengenommen gilt

$$\int_S \Omega\, dS = C_1 + C_2 + C_3 = \frac{80}{3} a^4.$$

c) Als Parameterdarstellung der elliptischen Zylinderfläche kann man

$$\mathbf{r} = (a \cos \vartheta, b \sin \vartheta, z)$$

wählen mit $0 \leqq \vartheta \leqq 2\pi$, $-c \leqq z \leqq c$. Dann gilt

$$\mathbf{r}_\vartheta = (-a \sin \vartheta, b \cos \vartheta, 0),$$
$$\mathbf{r}_z = (0, 0, 1),$$

was $\quad |\mathbf{r}_\vartheta \times \mathbf{r}_z| = |(b \cos \vartheta, a \sin \vartheta, 0)| = (b^2 \cos^2 \vartheta + a^2 \sin^2 \vartheta)^{1/2}$

liefert. Also ist

$$dS = (b^2 \cos^2 \vartheta + a^2 \sin^2 \vartheta)^{1/2}\, d\vartheta\, dz.$$

Auf S gilt

$$\Omega = (b^2 \cos^2 \vartheta + a^2 \sin^2 \vartheta)^{1/2},$$

und daraus folgt

$$\int_S \Omega\, dS = \int_{-c}^{c} \int_{0}^{2\pi} (b^2 \cos^2 \vartheta + a^2 \sin^2 \vartheta)\, d\vartheta\, dz = 2\pi c\, (a^2 + b^2).$$

Beispiel 16. Sei $\mathbf{r}$ der Ortsvektor des Punktes P relativ zum Ursprung O. Man berechne

$$\int_S \mathbf{r} \cdot \mathbf{dS},$$

wenn S die gekrümmte Fläche des Zylinders $x^2 + y^2 = a^2$, $0 \leqq z \leqq 2a$ ist.

Lösung. Eine einfache geometrische Überlegung zeigt (Fig. 62) für Punkte P, die auf S liegen:

$$\mathbf{r} \cdot \mathbf{n} = OP \cos \alpha = a. \qquad (\alpha = \text{Winkel zwischen } \mathbf{r} \text{ und } \mathbf{n})$$

Es folgt

$$\int_S \mathbf{r} \cdot \mathbf{dS} = \int_S a\, dS = a \times (\text{Fläche von S}) = 4\pi a^3.$$

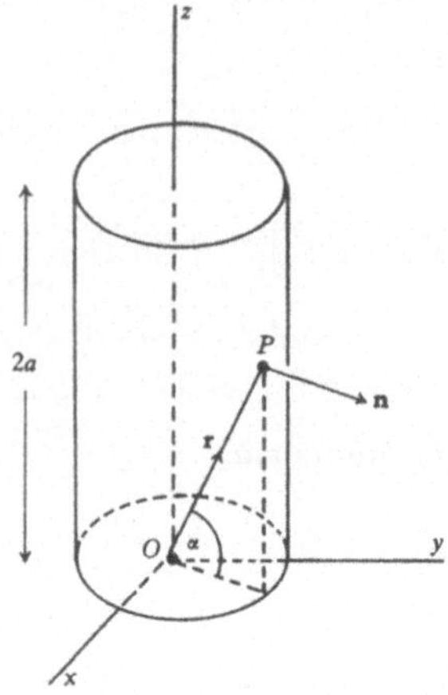

Fig. 62

Beispiel 17. Sei S die Oberfläche der Kugel

$$\mathbf{r} = (a \sin \vartheta \cos \varphi,\ a \sin \vartheta \sin \varphi,\ a \cos \vartheta)$$

mit $0 \leqq \vartheta \leqq \pi$, $0 \leqq \varphi \leqq 2\pi$. Man zeige, daß gilt

$$\int_S (x^2 + y^2)\, \mathbf{dS} = \mathbf{0}.$$

Lösung. Der Normaleneinheitsvektor der Kugeloberfläche ist vom Mittelpunkt im Ursprung weggerichtet. Also gilt

$$\mathbf{n} = \hat{\mathbf{r}} = \mathbf{i} \sin \vartheta \cos \varphi + \mathbf{j} \sin \vartheta \sin \varphi + \mathbf{k} \cos \vartheta.$$

(Dieses Ergebnis läßt sich natürlich auch aus der Definition des Normaleneinheitsvektors in (5.40) ableiten.) Es gilt $dS = a^2 \sin \vartheta\, d\vartheta\, d\varphi$ und auf S auch $x^2 + y^2 = a^2 \sin^2 \vartheta$. Also ist

$$\begin{aligned}
\int_S (x^2 + y^2)\, \mathbf{dS} &= \int_0^{2\pi} \int_0^{\pi} a^4 \sin^3 \vartheta\, (\mathbf{i} \sin \vartheta \cos \varphi + \mathbf{j} \sin \vartheta \sin \varphi + \mathbf{k} \cos \vartheta)\, d\vartheta\, d\varphi \\
&= \mathbf{i} \int_0^{2\pi} \int_0^{\pi} a^4 \sin^4 \vartheta \cos \varphi\, d\vartheta\, d\varphi + \\
&\quad + \mathbf{j} \int_0^{2\pi} \int_0^{\pi} a^4 \sin^4 \vartheta \sin \varphi\, d\vartheta\, d\varphi + \\
&\quad + \mathbf{k} \int_0^{2\pi} \int_0^{\pi} a^4 \sin^3 \vartheta \cos \vartheta\, d\vartheta\, d\varphi.
\end{aligned}$$

Integrieren wir zuerst nach φ und beachten, daß

$$\int_0^{2\pi} \cos \varphi\, d\varphi = \int_0^{2\pi} \sin \varphi\, d\varphi = 0$$

gilt, so folgt

$$\int_S (x^2 + y^2)\, \mathbf{dS} = 2\pi a^4 \left[\frac{1}{4} \sin^4 \vartheta\right]_0^{\pi} \mathbf{k} = 0.$$

Bemerkung. Das obige Ergebnis kann auch mit Hilfe einer einfachen Symmetrieüberlegung erhalten werden; Fig. 63 zeigt, daß sich die Beiträge zum Integral vom Flächenelement $\mathbf{dS}_1$ und $\mathbf{dS}_2$, die sich auf der Diagonalen gegenüberliegen, aufheben. Der Wert von $x^2 + y^2$ ist an jedem Ende der Diagonalen der gleiche.

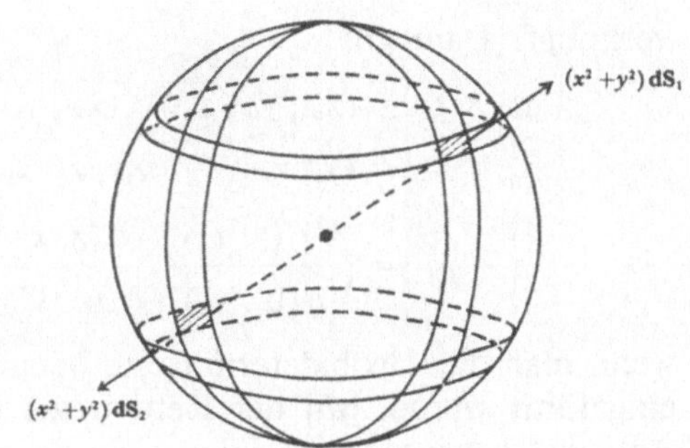

Fig. 63

Beispiel 18. Man berechne

$$\mathbf{I} = \int_S \mathbf{r}\, dS,$$

wenn S die Halbkugel $x^2 + y^2 + z^2 = a^2$, $z \geqq 0$ ist und $\mathbf{r}$ der Radiusvektor, ausgehend vom Ursprung.

Lösung. Eine Parameterdarstellung für S ist

$$\mathbf{r} = (a \sin \vartheta \cos \varphi, a \sin \vartheta \sin \varphi, a \cos \vartheta)$$

mit $0 \leqq \vartheta \leqq \pi/2$, $0 \leqq \varphi \leqq 2\pi$. Da $dS = a^2 \sin \vartheta \, d\vartheta \, d\varphi$ ist, erhält man für die drei Komponenten von $\mathbf{I}$

$$I_1 = a^3 \int_0^{2\pi} \int_0^{\pi/2} \sin^2 \vartheta \cos \varphi \, d\vartheta \, d\varphi,$$

$$I_2 = a^3 \int_0^{2\pi} \int_0^{\pi/2} \sin^2 \vartheta \sin \varphi \, d\vartheta \, d\varphi,$$

$$I_3 = a^3 \int_0^{2\pi} \int_0^{\pi/2} \sin \vartheta \cos \vartheta \, d\vartheta \, d\varphi.$$

Also ist $I_1 = 0$, $I_2 = 0$ und $I_3 = \pi a^3$, woraus, bezogen auf das Koordinatensystem Oxyz, folgt

$$\mathbf{I} = (0, 0, \pi a^3).$$

Unabhängigkeit von der Wahl des Parameters. Seien

$$\mathbf{r} = \mathbf{r}(u, v) \quad \text{und} \quad \mathbf{r} = \mathbf{r}(u', v') \tag{5.55}$$

verschiedene Parameterdarstellungen der Fläche S, und seien u, v und u', v' durch

$$u = u(u', v') \quad \text{und} \quad v = v(u', v') \tag{5.56}$$

verknüpft. Dann gilt

$$\begin{aligned} \mathbf{r}_{u'} \times \mathbf{r}_{v'} &= (x_{u'}, y_{u'}, z_{u'}) \times (x_{v'}, y_{v'}, z_{v'}) \\ &= (y_{u'} z_{v'} - y_{v'} z_{u'}, z_{u'} x_{v'} - z_{v'} x_{u'}, x_{u'} y_{v'} - x_{v'} y_{u'}) \\ &= \left(\frac{\partial(y, z)}{\partial(u', v')}, \frac{\partial(z, x)}{\partial(u', v')}, \frac{\partial(x, y)}{\partial(u', v')}\right), \end{aligned}$$

wenn man die Jacobideterminante benutzt, die in 5.4 (Gleichung (5.30)) eingeführt wurde. Mit der Kettenregel für Jacobideterminanten, die im Anhang 2 bewiesen wird, folgt

$$\mathbf{r}_{u'} \times \mathbf{r}_{v'} = \left(\frac{\partial(y, z)}{\partial(u, v)}, \frac{\partial(z, x)}{\partial(u, v)}, \frac{\partial(x, y)}{\partial(u, v)}\right) \frac{\partial(u, v)}{\partial(u', v')} = (\mathbf{r}_u \times \mathbf{r}_v) J,$$

wenn J die Jacobideterminante der Transformation (5.56) ist. Wenden wir dieses Ergebnis und Formel (5.29) für Variablensubstitution im Doppelintegral an, so erhalten wir

$$\iint_R \varphi(u, v) |\mathbf{r}_u \times \mathbf{r}_v| \, du \, dv = \iint_{R'} \varphi(u', v') |\mathbf{r}_{u'} \times \mathbf{r}_{v'}| \, du' \, dv',$$

wobei die Integrationsgebiete R und R' jeweils S entsprechen. Nach der Definition sind das aber die Oberflächenintegrale von φ über S in den zwei Parameterdarstellungen (5.55). Es folgt: *Das Integral von* φ *über* S *ist von der speziellen Wahl des Parameters auf* S *unabhängig.* Die Bedeutung dieses Ergebnisses wird vielleicht klarer, wenn man es auf eine einfache physikalische Situation anwendet.

Sei P die abwärts gerichtete Komponente einer Kraft pro Flächeneinheit, die auf eine Fläche wirkt. Dann wirkt auf ein Flächenelement die abwärts gerichtete Kraft PdS und die gesamte abwärts gerichtete Kraft beträgt

$$\int_S P dS.$$

Um dieses Integral zu berechnen, muß man eine spezielle Parameterdarstellung der Fläche S wählen, aber aus physikalischen Gründen sollte das Ergebnis von der getroffenen Wahl unabhängig sein. Das wird durch den oben bewiesenen Satz gesichert.

Ein Oberflächenintegral, das das vektorielle Flächenelement $\mathbf{dS} = \mathbf{n}dS$ enthält, ist ebenfalls von der Wahl des Parameters unabhängig. Ändert sich aber die Orientierung der Fläche, so dreht sich die Richtung von $\mathbf{n}$ um, und das Integral ändert sein Vorzeichen.

Übungsaufgaben. 32. Man integriere

$$\int_S xyz\, dS$$

über den Teil der Einheitskugel mit dem Mittelpunkt im Ursprung, der im positiven Oktanten $x \geqq 0$, $y \geqq 0$, $z \geqq 0$ liegt.

33. Die Enden des Zylinders mit dem Radius a und der Achse Oz seien $z = 0$ und $z = 2a$. Sei S die gesamte Oberfläche des Zylinders (einschließlich der ebenen Seiten), so berechne man

$$\int_S z\, dS.$$

34. Sei S die Oberfläche der Halbkugel $x^2 + y^2 + z^2 = 1$, $z \geqq 0$, man berechne

a) $\int_S \mathbf{F} \cdot \mathbf{dS}$, b) $\int_S (\mathbf{r} \times \mathbf{k}) \times \mathbf{dS}$,

wenn $\mathbf{F} = (x^2, y^2, z^2)$, $\mathbf{r} = (x, y, z)$, $\mathbf{k} = (0, 0, 1)$ ist und wenn der Normaleneinheitsvektor von S vom Ursprung wegzeigt.

35. Man berechne

a) $\int_S \mathbf{F}\, dS$, b) $\int_S \mathbf{F} \cdot \mathbf{dS}$, c) $\int_S \mathbf{F} \times \mathbf{dS}$,

wenn $\mathbf{F} = (y + z, z + x, x + y)$ ist und S das Quadrat $0 \leqq x \leqq 1$, $0 \leqq y \leqq 1$, $z = 0$, das in Richtung der positiven z-Achse positiv orientiert ist.

36. Sei S der Teil des Kegels $\mathbf{r} = (r \cos \varphi, r \sin \varphi, r\sqrt{3})$, der zwischen den Ebenen $z = 0$ und $z = 1$ liegt. Man berechne $\int_S (1 - z)\, \mathbf{dS}$.

Hinweis. S. Übung 27 in 5.5.

37. Sei S der Teil der Ebene $2x + y + 2z = 6$, der im positiven Oktanten liegt. Sei $\mathbf{F} = (4x, y, z)$, man berechne $\int_S \mathbf{F} \cdot \mathbf{dS}$.

Man wähle die Normale von S so, daß sie vom Ursprung wegzeigt.

Hinweis. Als Parameterdarstellung der Ebene wähle man $\mathbf{r} = (x, y, 3 - x - y/2)$.

5.7. Das Volumenintegral

Sei u, v, w ein krummliniges Koordinatensystem und sei der Ortsvektor eines Punktes relativ zum rechtwinkligen kartesischen Koordinatensystem

$$\mathbf{r} = \mathbf{r}(u, v, w). \tag{5.57}$$

Sei τ ein Bereich im rechtwinkligen kartesischen Raum und sei τ' der Bereich des uvw-Raumes, der aus den τ entsprechenden Punkten besteht. Das Volumen V von τ ist dann definiert durch

$$V = \iiint_{\tau'} |(\mathbf{r}_u \times \mathbf{r}_v) \cdot \mathbf{r}_w| \, du \, dv \, dw. \tag{5.58}$$

Sei ferner Ω ein Skalarfeld auf τ, dann ist das Volumenintegral von Ω über τ definiert als

$$\int_{\tau} \Omega \, d\tau = \iiint_{\tau'} \Omega(u, v, w) \, |(\mathbf{r}_u \times \mathbf{r}_v) \cdot \mathbf{r}_w| \, du \, dv \, dw. \tag{5.59}$$

Es läßt sich mit Hilfe der Transformationsformeln für Dreifachintegrale (5.34) zeigen, daß die Integrale (5.58) und (5.59) bei einer Änderung der krummlinigen Koordinaten invariant sind (s. das entsprechende Ergebnis für Flächenintegrale, das im vorigen Abschnitt bewiesen wurde).
Wir werden nun die oben gegebenen Definitionen anschaulich interpretieren.
Vergrößert man u um den (positiven) Wert du, so verschiebt sich der Punkt $P_0(u, v, w)$ auf der u-Koordinate in $P_1(u + du, v, w)$, und $\overrightarrow{P_0 P_1} \approx \mathbf{r}_u \, du$. Ähnlich verschiebt sich P_0 mit dem Zuwachs dv in v und dw in w auf P_2 und P_3, wobei $\overrightarrow{P_0 P_2} \approx \mathbf{r}_v \, dv$ und $\overrightarrow{P_0 P_3} \approx \mathbf{r}_w \, dw$ gilt (Fig. 64). Das Element, das durch die verschiedenen Koordinatenflächen von P_0, P_1, P_2, P_3 begrenzt ist, ist annähernd ein Parallelepiped mit dem Volumen

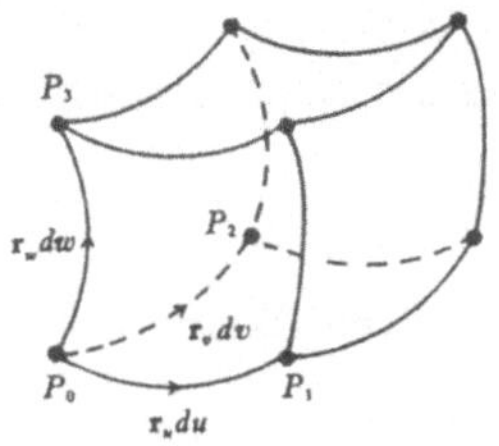

Fig. 64
Ein Volumenelement; $\overrightarrow{P_0 P_1} \approx \mathbf{r}_u \, du$, etc.

$$d\tau = |\overrightarrow{P_0 P_1} \times \overrightarrow{P_0 P_2}) \cdot \overrightarrow{P_0 P_3}| = |(\mathbf{r}_u \times \mathbf{r}_v) \cdot \mathbf{r}_w| \, du \, dv \, dw. \tag{5.60}$$

Da das Dreifachintegral (5.58) (nach Definition) der Grenzwert $du \to 0$, $dv \to 0$, $dw \to 0$ von Summen aus Termen der Form (5.60) ist, stimmt die Definition des Volumens mit dem intuitiven Volumenbegriff überein.
Sind u, v, w orthogonale krummlinige Koordinaten, so gilt

$$(\mathbf{r}_u \times \mathbf{r}_v) \cdot \mathbf{r}_w = h_1 h_2 h_3 (\mathbf{e}_u \times \mathbf{e}_v) \cdot \mathbf{e}_w = h_1 h_2 h_3$$

mit den üblichen Bezeichnungen aus 4.11, und es folgt

$$\int_\tau \Omega \, d\tau = \iiint_{\tau'} \Omega (u, v, w) \, h_1 h_2 h_3 \, du \, dv \, dw. \tag{5.61}$$

Dabei gibt es drei wichtige Fälle.

1. Rechtwinklige kartesische Koordinaten (x, y, z). In diesem Fall ist $h_1 = h_2 = h_3 = 1$, und damit gilt

$$\int_\tau \Omega \, d\tau = \iiint_\tau \Omega (x, y, z) \, dx \, dy \, dz. \tag{5.62}$$

Das Volumen von τ ist dann einfach

$$V = \iiint_\tau dx \, dy \, dz. \tag{5.63}$$

Man beachte, daß diese Formeln oft als Definition des Volumens und des Volumenintegrals genommen werden.

2. Zylinderkoordinaten (r, φ, z). Nach Gleichung (4.76) gilt $h_1 = 1$, $h_2 = R$, $h_3 = 1$, und so gilt in diesem Fall

$$\int_\tau \Omega \, d\tau = \iiint_{\tau'} \Omega (R, \varphi, z) \, R \, dR \, d\varphi \, dz. \tag{5.64}$$

Also ist das Volumen von τ

$$V = \iiint_{\tau'} R \, dR \, d\varphi \, dz. \tag{5.65}$$

3. Sphärische Polarkoordinaten (r, ϑ, φ). In diesem Fall liefert Gleichung (4.74) $h_1 = 1$, $h_2 = r$, $h_3 = r \sin\vartheta$, und somit gilt

$$\int_\tau \Omega \, d\tau = \iiint_{\tau'} \Omega (r, \vartheta, \varphi) \, r^2 \sin\vartheta \, dr \, d\vartheta \, d\varphi. \tag{5.66}$$

Also ist

$$V = \iiint_{\tau'} r^2 \sin\vartheta \, dr \, d\vartheta \, d\varphi. \tag{5.67}$$

Beispiel 19. Man berechne

$$I = \int_\tau \exp(-(x^2 + y^2 + z^2)) \, d\tau,$$

wenn τ der ganze Raum ist.

Lösung. Um den ganzen Raum zu überdecken, müssen x, y und z von $-\infty$ nach ∞ laufen. Dann gilt

$$I = \int_{-\infty}^{\infty} \int_{-\infty}^{\infty} \int_{-\infty}^{\infty} \exp\left[-(x^2 + y^2 + z^2)\right] dx\, dy\, dz$$

$$= \left(\int_{-\infty}^{\infty} e^{-x^2} dx\right)\left(\int_{-\infty}^{\infty} e^{-y^2} dy\right)\left(\int_{-\infty}^{\infty} e^{-z^2} dz\right).$$

Wenden wir das Ergebnis von Beispiel 9 aus 5.4

$$\int_{-\infty}^{\infty} e^{-x^2} dx = 2\int_0^{\infty} e^{-x^2} dx = \sqrt{\pi}$$

an, so folgt

$$I = \pi^{3/2}.$$

Beispiel 20. Sei τ der Teil der Kugel, der durch $x^2 + y^2 + z^2 \leqq a^2$ und $x \geqq 0$, $y \geqq 0$, $z \geqq 0$ definiert ist. Man berechne $I = \int_\tau r^2\, d\tau$.

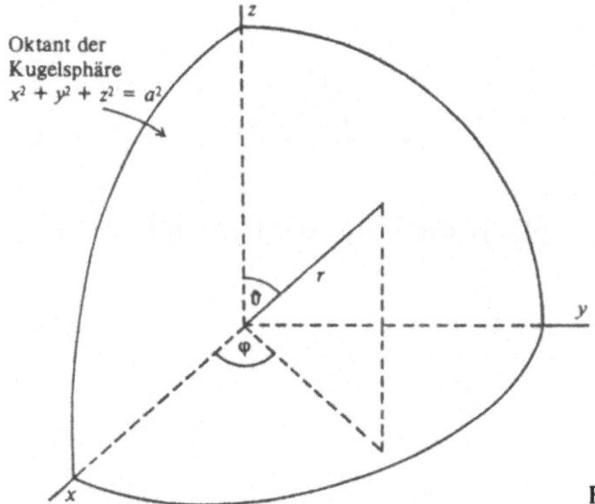

Fig. 65

Lösung. Der Integrationsbereich τ ist in Fig. 65 dargestellt. Er wird überdeckt, wenn r von 0 nach a und ϑ und φ von 0 nach $\pi/2$ laufen. Da $d\tau = r^2 \sin\vartheta\, dr\, d\vartheta\, d\varphi$ ist, gilt

$$I = \int_0^{\pi/2} \int_0^{\pi/2} \int_0^{a} r^4 \sin\vartheta\, dr\, d\vartheta\, d\varphi$$

$$= \left(\int_0^{a} r^4\, dr\right)\left(\int_0^{\pi/2} \sin\vartheta\, d\vartheta\right)\left(\int_0^{\pi/2} d\varphi\right) = \frac{1}{10}\,\pi a^5.$$

Übungsaufgaben. 38. Sei τ der Bereich $R \leqq a$, $0 \leqq z \leqq b$ in Zylinderkoordinaten R, φ, z. Man berechne $\int_\tau (R^2 + bz)^{1/2}\, d\tau$.

39. Sei τ das Innere des Halbzylinders $0 \leqq x \leqq \sqrt{(a^2 - y^2)}$, $0 \leqq z \leqq 2a$. Man zeige, daß gilt

$$\int_\tau x\, d\tau = \frac{4}{3} a^4.$$

40. Man berechne in sphärischen Polarkoordinaten r, ϑ, φ

$$\int_\tau r^2 \sin^2 \vartheta\, d\tau,$$

wenn τ der Teil des positiven Oktanten ist, der von der Kugel $r = a$ begrenzt wird.

41. Parabolische Koordinaten u, v, w werden so definiert, daß der Ortsvektor $\mathbf{r} = ((u^2 - v^2)/2, uv, -w)$ ist. Man zeige, daß das Volumenelement in diesen Koordinaten durch $d\tau = (u^2 + v^2)\, du\, dv\, dw$ gegeben ist.
Man zeige, daß der Bereich τ, der durch die parabolischen Flächen $y^2 = 1 + 2x$, $y^2 = 1 - 2x$ und die Ebenen $z = 0$ und $z = 1$ gegeben ist, in parabolischen Koordinaten dargestellt wird durch $-1 \leqq u \leqq 1$, $0 \leqq v \leqq 1$, $-1 \leqq w \leqq 0$. Man berechne $\int_\tau z\, d\tau$.

6. Integralsätze

6.1. Einführung

In Kapitel 4 wurden Skalar- und Vektorfelder definiert und die Eigenschaften von Gradient, Divergenz und Rotation diskutiert; in Kapitel 5 wurden verschiedene Integrale von Skalar- und Vektorfeldern behandelt, und die Technik ihrer Integration wurde geübt. Damit ist die Grundlage für die beiden *wichtigsten Sätze der Vektoranalysis* gelegt: 1. der Satz über die Divergenz (auch Gaußscher Satz genannt), der das Integral eines Vektorfeldes **F** über eine geschlossene Fläche S mit dem Volumenintegral von div **F** über den von S begrenzten Bereich verbindet; 2. der Stokessche Satz, der das Integral eines Vektorfeldes **F** entlang einer geschlossenen Kurve C mit dem Integral von rot **F** über die Fläche S, die von C begrenzt wird, verbindet. In diesem Kapitel werden wir diese Sätze und einige verwandte Ergebnisse beweisen.

6.2. Der Gaußsche Satz

Definition. 1. Eine einfache geschlossene Fläche heißt konvex, wenn sie von jeder Geraden höchstens zweimal geschnitten wird.
2. Eine einfache geschlossene Fläche heißt semi-konvex, wenn Achsen Oxyz gewählt werden können, so daß jede Parallele zu einer der Achsen, die S trifft, dies entweder in einem oder zwei Punkten tut, oder ein Stück endlicher Länge mit S gemeinsam hat.

Der Gaußsche Satz. Ein geschlossener Bereich τ sei von einer einfachen geschlossenen Fläche S begrenzt. Wenn auf τ das Vektorfeld **F** und seine Divergenz definiert sind, so gilt

$$\int_S \mathbf{F} \cdot \mathbf{dS} = \int_\tau \operatorname{div} \mathbf{F} \, d\tau. \qquad (6.1)$$

Beweis. Der Satz wird in Teil a) für einen Bereich bewiesen, der von einer konvexen Fläche S begrenzt wird. Dann wird der Satz in Teil b), c) und d) auf allgemeinere Bereiche erweitert.

a) Seien Oxyz rechtwinklige Achsen und sei R die Projektion von S auf die xy-Ebene. Sei S von R aus gesehen in einen oberen und einen unteren Teil, S_O und S_U zerlegt (Fig. 66). Von einem Punkt in R treffe eine Parallele zu Oz den Teil S_U in P und den Teil S_O in Q. Die z-Koordinaten von P und Q seien z_P und z_Q ($z_P < z_Q$). In τ werden alle Punkte (x, y, z) überdeckt, wenn x und y über R variieren und die entsprechenden z-Werte jeweils von z_P nach z_Q laufen.
Bezeichnen wir die Komponenten von **F** bezüglich der Achsen Oxyz mit F_1, F_2, F_3, so erhalten wir

$$\int_\tau \frac{\partial F_3}{\partial z} d\tau = \iiint_\tau \frac{\partial F_3}{\partial z} dx\,dy\,dz.$$

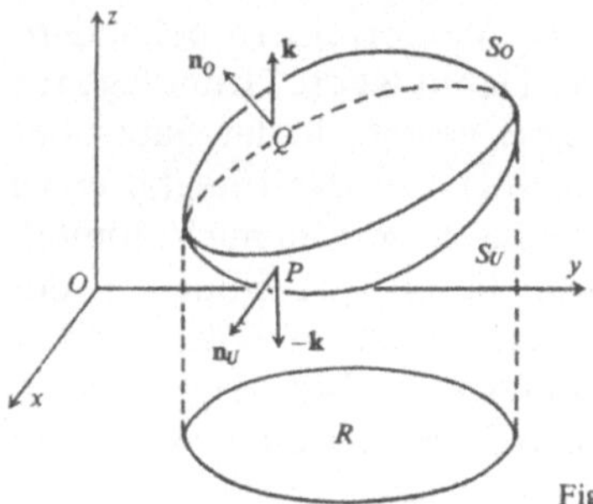

Fig. 66

Führen wir die Integration nach z aus, so wird daraus

$$\int_\tau \frac{\partial F_3}{\partial z}\, d\tau = \iint_R [F_3(x, y, z)]_{z=z_P}^{z=z_Q}\, dx\, dy.$$

$$= \iint_R F_3(x, y, z_Q)\, dx\, dy - \iint_R F_3(x, y, z_P)\, dx\, dy. \qquad (6.2)$$

Die Integrale auf der rechten Seite von (6.2) können nun in ein Integral über die Fläche S umgeformt werden.
Die Gleichung für S_O sei $z = f(x, y)$ (s. 5.5). Dann ist

$$\mathbf{r} = (x, y, f(x, y))$$

eine Parameterdarstellung von S_O, wenn x und y über alle Punkte von R variieren. Der Normaleneinheitsvektor zu S_O ist dabei

$$\mathbf{n}_O = \pm (\mathbf{r}_x \times \mathbf{r}_y)/|\mathbf{r}_x \times \mathbf{r}_y| = \pm (1, 0, f_x) \times (0, 1, f_y)/|\mathbf{r}_x \times \mathbf{r}_y|$$

$$= \pm (-f_x, -f_y, 1)/(f_x^2 + f_y^2 + 1)^{1/2},$$

wobei die Indizes die partiellen Ableitungen nach x und y bedeuten. Wie wir bereits in 5.5 sagten, ist es üblich, das Vorzeichen des Normaleneinheitsvektors auf einer geschlossenen Fläche S so zu wählen, daß er von dem eingeschlossenen Bereich wegzeigt. Die z-Komponente der Normalen zur Fläche S_O muß daher positiv sein, und wir erhalten

$$\mathbf{n}_O = (-f_x, -f_y, 1)/(f_x^2 + f_y^2 + 1)^{1/2}.$$

Bezeichnen wir das Flächenelement von S_O mit dS_O, so folgt

$$\mathbf{dS}_O = \mathbf{n}_O\, dS_O = \mathbf{r}_x \times \mathbf{r}_y\, dx\, dy = (-f_x, -f_y, 1)\, dx\, dy.$$

Damit gilt

$$\mathbf{k} \cdot \mathbf{dS}_O = dx\, dy,$$

wenn **k** wie gewöhnlich der Einheitsvektor parallel zur z-Achse ist. Beachten wir, daß die z-Komponente des Normaleneinheitsvektors der unteren Grenzfläche S_U negativ ist, so folgt auf ähnliche Weise

$$\mathbf{k} \cdot \mathbf{dS}_U = -\, dx\, dy.$$

Setzen wir diese Formeln in (6.2) ein und beachten, daß $S_O \cup S_U = S$ gilt[1]), so erhalten wir

---

[1]) Der Ausdruck $S_O \cup S_U = S$ bedeutet, daß S die „Vereinigung" von S_O und S_U ist, oder mit anderen Worten, daß S aus den zwei Teilen S_O und S_U besteht.

$$\int_\tau \frac{\partial F_3}{\partial z}\, d\tau = \int_{S_O} F_3\, \mathbf{k} \cdot \mathbf{dS}_O + \int_{S_U} F_3\, \mathbf{k} \cdot \mathbf{dS}_U = \int_S F_3\, \mathbf{k} \cdot \mathbf{dS}. \tag{6.3}$$

Ähnlich folgt

$$\int_\tau \frac{\partial F_2}{\partial y}\, d\tau = \int_S F_2\, \mathbf{j} \cdot \mathbf{dS} \tag{6.4}$$

und

$$\int_\tau \frac{\partial F_1}{\partial x}\, d\tau = \int_S F_1\, \mathbf{i} \cdot \mathbf{dS}. \tag{6.5}$$

Addieren wir (6.3), (6.4) und (6.5), so erhalten wir

$$\int_\tau \left(\frac{\partial F_1}{\partial x} + \frac{\partial F_2}{\partial y} + \frac{\partial F_3}{\partial z}\right) d\tau = \int_S (F_1\, \mathbf{i} + F_2\, \mathbf{j} + F_3\, \mathbf{k}) \cdot \mathbf{dS};$$

und es gilt

$$\int_\tau \operatorname{div} \mathbf{F}\, d\tau = \int_S \mathbf{F} \cdot \mathbf{dS},$$

womit die Behauptung bewiesen ist.

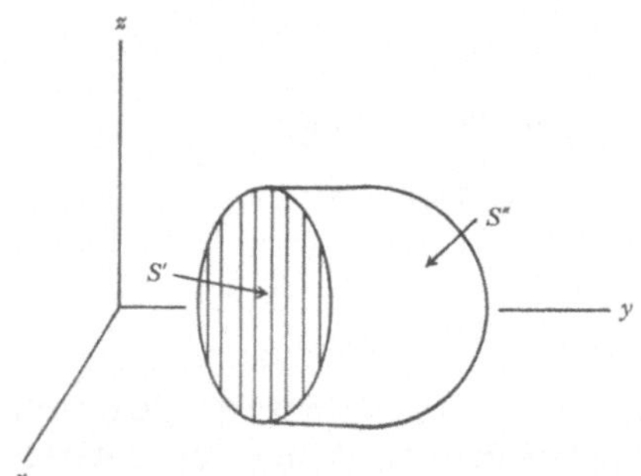

Fig. 67
S′ besteht hier aus Parallelen zur z-Achse

b) Betrachten wir nun einen Bereich τ, der von einer semi-konvexen Fläche S begrenzt wird. Dann können Teile von S aus Parallelen zu einer der Achsen bestehen. Es genügt zu zeigen, wie der Beweis aus Teil a abgeändert werden muß, wenn ein Teil S′ von S aus Parallelen zur z-Achse besteht; wir werden den von S übriggebliebenen Teil mit S″ bezeichnen (Fig. 67).

Folgen wir den Argumenten von Teil a, so erhalten wir statt (6.3)

$$\int_{S''} F_3\, \mathbf{k} \cdot \mathbf{dS}'' = \int \frac{\partial F_3}{\partial z}\, d\tau. \tag{6.6}$$

Auf S′ ist allerdings der Einheitsvektor **k** stets senkrecht zum vektoriellen Flächenelement **dS′**, und daraus folgt

$$\int_{S'} F_3\, \mathbf{k} \cdot \mathbf{dS}' = 0. \tag{6.7}$$

Da $S' \cup S'' = S$ ist, erhalten wir (6.3), wenn wir (6.6) und (6.7) addieren. Der übrige Beweis erfordert keine Änderungen und der Satz folgt wie vorher auch.

c) Wenn der Bereich τ in keine der beiden in a und b betrachteten Gruppen fällt, aber aus zwei Teilbereichen τ_1 und τ_2 besteht, die dies tun, so haben wir die in Fig. 68 gezeigte Situation. Der Satz gilt immer noch und kann folgendermaßen bewiesen werden.
Seien S_1 und S_2 die Begrenzungsflächen von τ_1 und τ_2. Aus dem bisherigen folgt der Gaußsche Satz für τ_1 und τ_2 getrennt. Also gilt

$$\int_{S_1} \mathbf{F} \cdot \mathbf{dS}_1 = \int_{\tau_1} \operatorname{div} \mathbf{F}\, d\tau_1$$

und $$\int_{S_2} \mathbf{F} \cdot \mathbf{dS}_2 = \int_{\tau_2} \operatorname{div} \mathbf{F}\, d\tau_2.$$

Durch Addition folgt, da $\tau_1 \cup \tau_2 = \tau$ gilt

$$\int_{S_1} \mathbf{F} \cdot \mathbf{dS}_1 + \int_{S_2} \mathbf{F} \cdot \mathbf{dS}_2 = \int_{\tau} \operatorname{div} \mathbf{F}\, d\tau. \tag{6.8}$$

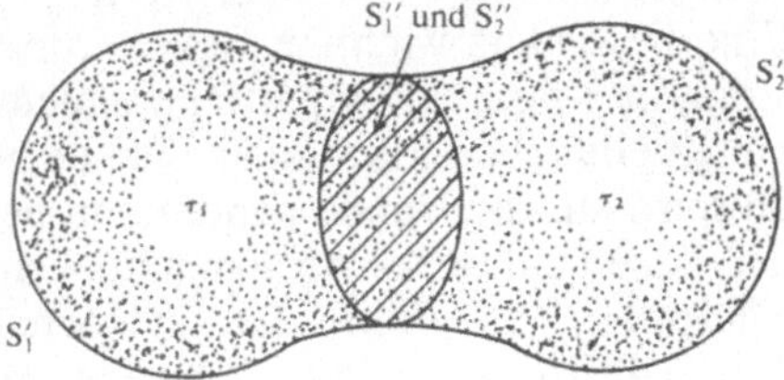

Fig. 68
S_1'' und S_2'' sind entgegengesetzte Seiten der schraffierten Fläche, die τ_1 von τ_2 teilt

Seien S_1' und S_2' die Teile von S_1 und S_2, die S (die Grenzfläche von τ) bilden. Seien die verbleibenden Teile von S_1 und S_2 mit S_1'' und S_2'' bezeichnet (Fig. 68). Diese beiden Teile fallen zusammen, und an jedem ihrer Punkte zeigen die Normaleneinheitsvektoren (die von τ_1 bzw. τ_2 wegzeigen) in entgegengesetzte Richtungen. Also gilt

$$\mathbf{F} \cdot \mathbf{dS}_1'' = -\mathbf{F} \cdot \mathbf{dS}_2'' \tag{6.9}$$

für alle Punkte von S_1'' und S_2''.

Da $S_1 = S_1' \cup S_1''$ und $S_2 = S_2' \cup S_2''$ gilt, kann man die linke Seite von (6.8) auch

$$\int_{S_1'} \mathbf{F} \cdot \mathbf{dS}_1' + \int_{S_1''} \mathbf{F} \cdot \mathbf{dS}_1'' + \int_{S_2'} \mathbf{F} \cdot \mathbf{dS}_2' + \int_{S_2''} \mathbf{F} \cdot \mathbf{dS}_2''$$

schreiben. Wenden wir (6.9) an, so sehen wir, daß sich das zweite und das vierte Integral gegenseitig aufheben, und da $S_1' \cup S_2' = S$ gilt, ergibt die Summe der verbleibenden Integrale

$$\int_S \mathbf{F} \cdot \mathbf{dS}.$$

Aus (6.8) erhalten wir also

$$\int_S \mathbf{F} \cdot \mathbf{dS} = \int_\tau \operatorname{div} \mathbf{F} \, d\tau,$$

und damit ist der Satz auch in diesem Fall bewiesen.

d) Der allgemeinste Fall, den wir hier behandeln wollen, ist der eines Bereiches τ, der in eine endliche Zahl von Bereichen τ_i ($i = 1, 2, \ldots, n$) zerlegt werden kann, die alle von semi-konvexen Flächen S_i begrenzt sind. Der oben gegebene Beweis für $n = 2$ kann auf diesen allgemeinen Fall ausgedehnt werden; wir überlassen die Einzelheiten dem Leser als Übung.

Erweiterungen auf Funktionen mit unstetigen Ableitungen. Beim Gaußschen Satz wurde über das Vektorfeld **F** die Voraussetzung gemacht, daß div **F** im gesamten abgeschlossenen Bereich τ existiert. Das bedeutet, daß **F** in τ stetig differenzierbar sein muß (s. 4.6). Der Satz gilt aber schon mit weniger starken Voraussetzungen.

Eine besonders wichtige Erweiterung ist die auf Vektorfelder **F**, die zwar stetig in τ sind, deren partielle Ableitungen aber Sprungstellen auf endlich vielen einfachen Flächen in τ haben können. Der gegebene Beweis schließt diesen Fall im Grunde genommen bereits ein. Der einzige Punkt, auf den der Leser aufmerksam gemacht werden muß, ist die Integration, die zu Gleichung (6.2) führt. Sie ist noch erlaubt, da der Integrand $\partial F_3/\partial z$ im Intervall $z_P \leqq z \leqq z_Q$ höchstens endlich viele Unstetigkeitsstellen hat; das Riemannsche Integral solcher Funktionen existiert ganz sicher noch[1]).

Obwohl div **F** auf den Flächen, auf denen die partiellen Ableitungen von **F** nicht stetig sind, nicht existiert, ist es üblich, die Gleichung (6.1) ungeändert zu lassen. Genaugenommen müßten wir div **F** auf den Unstetigkeitsflächen durch $\partial F_1/\partial x + \partial F_2/\partial y + \partial F_3/\partial z$ ersetzen.

---

[1]) Siehe Fußnote 1, S. 131.

Beispiele von Bereichen, für die der Beweis durchgeführt wurde. Zwei spezielle Bereiche, für die der Gaußsche Satz gilt, sind so wichtig, daß sie hier aufgeführt werden sollen.
Zuerst wird der Satz auf einen Bereich angewendet, der von einem Torus begrenzt wird. Wählen wir Koordinaten Oxyz, so daß O im Mittelpunkt des Torus liegt und Oz senkrecht auf seiner Mittelebene steht (Fig. 69). Der Teil des Torus, der im Bereich $x \geqq 0$, $y \geqq 0$ liegt, wird von einer semikonvexen Fläche begrenzt; der übrige Torus kann in drei ähnliche Teile zerlegt werden, von denen jeder von einer semi-konvexen Fläche begrenzt wird. Aus Teil d) des Beweises folgt, daß der Gaußsche Satz für den Torus gültig ist.

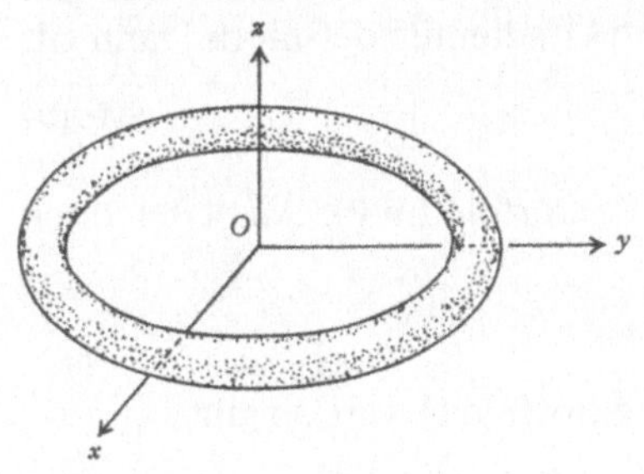

Fig. 69
Torus

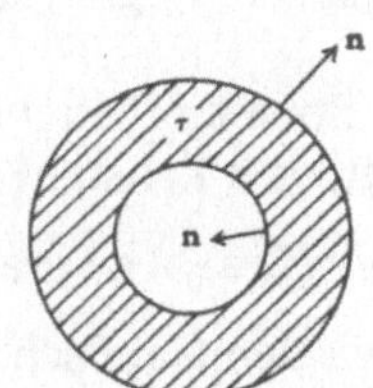

Fig. 70
Der Bereich τ zwischen zwei Kugeln

Zweitens kann der Gaußsche Satz auf einen Bereich τ angewendet werden, der von zwei konzentrischen Kugeln begrenzt wird. Dabei wird das Integral

$$\int_S \mathbf{F} \cdot d\mathbf{S}$$

über beide, die innere und die äußere Grenzfläche genommen. Auf beiden Flächen zeigt der Normaleneinheitsvektor vom eingeschlossenen Bereich τ weg (Fig. 70). Dies kann man ausnutzen, wenn man ein Koordinatensystem Oxyz wählt, so daß der Ursprung im gemeinsamen Mittelpunkt der Kugeln liegt. Der Gaußsche Satz wird dann auf die Teile von τ angewendet, die jeweils in einem Oktanten liegen. Wir überlassen die Ausführung dem Leser.

Beispiel 1. Die Vektorfelder **F** und **G** haben stetige Ableitungen erster Ordnung auf dem gesamten geschlossenen Bereich τ, der von einer einfachen geschlossenen Fläche S begrenzt werde. In jedem Punkt von S sei $\mathbf{F} \times \mathbf{G}$ tangential zur Oberfläche von τ. Man zeige, daß gilt

$$\int_\tau \mathbf{F} \cdot \operatorname{rot} \mathbf{G} \, d\tau = \int_\tau \mathbf{G} \cdot \operatorname{rot} \mathbf{F} \, d\tau.$$

Lösung. Wir betrachten die Identität (4.52), nämlich

$$\operatorname{div}(\mathbf{F} \times \mathbf{G}) = \mathbf{G} \cdot \operatorname{rot} \mathbf{F} - \mathbf{F} \cdot \operatorname{rot} \mathbf{G}.$$

Da die Bedingungen des Gaußschen Satzes erfüllt sind, gilt

$$\int_S (\mathbf{F} \times \mathbf{G}) \cdot \mathbf{dS} = \int_\tau \operatorname{div}(\mathbf{F} \times \mathbf{G})\, d\tau = \int_\tau (\mathbf{G} \cdot \operatorname{rot} \mathbf{F} - \mathbf{F} \cdot \operatorname{rot} \mathbf{G})\, d\tau.$$

Da aber $\mathbf{dS} = \mathbf{n} dS$ ist und $\mathbf{F} \times \mathbf{G}$ überall tangential zu S (und damit senkrecht zu $\mathbf{n}$), folgt $(\mathbf{F} \times \mathbf{G}) \cdot \mathbf{n} = 0$. Damit ist das Oberflächenintegral auf der linken Seite Null, und es folgt die Behauptung.

Beispiel 2 (Wichtiger Zusatz zum Gaußschen Satz). Sei τ ein Bereich, der durch eine einfache geschlossene Fläche S begrenzt wird. Sei auf τ ein Skalarfeld Ω zusammen mit seinem Gradienten definiert. Dann gilt

$$\int_S \Omega\, \mathbf{dS} = \int_\tau \operatorname{grad} \Omega\, d\tau. \tag{6.10}$$

Beweis. Sei $\mathbf{a}$ ein beliebiges konstantes Vektorfeld ($\neq \mathbf{0}$). Aus Gleichung (4.49) folgt, da $\mathbf{a}$ konstant ist,

$$\operatorname{div}(\Omega\, \mathbf{a}) = \mathbf{a} \cdot \operatorname{grad} \Omega.$$

Wenden wir den Gaußschen Satz auf das Vektorfeld $\Omega\, \mathbf{a}$ an, so gilt

$$\int_S \Omega \mathbf{a} \cdot \mathbf{dS} = \int_\tau \operatorname{div}(\Omega \mathbf{a})\, d\tau = \int_\tau \mathbf{a} \cdot \operatorname{grad} \Omega\, d\tau.$$

Da $\mathbf{a}$ konstant ist, kann man auch schreiben

$$\mathbf{a} \cdot \left(\int_S \Omega\, \mathbf{dS} - \int_\tau \operatorname{grad} \Omega\, d\tau \right) = 0.$$

Setzen wir

$$\int_S \Omega\, \mathbf{dS} - \int_\tau \operatorname{grad} \Omega\, d\tau = \mathbf{F},$$

so folgt, daß die $\mathbf{F}$-Komponente parallel zu $\mathbf{a}$ Null ist. Da die Richtung von $\mathbf{a}$ beliebig gewählt war, gilt $\mathbf{F} = \mathbf{0}$, und damit das gewünschte Ergebnis.

Übungsaufgaben. 1. Man berechne mit Hilfe des Gaußschen Satzes

$$\int_S \mathbf{F} \cdot \mathbf{dS}$$

wenn $\mathbf{F} = (x^3, y^3, z^3)$ und S die Kugel $x^2 + y^2 + z^2 = a^2$ ist. Man prüfe das Ergebnis, indem man das Oberflächenintegral direkt berechne.

2. Ein Skalarfeld Ω habe stetige Ableitungen zweiter Ordnung in einem geschlossenen Bereich τ, der von einer einfachen geschlossenen Fläche S begrenzt werde.

Man zeige

$$\int_S \Omega \nabla \Omega \cdot \mathbf{dS} = \int_\tau (\Omega \nabla^2 \Omega + (\nabla \Omega)^2)\, d\tau.$$

Ist $\Omega = x + y + z$, so rechne man nach, daß

$$\int_S \Omega \nabla \Omega \cdot \mathbf{dS} = 3V$$

gilt, wobei τ das Volumen V habe.

3. Man zeige

$$\int_S \mathbf{F} \times \mathbf{dS} = -\int_\tau \text{rot}\, \mathbf{F}\, d\tau,$$

und gebe die Voraussetzungen an, die **F**, τ und S erfüllen müssen, damit die Gleichung gilt.

Hinweis. Man wende den Gaußschen Satz auf das Vektorfeld $\mathbf{F} \times \mathbf{a}$ an, wenn **a** ein beliebiger konstanter Vektor ist.

4. Sei τ ein Bereich, der von einer einfachen geschlossenen Fläche S begrenzt wird und seien **F** und **G** stetig differenzierbar in τ. Man zeige

$$\int_S \mathbf{F}\, (\mathbf{G} \cdot \mathbf{dS}) = \int_\tau (\mathbf{G} \cdot \nabla)\, \mathbf{F}\, d\tau + \int_\tau \mathbf{F}\, \text{div}\, \mathbf{G}\, d\tau.$$

Hinweis. Man berechne die einzelnen Komponenten der Vektorgleichung.

5. Ein Bereich τ sei von einfachen geschlossenen Flächen S_1 und S_2 begrenzt. Liegt der Ursprung außerhalb von τ, so gilt

$$\int_{S_1} \frac{\mathbf{r} \cdot \mathbf{dS}_1}{r^3} + \int_{S_2} \frac{\mathbf{r} \cdot \mathbf{dS}_2}{r^3} = 0.$$

6. Das Skalarfeld Ω erfülle in einem Bereich τ, der von einer einfachen geschlossenen Fläche S begrenzt wird, die Laplace-Gleichung. Man zeige

$$\int_S \mathbf{n} \cdot \text{grad}\, \Omega\, dS = 0.$$

Sei S_r eine Kugel von Radius r mit dem festen Mittelpunkt O, die im Inneren von τ liegt. Man zeige

$$\frac{d}{dr}\left[\frac{1}{r^2} \int_{S_r} \Omega\, dS\right] = \frac{1}{r^2} \int_{S_r} \frac{\partial \Omega}{\partial r}\, dS.$$

In sphärischen Polarkoordinaten mit dem Ursprung O setze man
$\Omega\,(r, \vartheta, \varphi) = \Omega_r$ und prüfe

$$\int_0^{2\pi} \int_0^{\pi} (\Omega_r - \Omega_0) \sin\vartheta \, d\vartheta \, d\varphi = 0$$

nach. Sodann zeige man, daß das Maximum und das Minimum von Ω auf dem Rand S angenommen werden.

6.3. Die Greenschen Formeln

Die Skalarfelder Φ und Ψ seien zusammen mit $\nabla^2 \Phi$ und $\nabla^2 \Psi$ im ganzen geschlossenen Bereich τ, der von einer einfachen geschlossenen Fläche S begrenzt wird, definiert. Seien eventuelle Unstetigkeiten der zweiten Ableitung von Φ und Ψ endlich und auf eine endliche Zahl einfacher Flächen in τ beschränkt. Die erste Greensche Formel lautet

$$\int_S \Phi \frac{\partial \Psi}{\partial n} dS = \int_\tau (\Phi \nabla^2 \Psi + \operatorname{grad} \Phi \cdot \operatorname{grad} \Psi) \, d\tau. \tag{6.11}$$

Dabei bedeutet $\partial/\partial n$ die Richtungsableitung (s. 4.5) entlang der Normalen zu S, die nach außen zeigt. Vertauschen wir Φ und Ψ in (6.11), so erhalten wir

$$\int_S \Psi \frac{\partial \Phi}{\partial n} dS = \int_\tau (\Psi \nabla^2 \Phi + \operatorname{grad} \Psi \cdot \operatorname{grad} \Phi) \, d\tau$$

und durch Subtraktion von (6.11) folgt

$$\int_S \left(\Phi \frac{\partial \Psi}{\partial n} - \Psi \frac{\partial \Phi}{\partial n} \right) dS = \int_\tau (\Phi \nabla^2 \Psi - \Psi \nabla^2 \Phi) \, d\tau, \tag{6.12}$$

die zweite Greensche Formel.
Der Satz wird folgendermaßen bewiesen:

Beweis. Sei $\mathbf{H} = \Phi \operatorname{grad} \Psi$. Wendet man Gleichung (4.49) an, so folgt

$$\begin{aligned} \operatorname{div} \mathbf{H} &= \Phi \operatorname{div} (\operatorname{grad} \Psi) + \operatorname{grad} \Psi \cdot \operatorname{grad} \Phi \\ &= \Phi \nabla^2 \Psi + \operatorname{grad} \Phi \cdot \operatorname{grad} \Psi. \end{aligned}$$

Auf das Vektorfeld $\mathbf{H}$ wird der Gaußsche Satz angewendet, und wir erhalten

$$\int_S \Phi \operatorname{grad} \Psi \cdot \mathbf{dS} = \int_\tau (\Phi \nabla^2 \Psi + \operatorname{grad} \Phi \cdot \operatorname{grad} \Psi) \, d\tau.$$

Es gilt aber $\Phi \operatorname{grad} \Psi \cdot \mathbf{dS} = \Phi \mathbf{n} \cdot \operatorname{grad} \Psi \, dS = \Phi (\partial \Psi/\partial n) \, dS$. Damit folgt (6.11).

Laplace-Gleichung: Ein Eindeutigkeitssatz. Sei τ ein geschlossener Bereich, der von einer einfachen geschlossenen Fläche S begrenzt wird, und sei Ω ein Skalarfeld mit

1. Ω erfülle die Laplace-Gleichung in τ; (6.13)

2. die Werte von Ω auf S seien bekannt. (6.14)

Dann ist Ω eindeutig bestimmt.

Beweis. Wir nehmen an, es gebe zwei Skalarfelder Ω, etwa Ω_1 und Ω_2, die die Bedingungen 1 und 2 erfüllen. Dann gilt

$$\nabla^2 \Omega_1 = 0, \quad \nabla^2 \Omega_2 = 0 \quad \text{auf ganz } \tau;$$

und $\quad \Omega_1 = \Omega_2 \quad$ in allen Punkten von S.

Sei $\quad \Phi = \Omega_1 - \Omega_2.$ (6.15)

Dann gilt, da ∇^2 ein linearer Operator ist,

$$\nabla^2 \Phi = \nabla^2 \Omega_1 - \nabla^2 \Omega_2 = 0 \quad \text{in ganz } \tau;$$

und ferner

$$\Phi = 0 \quad \text{auf S.}$$

Wenden wir die Greensche Formel (6.11) mit $\Phi = \Psi$ an, erhalten wir

$$\int_\tau (\text{grad } \Phi)^2 \, d\tau = 0. \tag{6.16}$$

Nun gilt stets $(\text{grad } \Phi)^2 \geqq 0$. Nehmen wir an, daß $(\text{grad } \Phi)^2 > 0$ sei in irgendeinem Punkt P im Inneren von τ. Dann folgt aus der Stetigkeit von grad Φ in τ (die Existenz von grad Φ sichert das), daß es ein Gebiet, etwa τ_1, geben muß, das P enthält und in dem $(\text{grad } \Phi)^2 > 0$ gilt. Es gilt dann auch

$$\int_{\tau_1} (\text{grad } \Phi)^2 \, d\tau_1 > 0.$$

Da das Integral von $(\text{grad } \Phi)^2$ über den verbleibenden Teil von τ nicht negativ sein kann, folgt

$$\int_\tau (\text{grad } \Phi)^2 \, d\tau > 0,$$

was aber (6.16) widerspricht. Wir können schließen, daß grad $\Phi = \mathbf{0}$ in allen Punkten von τ gilt. Für die Komponenten heißt das

$$\frac{\partial \Phi}{\partial x} = 0, \quad \frac{\partial \Phi}{\partial y} = 0, \quad \frac{\partial \Phi}{\partial z} = 0,$$

was bedeutet, daß Φ unabhängig von x, y, z ist. Also ist Φ = konst. in τ. Da $\Phi = 0$ auf dem Rand von τ gilt, ist diese Konstante Null und somit $\Phi = 0$ in τ. Kehren wir zu (6.15) zurück, so sehen wir, daß $\Omega_1 \equiv \Omega_2$ ist. Daraus folgt die Behauptung, daß es keine zwei verschiedenen Skalarfelder gibt, die die Bedingungen (6.13) und (6.14) erfüllen.

Ausdehnung auf unendliche Bereiche. Sei τ ein unendlicher Bereich außerhalb einer einfachen geschlossenen Fläche S. Dann ist das Skalarfeld Ω wieder eindeutig bestimmt, wenn zusätzlich zu den Bedingungen (6.13) und (6.14) gilt

$$\Omega = O\left(\frac{1}{r}\right) \quad \text{für große Abstände } r^{1)}. \tag{6.17}$$

Beweis. Wir verfahren wie vorher, und nehmen an, daß es zwei Skalarfelder Ω_1 und Ω_2 gebe, die die Bedingungen (6.13), (6.14) und (6.17) erfüllen. Da $\Omega_1 = O(1/r)$ und auch $\Omega_2 = O(1/r)$ gilt, haben wir auch

$$\Phi = \Omega_1 - \Omega_2 = O\left(\frac{1}{r}\right) \quad \text{für} \quad r \to \infty. \tag{6.18}$$

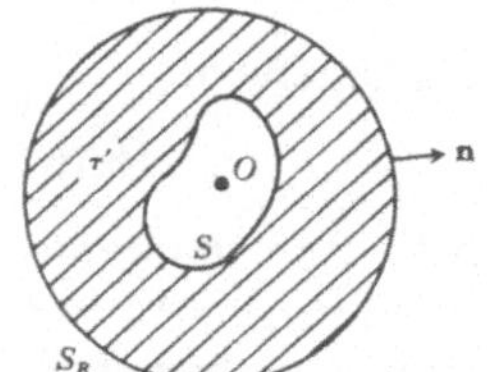

Fig. 71
Die Kugel S_R mit dem Mittelpunkt im Ursprung und dem Radius R umschließt S ganz. Wenn $R \to \infty$, wird die Kugel S_R unendlich groß

Wenden wir die Greensche Formel (6.11) mit $\Phi = \Psi$ auf den Bereich τ' an, der innen von S und außen von der Kugel S_R mit Radius R und dem Mittelpunkt im Ursprung O begrenzt ist (Fig. 71), so folgt

$$\int_{\tau'} (\Phi \nabla^2 \Phi + (\operatorname{grad} \Phi)^2)\, d\tau' = \int_S \Phi \frac{\partial \Phi}{\partial n} dS + \int_{S_R} \Phi \frac{\partial \Phi}{\partial n} dS_R.$$

Wie vorher auch gilt $\nabla^2 \Phi = 0$ in τ' und $\Phi = 0$ auf S. Auf S_R ist außerdem $\partial/\partial n \equiv \partial/\partial r$, da die äußere Normale zu S_R die gleiche Richtung wie der Einheitsvektor $\hat{\mathbf{r}}$ hat, der vom Ursprung ausgeht. Also gilt

[1]) Gleichung (6.17) bedeutet, daß Ω mindestens so schnell wie $1/r$ gegen 0 strebt, wenn $r \to \infty$. Genauer bedeutet es, daß ein Wert R von r und eine positive Konstante K, unabhängig von r, existieren, so daß $|\Omega| \leqq K/r$ gilt für alle $r \geqq R$.

$$\int_{\tau'} (\text{grad }\Phi)^2\, d\tau' = \int_{S_R} \left[\Phi \frac{\partial\Phi}{\partial r}\right]_{r=R} dS_R.$$

Ist R hinreichend groß, so existiert nach (6.18) eine positive Konstante K, so daß für alle $r \geqq R$ gilt

$$\left|\Phi \frac{\partial\Phi}{\partial r}\right| \leqq \frac{K}{r}\,\frac{K}{r^2} = \frac{K^2}{r^3}.$$

Also ist

$$\left|\int_{\tau'} (\text{grad }\Phi)^2\, d\tau'\right| \leqq \int_{S_R} (K^2/R^3)\, dS_R = 4\,\pi K^2/R,$$

da der Flächeninhalt von S_R genau $4\,\pi R^2$ beträgt. Für $R \to \infty$ wird τ' der gegebene unendlich große Bereich, und im Grenzfall gilt

$$\int_{\tau} (\text{grad }\Phi)^2\, d\tau = 0,$$

was das gleiche wie Gleichung (6.16) aussagt. Nun wird der Beweis wie vorher beendet.

Übungsaufgaben. 7. Setzt man voraus, daß τ ein geschlossener Bereich ist, der von einer einfachen geschlossenen Fläche S begrenzt wird, so kann man aus der zweiten Greenschen Formel folgende Sätze ableiten:

a) Für ein Skalarfeld Φ mit stetiger zweiter Ableitung in τ gilt

$$\int_S \frac{\partial\Phi}{\partial n}\, dS = \int_{\tau} \nabla^2\,\Phi\, d\tau.$$

b) Für Skalarfelder Φ und Ψ, die die Laplace-Gleichung in τ erfüllen, gilt

$$\int_S \Phi\,\frac{\partial\Psi}{\partial n}\, dS = \int_S \Psi\,\frac{\partial\Phi}{\partial n}\, dS.$$

8. Das Skalarfeld Ω erfülle in einem geschlossenen Bereich τ, der von einer einfachen geschlossenen Fläche S begrenzt wird, die Laplace-Gleichung. Ist $\Omega = c$ (eine Konstante) auf S, so zeige man mit der zweiten Greenschen Formel (mit $\Phi = \Psi = \Omega$), daß $\Omega = c$ in ganz τ gilt.

Bemerkung. Dieses Ergebnis kann man auch sofort aus dem im Text dieses Abschnitts bewiesenen Eindeutigkeitssatz ableiten.

9. Ein geschlossener Bereich τ sei von einer einfachen geschlossenen Fläche S begrenzt. Sei Ω ein stetig differenzierbares Skalarfeld mit

a) $\nabla^2 \Omega = 0$ in τ,
b) $\partial\Omega/\partial n = f$ auf S, wenn f eine gegebene Funktion ist und $\partial/\partial n$ die Richtungsableitung entlang der Normalen zu S.
c) Ω nimmt in einem Punkt von τ einen gegebenen Wert an.
Man zeige, daß Ω eindeutig bestimmt ist.

Sei τ ein unendlicher Bereich, der im Inneren von einer einfachen geschlossenen Fläche S begrenzt wird, und wird die Bedingung 3 ersetzt durch

d) $\Omega = O(1/r)$ in großem Abstand von S,

so beweise man wieder, daß Ω eindeutig bestimmt ist.

Hinweis. Die Beweise sind eng an die im Text gegebenen Eindeutigkeitsbeweise angelehnt.

6.4. Der Stokessche Satz

Eine einfache geschlossene Kurve C spanne eine Fläche S auf, wie in Fig. 72 gezeigt ist. Dann besagt der Stokessche Satz kurz (eine vollständige Formulierung wird später gegeben), daß für ein Vektorfeld **F** gilt

$$\oint_C \mathbf{F} \cdot d\mathbf{r} = \int_S \operatorname{rot} \mathbf{F} \cdot d\mathbf{S}. \tag{6.19}$$

Damit der Satz gilt, müssen die Orientierung der Fläche S und der Kurve C richtig aufeinander abgestimmt sein, und **F** muß einige analytische Bedingungen erfüllen. Der Satz wird zunächst für Kurven bewiesen, die eine ebene Fläche aufspannen, und dann auf Flächen beliebiger Form, die von gekrümmten Kurven aufgespannt sind, ausgedehnt.

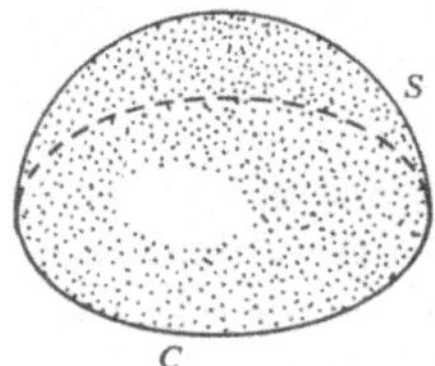

Fig. 72
Eine einfache geschlossene Kurve C spannt die Fläche S auf

Orientierung einer Fläche, die von einer geschlossenen Kurve aufgespannt wird. Seien Q und T benachbarte Punkte auf dem Rand C einer einfachen

offenen Fläche S. Sei C so orientiert, daß der kleinere Bogen von Q nach T durchlaufen wird (Fig. 73). Sei P ein Punkt in S, nahe bei Q und T. Die Fläche S und ihre Grenze C heißen **gleichsinnig orientiert**, wenn $\vec{PQ}$, $\vec{PT}$ und der Normaleneinheitsvektor $\mathbf{n}$ von S (in dieser Reihenfolge) ein rechtsorientiertes Tripel bilden.
Eine äquivalente Definition wäre: S und C sind gleichsinnig orientiert, wenn ein Beobachter, der auf der positiven Seite von S die Kurve C im Umlaufsinn durchläuft, stets die Fläche S auf seiner linken Seite hat.

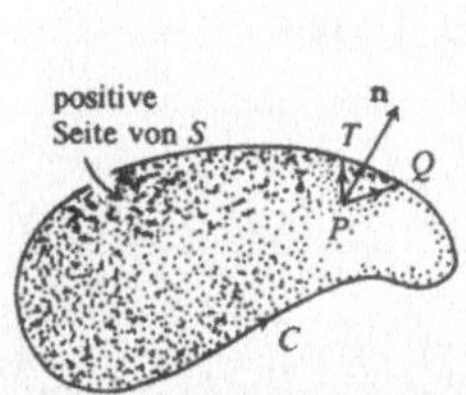

Fig. 73
Orientierung einer Fläche S, die von einer Kurve C begrenzt wird

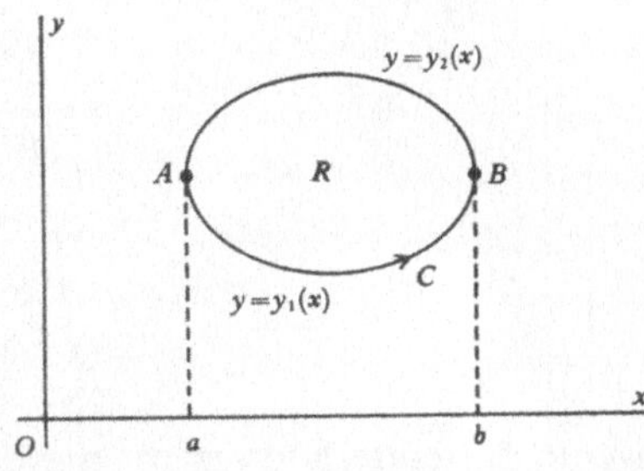

Fig. 74

Der Stokessche Satz in der Ebene. Seien F_1 (x, y) und F_2 (x, y) Funktionen mit stetiger erster Ableitung in einem abgeschlossenen Bereich R der xy-Ebene. Sei der Rand von R eine einfache geschlossene Kurve C, die entgegen dem Uhrzeigersinn durchlaufen wird (Fig. 74). Dann gilt

$$\oint_C \left(F_1 \frac{dx}{ds} + F_2 \frac{dy}{ds}\right) ds = \iint_R \left(\frac{\partial F_2}{\partial x} - \frac{\partial F_1}{\partial y}\right) dx\, dy, \qquad (6.20)$$

wobei s die Bogenlänge von C ist. Das ist der Stokessche Satz in der Ebene. Der Leser sollte nachprüfen, daß (6.19) sich auf (6.20) reduziert, wenn die Fläche S ganz in der xy-Ebene liegt[1]).

---

[1]) Der Stokessche Satz in der Ebene wird oft kürzer als

$$\oint_C (F_1\, dx + F_2\, dy) = \iint_R \left(\frac{\partial F_2}{\partial x} - \frac{\partial F_1}{\partial y}\right) dx\, dy$$

geschrieben, wobei vorausgesetzt ist, daß die Kurve C in der Form y = f (x) und x = g (y) dargestellt werden kann. Allerdings wären f und g bei einer geschlossenen Kurve keine eindeutigen Funktionen. Aus diesem Grunde behalten wir den Parameter s bei.

Beweis. Wir behandeln verschiedene Fälle.

a) C *habe mit jeder Parallelen zur* x- *oder* y-*Achse höchstens zwei gemeinsame Punkte.* Wir nehmen an, daß die x-Werte von R zwischen a und b liegen. Die Ordinate durch die Punkte (a, 0) und (b, 0) treffe die Kurve C in A bzw. B. Seien $y = y_1(x)$ und $y = y_2(x)$ die Gleichungen des oberen und unteren Teils von C (zwischen A und B) (Fig. 74). Dann gilt

$$\iint_R -\frac{\partial F_1}{\partial y}\,dx\,dy = \int_a^b \int_{y_1(x)}^{y_2(x)} -\frac{\partial F_1}{\partial y}\,dy\,dx$$

$$= \int_a^b (F_1[x, y_1(x)] - F_1[x, y_2(x)])\,dx$$

$$= \int_A^B F_1 \frac{dx}{ds}\,ds + \int_B^A F_1 \frac{dx}{ds}\,ds, \tag{6.21}$$

wobei das erste Kurvenintegral über den unteren und das zweite über den oberen Teil von C genommen wird. Also ist

$$\iint_R -\frac{\partial F_1}{\partial y}\,dx\,dy = \oint_C F_1 \frac{dx}{ds}\,ds. \tag{6.22}$$

Ähnlich zeigt man, daß gilt

$$\iint_R \frac{\partial F_2}{\partial x}\,dx\,dy = \oint_C F_2 \frac{dy}{ds}\,ds. \tag{6.23}$$

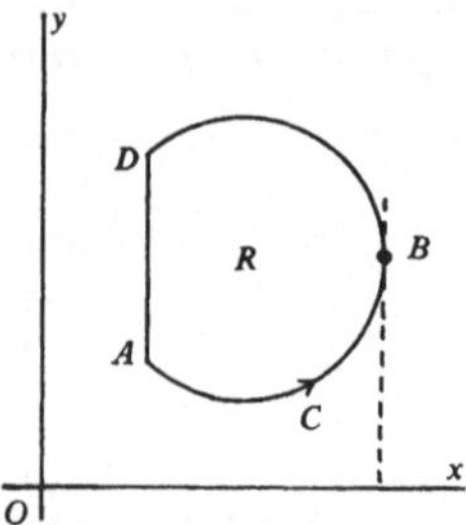

Fig. 75
Der Teil AD von C ist parallel zur y-Achse

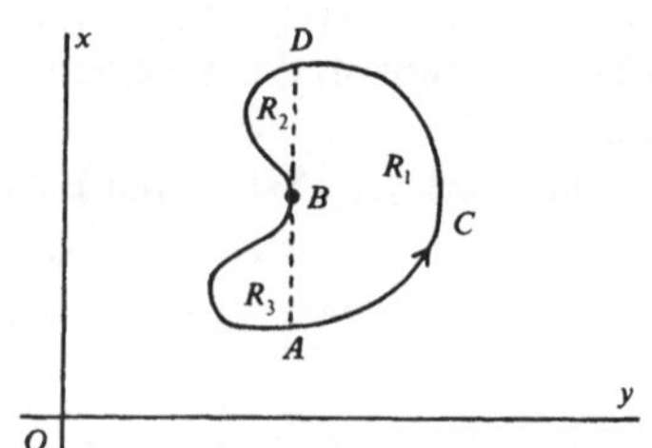

Fig. 76
Verfahren bei komplizierten Rändern

Addieren wir die Resultate (6.22) und (6.23), so erhalten wir (6.20), was behauptet war.

b) *Ein Teil von* C *sei parallel zu den Achsen.* Sei C eine Kurve, wie sie in Fig. 75 gezeigt ist. Seien A, B, D die im Diagramm eingezeichneten Punkte. Wir erhalten dann statt (6.21) die Gleichung

$$\iint_R -\frac{\partial F_1}{\partial y}\,dx\,dy = \int_A^B F_1 \frac{dx}{ds}\,ds + \int_B^D F_1 \frac{dx}{ds}\,ds$$

$$= \oint_C F_1 \frac{dx}{ds}\,ds - \int_D^A F_1 \frac{dx}{ds}\,ds,$$

wenn das Kurvenintegral entlang C genommen wird. Auf DA gilt aber $dx/ds = 0$, und damit verschwindet der letzte Teil des Umlaufintegrals. Es folgt also wieder (6.22) und damit der Satz.

c) *Parallelen zu den Achsen schneiden den Rand von* R *mehr als zweimal.* Der Einfachheit halber betrachten wir nur den in Fig. 76 dargestellten Fall, aber die Beweismethode kann leicht auf kompliziertere Ränder ausgedehnt werden.

Wir unterteilen R durch die Gerade ABD in Bereiche R_1, R_2, R_3, wie das im Diagramm (Fig. 76) gezeigt ist. Jeder der Teilbereiche R_1, R_2, R_3 ist ein Bereich, wie er in Teil b behandelt wurde. Bezeichnen wir den Rand von R_1 mit C_1, so folgt aus Teil b)

$$\iint_{R_1} -\frac{\partial F_1}{\partial y}\,dx\,dy = \oint_{C_1} F_1 \frac{dx}{ds}\,ds = \int_A^D F_1 \frac{dx}{ds}\,ds, \quad \text{integriert entlang C,}$$

da auf der Strecke DA gilt $dx/ds = 0$. Ähnlich folgt

$$\iint_{R_2} -\frac{\partial F_1}{\partial y}\,dx\,dy = \int_D^B F_1 \frac{dx}{ds}\,ds, \quad \text{integriert entlang C;}$$

und

$$\iint_{R_3} -\frac{\partial F_1}{\partial y}\,dx\,dy = \int_B^A F_1 \frac{dx}{ds}\,ds, \quad \text{integriert entlang C.}$$

Da R_1, R_2, R_3 zusammen R ergeben, erhält man (6.22), wenn man die drei Teile addiert. Der Beweis wird wie vorher beendet.

Hilfssatz. Haben die Vektorfelder $\mathbf{F} = \mathbf{F}(u, v)$ und $\mathbf{r} = \mathbf{r}(u, v)$ stetige partielle Ableitungen erster Ordnung, so gilt

$$(\text{rot } \mathbf{F}) \cdot (\mathbf{r}_u \times \mathbf{r}_v) = \mathbf{r}_v \cdot \mathbf{F}_u - \mathbf{r}_u \cdot \mathbf{F}_v, \tag{6.24}$$

wobei sich die Indizes auf die partiellen Ableitungen nach u und v beziehen.

Beweis. Benutzen wir die Bezeichnungen aus 4.9 und Formeln aus 2.10, so gilt

$$(\text{rot } \mathbf{F}) \cdot (\mathbf{r}_u \times \mathbf{r}_v)$$

$$= \left(\mathbf{e}_i \times \frac{\partial \mathbf{F}}{\partial x_i}\right) \cdot \left(\frac{\partial \mathbf{r}}{\partial u} \times \frac{\partial \mathbf{r}}{\partial v}\right) = \mathbf{e}_i \cdot \left\{\frac{\partial \mathbf{F}}{\partial x_i} \times \left(\frac{\partial \mathbf{r}}{\partial u} \times \frac{\partial \mathbf{r}}{\partial v}\right)\right\}$$

$$= \mathbf{e}_i \cdot \left\{\left(\frac{\partial \mathbf{r}}{\partial v} \cdot \frac{\partial \mathbf{F}}{\partial x_i}\right)\frac{\partial \mathbf{r}}{\partial u} - \left(\frac{\partial \mathbf{r}}{\partial u} \cdot \frac{\partial \mathbf{F}}{\partial x_i}\right)\frac{\partial \mathbf{r}}{\partial v}\right\}.$$

Nun gilt

$$\mathbf{r} = x_1 \mathbf{e}_1 + x_2 \mathbf{e}_2 + x_3 \mathbf{e}_3 = x_j \mathbf{e}_j,$$

und daher ist

$$\mathbf{e}_i \cdot (\partial \mathbf{r}/\partial u) = \mathbf{e}_i \cdot \mathbf{e}_j \, \partial x_j/\partial u = \delta_{ij} \, \partial x_j/\partial u = \partial x_i/\partial u.$$

Ähnlich folgt

$$\mathbf{e}_i \cdot (\partial \mathbf{r}/\partial v) = \partial x_i/\partial v.$$

Also ist

$$(\text{rot } \mathbf{F}) \cdot (\mathbf{r}_u \times \mathbf{r}_v) = \left(\mathbf{r}_v \cdot \frac{\partial \mathbf{F}}{\partial x_i}\right)\frac{\partial x_i}{\partial u} - \left(\mathbf{r}_u \cdot \frac{\partial \mathbf{F}}{\partial x_i}\right)\frac{\partial x_i}{\partial v}.$$

Wir entwickeln den ersten Term auf der rechten Seite der obigen Gleichung, benutzen die Kettenregel (4.3) und erhalten

$$\left(\mathbf{r}_v \cdot \frac{\partial \mathbf{F}}{\partial x_i}\right)\frac{\partial x_i}{\partial u} = \mathbf{r}_v \cdot \left(\frac{\partial \mathbf{F}}{\partial x_1}\frac{\partial x_1}{\partial u} + \frac{\partial \mathbf{F}}{\partial x_2}\frac{\partial x_2}{\partial u} + \frac{\partial \mathbf{F}}{\partial x_3}\frac{\partial x_3}{\partial u}\right) = \mathbf{r}_v \cdot \mathbf{F}_u.$$

Damit und mit der analogen Gleichung, in der u und v vertauscht sind, folgt

$$(\text{rot } \mathbf{F}) \cdot (\mathbf{r}_u \times \mathbf{r}_v) = \mathbf{r}_v \cdot \mathbf{F}_u - \mathbf{r}_u \cdot \mathbf{F}_v,$$

wie behauptet war.

Mit dem oben bewiesenen Hilfssatz und dem Stokesschen Satz in der Ebene können wir nun den allgemeinen Fall erfolgreich behandeln.

Stokesscher Satz. Ein Vektorfeld **F** und seine Rotation seien auf einer einfachen offenen Fläche S mit gleichsinnig orientiertem Rand C definiert. Dann gilt

$$\oint_C \mathbf{F} \cdot \mathbf{dr} = \int_S \operatorname{rot} \mathbf{F} \cdot \mathbf{dS}. \tag{6.25}$$

Beweis. Eine Parameterdarstellung von S sei

$$\mathbf{r} = \mathbf{r}\,(u, v), \tag{6.26}$$

wobei u und v über einen abgeschlossenen Bereich R der uv-Ebene laufen. Zusätzlich zu den üblichen Beschränkungen über **r** (u, v) und seine ersten partiellen Ableitungen werden wir im Laufe des Beweises benötigen, daß die zweiten partiellen Ableitungen von **r** nach u und v existieren und stetig sind. Das ist eine Zusatzbedingung an die Fläche S, die etwas strenger als üblich ist, aber sie wird in speziellen Anwendungen nicht zu Schwierigkeiten führen. Wir bezeichnen nun den Rand von R mit C′ (Fig. 77).

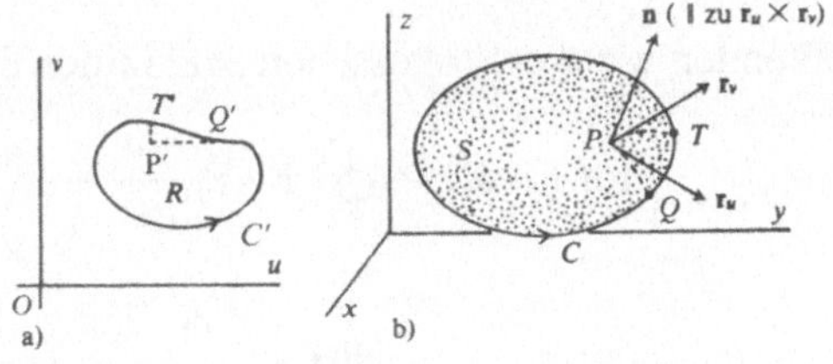

Fig. 77
a) Die Abbildung von der uv-Ebene auf die Fläche S, die in b) gezeigt ist. Wird die Flächennormale **n** von S parallel zu $\mathbf{r}_u \times \mathbf{r}_v$ gewählt, so wird C′ wie üblich entgegen dem Uhrzeigersinn durchlaufen

Der Rand C′ von R wird durch (6.26) auf den Rand C von S abgebildet. Da die Abbildung eindeutig und stetig ist, wird nämlich, wenn C′ auf einen Punkt P′ in R zusammengezogen wird, die Bildkurve C die gesamte Fläche S mit einer stetigen Bewegung auslöschen, indem sie S auf einen Punkt zusammenzieht.

Wird C′ entgegen dem Uhrzeigersinn durchlaufen (Fig. 77), so sind die Fläche S und ihr Rand C gleichsinnig orientiert, wenn wir

$$\mathbf{n} = \mathbf{r}_u \times \mathbf{r}_v / |\mathbf{r}_u \times \mathbf{r}_v|$$

als Normaleneinheitsvektor auf S wählen. Um das einzusehen, wähle man einen Punkt P′ in R nahe dem Rand C′, so daß die Geraden durch P′ mit wachsendem u in Q′ und die mit wachsendem v in T′ auf den Rand C′ treffen (Fig. 77). Dabei sind Q′ und T′ benachbarte Punkte, da P′ nahe dem Rand liegt. Seien P, Q und T die Bildpunkte auf S. Wenn man auf C′ entgegen dem Uhrzeigersinn von Q′ nach T′ läuft, wird C im kleineren Bogen von Q nach T durchlaufen. Außerdem liegen P und Q auf der gleichen

u-Koordinatenkurve, wobei u in Richtung Q wächst; P und T liegen auf der gleichen v-Koordinatenkurve, wobei v in Richtung T wächst. Nun sind $\mathbf{r}_u$, $\mathbf{r}_v$ tangential zur u- bzw. v-Koordinatenkurve und zeigen in Richtung wachsender u bzw. v. Nach der Definition von $\mathbf{n}$ bilden $\mathbf{r}_u$, $\mathbf{r}_v$ und $\mathbf{n}$ (in dieser Reihenfolge) ein rechtsorientiertes Tripel, und es folgt, daß auch $\overrightarrow{PQ}$, $\overrightarrow{PT}$ und $\mathbf{n}$ ein rechtsorientiertes Tripel sind. Damit ist die geforderte Bedingung, daß S und C gleichsinnig orientiert sein sollen, erfüllt.
Wir behandeln nun die rechte Seite von (6.25). Wir substituieren $\mathbf{dS} = (\mathbf{r}_u \times \mathbf{r}_v)\,du\,dv$ und benutzen den Hilfssatz (6.24). Wenn wir noch annehmen, daß die zweiten Ableitungen von $\mathbf{r}$ stetig sind (so daß $\mathbf{r}_{uv} = \mathbf{r}_{vu}$ ist), erhalten wir

$$\int_S \operatorname{rot} \mathbf{F} \cdot \mathbf{dS} = \iint_R (\mathbf{r}_v \cdot \mathbf{F}_u - \mathbf{r}_u \cdot \mathbf{F}_v)\,du\,dv$$

$$= \iint_R \left(\frac{\partial}{\partial u} (\mathbf{F} \cdot \mathbf{r}_v) - \frac{\partial}{\partial v} (\mathbf{F} \cdot \mathbf{r}_u) \right) du\,dv.$$

Wenden wir den Stokesschen Satz in der Ebene (6.20) an, so folgt

$$\int_S \operatorname{rot} \mathbf{F} \cdot \mathbf{dS} = \oint_{C'} \left(\mathbf{F} \cdot \mathbf{r}_u \frac{du}{ds'} + \mathbf{F} \cdot \mathbf{r}_v \frac{dv}{ds'} \right) ds'$$

$$= \oint_C \mathbf{F} \cdot \left(\frac{\partial \mathbf{r}}{\partial u} \frac{du}{ds} + \frac{\partial \mathbf{r}}{\partial v} \frac{dv}{ds} \right) ds,$$

wenn s′ und s die Bogenlänge von C′ bzw. C sind. Die Kettenregel (4.3) liefert aber

$$\frac{\partial \mathbf{r}}{\partial u} \frac{du}{ds} + \frac{\partial \mathbf{r}}{\partial v} \frac{dv}{ds} = \frac{d\mathbf{r}}{ds}.$$

Also gilt, wie behauptet

$$\int_S \operatorname{rot} \mathbf{F} \cdot \mathbf{dS} = \oint_C \mathbf{F} \cdot d\mathbf{r}.$$

Korollar. Flächen mit mehreren Rändern. Wird eine einfache offene Fläche S von n gleichsinnig orientierten einfachen geschlossenen Kurven $C_1, C_2, \ldots, C_n$ begrenzt (Fig. 78 zeigt den Fall n = 6), so gilt statt (6.25):

$$\int_S \operatorname{rot} \mathbf{F} \cdot \mathbf{dS} = \oint_{C_1} \mathbf{F} \cdot d\mathbf{r} + \oint_{C_2} \mathbf{F} \cdot d\mathbf{r} + \ldots + \oint_{C_n} \mathbf{F} \cdot d\mathbf{r} \tag{6.27}$$

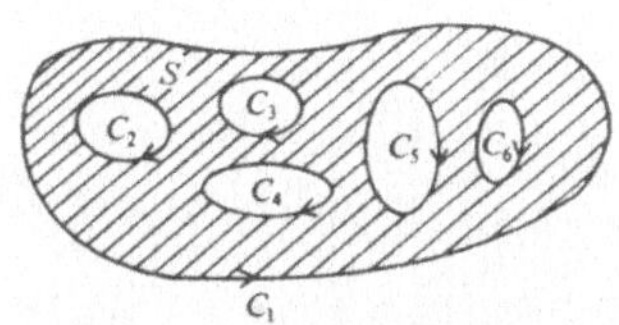

Fig. 78

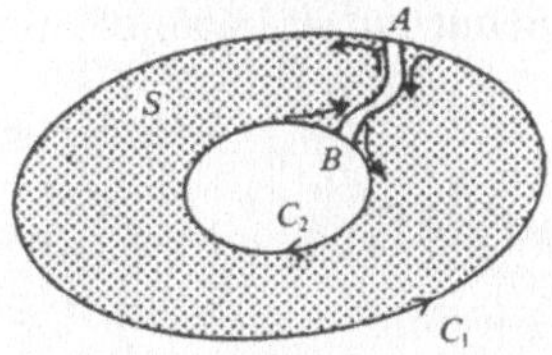

Fig. 79

Beweis. Betrachten wir den Fall zweier Grenzen C_1 und C_2 (Fig. 79). Sei AB eine einfache Kurve in S (Querschnitt genannt), die einen Punkt A auf C_1 und einen Punkt B auf C_2 verbindet. Wenn S entlang AB auseinandergeschnitten wird, erhalten wir eine Fläche, die nur einen Rand hat, der aus C_1, AB, C_2 und BA besteht. Wenden wir den bereits bewiesenen Stokesschen Satz auf diese Fläche an, so folgt

$$\int_S \operatorname{rot} \mathbf{F} \cdot \mathbf{dS} = \oint_{C_1} \mathbf{F} \cdot \mathbf{dr} + \int_{AB} \mathbf{F} \cdot \mathbf{dr} + \oint_{C_2} \mathbf{F} \cdot \mathbf{dr} + \int_{BA} \mathbf{F} \cdot \mathbf{dr}$$

Nun gilt aber

$$\int_{AB} \mathbf{F} \cdot \mathbf{dr} = - \int_{BA} \mathbf{F} \cdot \mathbf{dr}.$$

Also folgt

$$\oint_{C_1} \mathbf{F} \cdot \mathbf{dr} + \oint_{C_2} \mathbf{F} \cdot \mathbf{dr} = \int_S \operatorname{rot} \mathbf{F} \cdot \mathbf{dS},$$

womit (6.27) für n = 2 bewiesen ist.
Der allgemeine Fall wird mit Hilfe von n − 1 geeigneten Querschnitten behandelt.

Beispiel 3. Eine einfache offene Fläche S sei von einer gleichsinnig orientierten einfachen geschlossenen Kurve C umrandet. Sei **a** ein konstantes Vektorfeld und **r** der Ortsvektor, bezogen auf den Ursprung. Man zeige

$$\oint_C (\mathbf{a} \times \mathbf{r}) \cdot \mathbf{dr} = 2 \int_S \mathbf{a} \cdot \mathbf{dS}.$$

Außerdem prüfe man nach

$$\int_S \mathbf{dS} = \frac{1}{2} \oint_C \mathbf{r} \times \mathbf{dr}.$$

Lösung. Nach dem Stokesschen Satz gilt

$$\oint_C (\mathbf{a} \times \mathbf{r}) \cdot \mathbf{dr} = \int_S \operatorname{rot} (\mathbf{a} \times \mathbf{r}) \cdot \mathbf{dS} = \mathrm{I}.$$

Benutzen wir (4.53) und die Tatsache, daß **a** konstant ist, so folgt

$$I = \int_S (\mathbf{a} \operatorname{div} \mathbf{r} - (\mathbf{a} \cdot \nabla)\, \mathbf{r}) \cdot \mathbf{dS}.$$

Ist $\mathbf{a} = (a_1, a_2, a_3)$ bezogen auf die Achsen Oxyz, so erhalten wir

$$(\mathbf{a} \cdot \nabla)\, \mathbf{r} = \left(a_1 \frac{\partial}{\partial x} + a_2 \frac{\partial}{\partial y} + a_3 \frac{\partial}{\partial z} \right)(x, y, z) = (a_1, a_2, a_3) = \mathbf{a}.$$

Außerdem ist $\operatorname{div} \mathbf{r} = \operatorname{div}(x, y, z) = 3$. Also folgt

$$\oint_C (\mathbf{a} \times \mathbf{r}) \cdot \mathbf{dr} = 2 \int_S \mathbf{a} \cdot \mathbf{dS}.$$

Da **a** überall auf C und S den gleichen Wert annimmt, kann man das Ergebnis umformen in

$$\mathbf{a} \cdot \left(\oint_C \mathbf{r} \times \mathrm{d}\mathbf{r} - 2 \int_S \mathbf{dS} \right) = 0.$$

Mit einem Argument, ähnlich dem in Beispiel 2 in 6.2 benutzten, folgt, daß der Ausdruck in den Klammern verschwindet, womit das behauptete Ergebnis gezeigt ist.

Übungsaufgaben. 10. Man beweise den Stokesschen Satz für das Vektorfeld $\mathbf{F} = (x^2 y, z, 0)$ und die Kugel $x^2 + y^2 + z^2 = a^2$, $z \geqq 0$.

11. Sei S eine einfache offene Fläche, die von einer gleichsinnig orientierten Kurve C umrandet wird. Seien Φ, Ψ stetig differenzierbare Skalarfelder. Man leite aus dem Stokesschen Satz ab

$$\oint_C \Phi \operatorname{grad} \Psi \cdot \mathbf{dr} = \int_S \operatorname{grad} \Phi \times \operatorname{grad} \Psi \cdot \mathbf{dS}.$$

12. Eine einfache offene Fläche S sei von einer gleichsinnig orientierten Kurve C umrandet. Für ein stetig differenzierbares Skalarfeld Ω zeige man das folgende Korollar zum Stokesschen Satz:

$$\oint_C \Omega\, \mathrm{d}\mathbf{r} = - \int_S \operatorname{grad} \Omega \times \mathbf{dS}.$$

Hinweis. Man behandle $\Omega\mathbf{a}$, wenn **a** ein konstantes Vektorfeld ist, und verfahre wie in Beispiel 2 aus 6.2.

13. Man zeige das folgende Korollar zum Stokesschen Satz und gebe die Bedingungen an, die **F**, S und C erfüllen müssen:

$$\oint_C \mathbf{F} \times \mathrm{d}\mathbf{r} = - \int_S (\mathbf{n} \times \nabla) \times \mathbf{F}\, \mathrm{dS}.$$

H i n w e i s. Man entwickle $\mathbf{F} = F_1\,\mathbf{e}_1 + F_2\,\mathbf{e}_2 + F_3\,\mathbf{e}_3$, wenn $\mathbf{e}_1$, $\mathbf{e}_2$, $\mathbf{e}_3$ Basiseinheitsvektoren eines rechtwinkligen kartesischen Koordinatensystems sind, und wende das Ergebnis von Aufgabe 12 an.

14. In der xy-Ebene seien zwei einfache geschlossene Kurven C_1 und C_2 gegeben, so daß C_1 die Kurve C_2 umschließt. Beide Kurven seien entgegen dem Uhrzeigersinn orientiert. Man zeige, daß für das Vektorfeld $\mathbf{F} = (zy^2, 2xyz, x)$ gilt

$$\oint_{C_1} \mathbf{F} \cdot d\mathbf{r} = \oint_{C_2} \mathbf{F} \cdot d\mathbf{r}.$$

15. Man behandle noch einmal die in 6.2 gemachte Bemerkung über die Ausdehnung des Gaußschen Satzes auf Funktionen, deren partielle Ableitungen nicht stetig sind. Man zeige, daß der Stokessche Satz (6.25) ähnlich erweitert werden kann, vorausgesetzt, daß die Unstetigkeitsstellen der Ableitung von **F** endlich und auf eine endliche Zahl einfacher Kurven in S beschränkt sind.

6.5. Grenzwertdefinition von div F und rot F

div **F**. Sei P ein Punkt eines Bereiches τ, der von einer einfachen geschlossenen Fläche S begrenzt wird und auf dem ein Vektorfeld **F** und seine Divergenz definiert sind. Ist V das Volumen von τ, so besagt der Mittelwertsatz der Integralrechnung[1]), daß ein Punkt P′ in τ existiert, für den gilt

$$\frac{1}{V}\int_\tau \operatorname{div} \mathbf{F}\, d\tau = \operatorname{div} \mathbf{F}, \quad \text{genommen in } P'.$$

Aus dem Gaußschen Satz folgt dann

$$\frac{1}{V}\int_S \mathbf{F} \cdot d\mathbf{S} = \operatorname{div} \mathbf{F}, \quad \text{genommen in } P'.$$

Zieht man nun die Fläche S auf P zusammen, so wird die Ausdehnung von τ beliebig klein und P′ muß sich an P annähern (Fig. 80a). Es folgt also für P

$$\operatorname{div} \mathbf{F} = \lim_{V \to 0} \frac{1}{V} \int_S \mathbf{F} \cdot d\mathbf{S}. \tag{6.28}$$

Diese Beziehung wird oft zur Definition von div **F** benutzt.

---

[1]) Siehe Fußnote 1, S. 131.

rot **F**. Seien **F** und rot **F** in einem Bereich τ definiert, der einen gegebenen Punkt P enthält. Man ziehe eine ebene Fläche S durch P, die in τ enthalten ist und deren Normale in Richtung eines vorgegebenen Einheitsvektors **n** zeigt. Der Rand von S sei eine mit S gleichsinnig orientierte einfache geschlossene Kurve C (Fig. 80 b). Sei A der Flächeninhalt von S. Wenden wir den Stokesschen Satz und den Mittelwertsatz an, so folgt, daß ein Punkt P′ in S existiert mit

$$\oint_C \mathbf{F} \cdot d\mathbf{r} = \int_S \mathbf{n} \cdot \text{rot}\, \mathbf{F}\, dS$$

$$= A\mathbf{n} \cdot \text{rot}\, \mathbf{F}, \quad \text{genommen in } P'.$$

Ziehen wir C auf den Punkt P zusammen, so gilt in P

$$\mathbf{n} \cdot \text{rot}\, \mathbf{F} = \lim_{A \to 0} \frac{1}{A} \oint_C \mathbf{F} \cdot d\mathbf{r}. \tag{6.29}$$

Das ist die Komponente von rot **F** im Punkt P, die in Richtung von **n** zeigt. Da der Einheitsvektor **n** beliebig war, können wir so die Komponenten von rot **F** entlang dreier nicht koplanarer Achsen berechnen, und (6.29) legt damit den Wert von rot **F** im Punkt P vollständig fest.

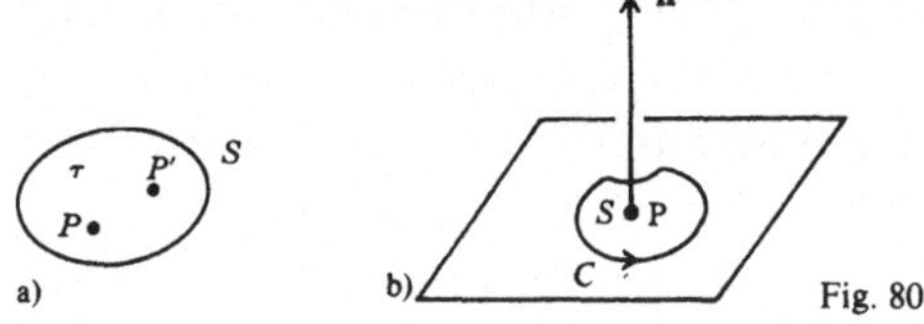

Fig. 80

Übungsaufgaben. 16. Sei S die Oberfläche einer Kugel mit variablem Radius, deren Mittelpunkt im Ursprung liegt, und sei V das von der Kugel eingeschlossene Volumen. Man zeige

$$(\text{div}\, \mathbf{r})_O = \lim_{V \to 0} \frac{1}{V} \int_S \mathbf{r} \cdot d\mathbf{S},$$

wobei der Index O den Wert im Ursprung angibt.

17. Sei C die rechtwinklige Kurve $x = \pm h$, $y = \pm h$, die in der xy-Ebene liegt und entgegen dem Uhrzeigersinn durchlaufen wird. Man zeige, daß für das Vektorfeld $\mathbf{F} = (z^2, x, y^2)$ gilt

$$\mathbf{k} \cdot (\mathrm{rot}\, \mathbf{F})_O = \lim_{h \to 0} \frac{1}{4h^2} \oint_C \mathbf{F} \cdot d\mathbf{r},$$

wenn der Index O den Wert im Ursprung angibt.

6.6. Geometrische und physikalische Bedeutung von Divergenz und Rotation

Sei S eine geschlossene Fläche, die den Bereich τ mit dem Volumen V begrenzt, und sei

$$I = \frac{1}{V} \int_S \mathbf{F} \cdot d\mathbf{S}.$$

Ist in jedem Punkt von S der Vektor **F** von dem eingeschlossenen Bereich τ weggerichtet, so gilt $\mathbf{F} \cdot \mathbf{n} > 0$ in ganz τ und damit auch $I > 0$. Ähnlich gilt $I < 0$, wenn **F** in jedem Punkt von S in τ hineingerichtet ist. Im ersten Fall läuft **F** in τ auseinander, und im zweiten Fall läuft **F** in τ zusammen.

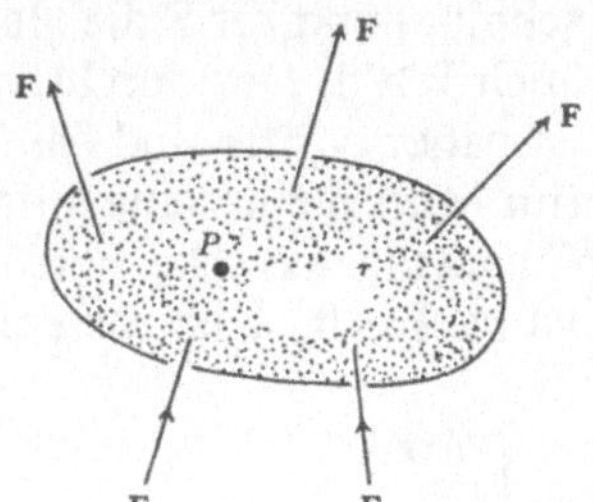

Fig. 81

Allgemeiner gelte, daß $\mathbf{F} \cdot \mathbf{n}$ einige positive und einige negative Werte auf S annimmt. Das Vorzeichen von I gibt dann an, ob das resultierende Feld auf S zusammen oder auseinanderläuft. Schrumpft S auf einen Punkt P zusammen und wenden wir (6.28) an, so folgt, daß das Vorzeichen von div **F** angibt, ob das Feld in einer Umgebung von P zusammen- oder auseinanderläuft; der Betrag von div **F** ist ein Zeichen für die Stärke des Auseinander- oder Zusammenlaufens. In den Anfängen der Vektoranalysis nannte man den Ausdruck

$$-\frac{\partial F_1}{\partial x} - \frac{\partial F_2}{\partial y} - \frac{\partial F_3}{\partial z}$$

oft Konvergenz des Vektorfeldes $\mathbf{F} = (F_1, F_2, F_3)$.

Die Bedeutung der Divergenz kann man mit Hilfe eines Beispiels aus der Mechanik der Flüssigkeiten veranschaulichen. Bei der stetigen Bewegung einer inkompressiblen Flüssigkeit gibt es keinen resultierenden Strom in eine geschlossene Fläche hinein oder aus ihr heraus (dabei haben wir angenommen, daß keine Löcher da sind und keine Flüssigkeit neu geschaffen oder vernichtet wird). Bezeichnen wir die Strömungsgeschwindigkeit mit $\mathbf{v}$, so gibt

$$\int_S \mathbf{v} \cdot \mathbf{dS}$$

den Fluß durch die Fläche S hindurch an. Wir können also erwarten, daß div $\mathbf{v}$ in allen Punkten verschwindet, und das ist in der Tat auch eine der Feldgleichungen, die die Strömung inkompressibler Flüssigkeiten beschreiben.

Um die Bedeutung von rot $\mathbf{F}$ zu verstehen, nehmen wir eine *beliebig kleine* Kreisscheibe mit dem Mittelpunkt P und der Normalen in Richtung rot $\mathbf{F}$ in P. Es sei C der Rand der Scheibe und

$$I = \oint_C \mathbf{F} \cdot d\mathbf{r} = \oint_C \mathbf{F} \cdot \hat{\mathbf{T}}\, ds,$$

wobei $\hat{\mathbf{T}}$ der Tangenteneinheitsvektor an C ist. Da $\mathbf{n}$ (die Normale der Kreisscheibe) und rot $\mathbf{F}$ die gleiche Richtung haben, ist $\mathbf{n} \cdot \text{rot}\, \mathbf{F} > 0$, und daher auch $I > 0$. Der durchschnittliche Wert von $\mathbf{F} \cdot \hat{\mathbf{T}}$ über den Scheibenrand ist daher positiv und das bedeutet, daß das Feld in einer Umgebung von P (im Mittel) eine tangentiale Komponente in positiver Umlaufrichtung von C hat (Fig. 82). Das Feld ist also um eine Achse parallel zu rot $\mathbf{F}$ gekrümmt. Ist rot $\mathbf{F} = \mathbf{0}$, so ist das Feld nicht gekrümmt.

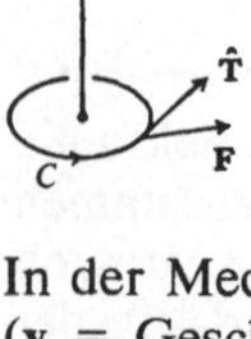

Fig. 82

In der Mechanik der Flüssigkeiten bedeutet das Verschwinden von rot $\mathbf{v}$ ($\mathbf{v}$ = Geschwindigkeit), daß die Flüssigkeit nicht rotiert. Solche Ströme heißen *nicht rotierend*.

Übungsaufgaben. 18. Man stelle die in diesem Abschnitt gemachten Bemerkungen über die Bedeutung der Divergenz mit Hilfe des Vektorfeldes $\mathbf{F} = (x, y, z)$ und der Oberfläche der Kugel mit dem Mittelpunkt im Ursprung dar. Man diskutiere auf ähnliche Weise die Divergenz des Vektorfeldes $\mathbf{F} = (x^2, y^2, z^2)$ im Ursprung.

19. Man stelle die in diesem Abschnitt gemachten Bemerkungen über rot **F** mit Hilfe der Vektorfelder

a) $\mathbf{F} = (x, y, z)$, b) $\mathbf{F} = (y, 0, 0)$

dar, wobei jedesmal rechtwinklige Stromkreise in der xy-Ebene gewählt werden.

20. Ein starrer Körper drehe sich mit der Winkelgeschwindigkeit $\boldsymbol{\omega}$ um eine feste Achse mit dem Mittelpunkt O. Sei $\mathbf{v}$ die Geschwindigkeit eines Punktes in diesem Körper. Man zeige $\boldsymbol{\omega} = (1/2)$ rot $\mathbf{v}$.

7. Anwendungen auf Potentiale

Anwendungen der Vektoranalysis gibt es hauptsächlich in der Elektrodynamik, der Mechanik der Flüssigkeiten, der Gravitations- und Elastizitätstheorie. In diesen Fällen sind Skalar- und Vektorpotentiale ein wichtiger Teil der Theorie. In diesem Kapitel geben wir einen kurzen Abriß über Potentialfunktionen und einige verwandte Begriffe.

7.1. Zusammenhängende Bereiche

Seien C und C′ einfache geschlossene Kurven in einem Bereich R. Die Kurven heißen ineinander deformierbar, wenn man die eine Kurve durch stetige Verformung (ohne sie zu öffnen) in die andere überführen kann und dabei R nicht verläßt.

Ein Bereich heißt einfach zusammenhängend, wenn alle einfachen geschlossenen Kurven, die in diesem Bereich liegen, ineinander deformiert werden können.

Wenn die einfachen geschlossenen Kurven eines Bereiches in zwei verschiedene Klassen fallen, so daß die Kurven in einer Klasse ineinander deformiert, aber keine davon in eine Kurve der anderen Klasse deformiert werden kann, so heißt der Bereich zweifach zusammenhängend; oder man sagt, er habe zwei Zusammenhangskomponenten.

Ein Bereich R hat n Zusammenhangskomponenten (oder ist n-fach zusammenhängend), wenn es n Klassen von einfachen geschlossenen Kurven in R gibt, so daß die Kurven einer Klasse zwar ineinander, aber nicht in Kurven einer anderen Klasse deformiert werden können.

Beispiele. Das Innere einer Kugel und das Innere eines unendlich langen Zylinders sind einfach zusammenhängende Bereiche. Dagegen ist der Bereich außerhalb des Zylinders zweifach zusammenhängend; und ebenso ist das Innere eines Torus zweifach zusammenhängend. In zwei Dimensionen ist der Bereich zwischen zwei konzentrischen Kreisen zweifach zusammenhängend. Der Leser sollte nachprüfen, daß diese Beispiele die Definition erfüllen.

Reduktion eines mehrfach zusammenhängenden Bereiches. Ein mehrfach zusammenhängender Bereich wird manchmal auf einen einfach zusammenhängenden reduziert, indem die Punkte von geeigneten Flächen weggelassen werden.

Als Beispiel behandeln wir den Bereich zwischen zwei koachsialen Zylindern C_1 und C_2 (Fig. 83). Kurven in R, die den inneren Zylinder umrunden, sind ineinander deformierbar, und ebenso geschlossene Kurven in R, die C_1 nicht umrunden. Da die Kurven der einen Klasse nicht in die der anderen deformiert werden können, ist der Bereich zweifach zusammenhängend. Wir nehmen nun alle Punkte einer Fläche AB, die eine Gerade auf C_1 mit einer Geraden auf C_2 verbinden, heraus. Der verbleibende Bereich, wir nennen ihn R', ist einfach zusammenhängend, da die geschlossenen Kurven, die ganz in R' liegen, C_1 nicht umrunden können (eine geschlossene Kurve, die C_1 umrundet, kommt aus R' heraus, wenn sie AB kreuzt).

Tritt in der Praxis ein mehrfach zusammenhängender Bereich auf, so ist es meistens ausreichend, den entsprechenden einfach zusammenhängenden Bereich zu behandeln, der durch geeignete Schnitte entsteht. Wir werden deshalb nur einfach zusammenhängende Bereiche behandeln.

Übungsaufgabe. 1. Man stelle die Zahl der Zusammenhangskomponenten (eins, zwei, drei etc.) der folgenden Bereiche fest:

a) der Bereich außerhalb des Torus;

b) der Bereich außerhalb zweier Kugeln, die sich weder einschließen noch durchschneiden;

c) der zweidimensionale Bereich außerhalb zweier koplanarer Kreise, die sich weder einschließen noch überschneiden.

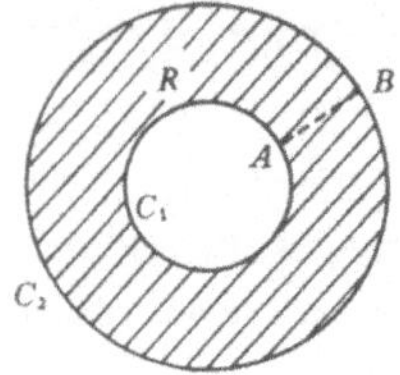

Fig. 83
Der Bereich R zwischen zwei koaxialen Zylindern kann einfach zusammenhängend gemacht werden, wenn man von R alle Punkte einer Ebene wegnimmt, die die Zylinder verbindet

7.2. Das Skalarpotential

Es wurde schon früher gezeigt (Gleichung (4.47)), daß für ein Vektorfeld $\mathbf{F}$ mit $\mathbf{F} = \text{grad}\ \Omega$ gilt rot $\mathbf{F} = \mathbf{0}$. Wir beweisen nun die Umkehrung dieses Ergebnisses. Gilt für ein Vektorfeld $\mathbf{F}$ in einem einfach zusammenhängenden Bereich R die Gleichung

$$\text{rot}\ \mathbf{F} \equiv \mathbf{0} \quad \text{in R}, \tag{7.1}$$

dann existiert in R ein Skalarfeld Ω mit

$$\mathbf{F} \equiv \text{grad}\ \Omega. \tag{7.2}$$

Die Funktion Ω heißt Skalarpotential des Vektorfeldes $\mathbf{F}$.

Beweis. Wir wählen einen Punkt O in R als Koordinatenursprung und bezeichnen den Punkt mit den Koordinaten (x, y, z) mit P. Dann betrachten wir das Kurvenintegral

$$\Omega = \int_{O}^{P} \mathbf{F} \cdot d\mathbf{r}, \tag{7.3}$$

genommen entlang irgendeiner einfachen Kurve in R, die O und P verbindet. Wir werden zeigen, daß Ω das Skalarfeld mit der gewünschten Eigenschaft $\mathbf{F} = \text{grad}\ \Omega$ ist.

Sei C eine beliebige einfache geschlossene Kurve in R, die durch die Punkte P und O geht. Da rot $\mathbf{F} = \mathbf{0}$ ist in R, folgt aus dem Stokesschen Satz (in 6.4), daß

$$\oint_C \mathbf{F} \cdot d\mathbf{r} = 0$$

gilt. Wenn C aus den zwei Teilen C_1 und C_2 besteht, wie das in Fig. 84a gezeigt ist, erhalten wir

$$\int_{C_1\,O}^{P} \mathbf{F} \cdot d\mathbf{r} + \int_{C_2\,P}^{O} \mathbf{F} \cdot d\mathbf{r} = 0.$$

Ändern wir die Orientierung so, daß C_2 von O nach P durchlaufen wird, wie in Fig. 84 b angegeben ist, so folgt

$$\int_{C_1\,O}^{P} \mathbf{F} \cdot d\mathbf{r} - \int_{C_2\,O}^{P} \mathbf{F} \cdot d\mathbf{r} = 0.$$

Daraus folgt nun, daß das in (7.3) definierte Ω unabhängig von der Kurve ist, die O und P verbindet. Also ist Ω eine Skalarfunktion von x, y, z (den Koordinaten von P).

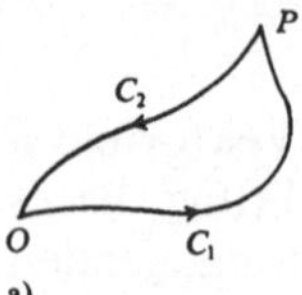

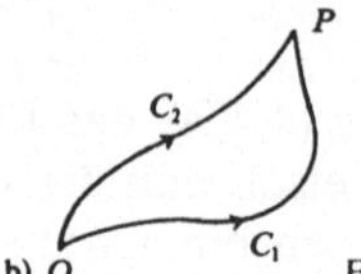

Fig. 84

Um zu zeigen, daß $\mathbf{F} = \operatorname{grad} \Omega$ gilt, wählen wir zwei Punkte P (x_0, y_0, z_0) und Q (x, y_0, z_0), so daß PQ ganz in R liegt. Dann gilt

$$\Omega(x, y_0, z_0) - \Omega(x_0, y_0, z_0) = \int_O^Q \mathbf{F} \cdot d\mathbf{r} - \int_O^P \mathbf{F} \cdot d\mathbf{r}$$
$$= -\int_Q^O \mathbf{F} \cdot d\mathbf{r} - \int_O^P \mathbf{F} \cdot d\mathbf{r}.$$

Nach dem Stokesschen Satz ist aber

$$\int_O^P \mathbf{F} \cdot d\mathbf{r} + \int_P^Q \mathbf{F} \cdot d\mathbf{r} + \int_Q^O \mathbf{F} \cdot d\mathbf{r} = 0.$$

Also folgt

$$\Omega(x, y_0, z_0) - \Omega(x_0, y_0, z_0) = \int_P^Q \mathbf{F} \cdot d\mathbf{r}.$$

Als Kurve, über die integriert wird, können wir die Gerade von P nach Q wählen, die parallel zu Ox ist und wir erhalten

$$\Omega(x, y_0, z_0) - \Omega(x_0, y_0, z_0) = \int_{x_0}^{x} F_1 \, dx,$$

wenn F_1 die x-Komponente von **F** ist[1]). Differenzieren wir nach x, so folgt, da x_0, y_0, z_0 konstant sind,

$$F_1 = \partial\Omega/\partial x;$$

dabei haben wir die Stetigkeit von F_1 benutzt, die aber aus der Existenz von rot **F** folgt. Wir können ähnlich nachrechnen, daß die y- und z-Komponenten von **F** durch $F_2 = \partial\Omega/\partial y$ und $F_3 = \partial\Omega/\partial z$ gegeben sind. Also gilt

$$\mathbf{F} = \operatorname{grad} \Omega,$$

wie behauptet war.

---

[1]) Der Gebrauch von x als Variable und als Integrationsgrenze ist bequem und sollte nicht zu Verwechslungen Anlaß geben. Wir könnten x im Integranden natürlich durch irgendeine andere gebundene Variable, beispielsweise t, ersetzen.

Eindeutigkeit. Nehmen wir an, Ω und Ω' seien zwei Skalarpotentiale, für die gilt

$$\mathbf{F} = \operatorname{grad} \Omega = \operatorname{grad} \Omega'.$$

Wir setzen

$$U = \Omega - \Omega'.$$

Subtrahieren wir, so folgt grad $U = \mathbf{0}$, und in Komponenten

$$\partial U/\partial x = 0, \quad \partial U/\partial y = 0, \quad \partial U/\partial z = 0.$$

Diese Gleichungen zeigen, daß U unabhängig von x, y und z ist, also U = konst. Es folgt

$$\Omega' = \Omega + \text{konst}.$$

Das zeigt: *Das Skalarpotential ist bis auf eine additive Konstante eindeutig bestimmt.* Man sollte diese Freiheit bei der Bestimmung von Ω erwarten, da das Integral (7.3) vom Ursprung O abhängt, dessen Lage beliebig gewählt war.

Nicht rotierende Vektorfelder. Ein Vektorfeld $\mathbf{F}$, das in einem Bereich R die Eigenschaft rot $\mathbf{F} = \mathbf{0}$ hat, heißt nicht rotierend in R.

Konservative Vektorfelder. Ein Vektorfeld $\mathbf{F}$, in dem für je zwei Punkte P und Q das Integral

$$\int_P^Q \mathbf{F} \cdot d\mathbf{r}$$

unabhängig vom Integrationsweg von P nach Q ist, heißt konservativ.

Übungsaufgaben. 2. Man zeige, daß in einem einfach zusammenhängenden Bereich gilt: ein nicht rotierendes Vektorfeld ist konservativ; und umgekehrt, ein konservatives Vektorfeld ist nicht rotierend.

3. In der Newtonschen Mechanik ist für eine Kraft $\mathbf{F}$, die nur eine Funktion des Ortsvektors ist, die potentielle Energie der Kraft an einem Punkt P definiert als

$$-\int_O^P \mathbf{F} \cdot d\mathbf{r}$$

wobei O irgendein Ursprung ist. Man rechne nach, daß die potentielle Energie der Gravitationskraft auf ein Teilchen der Masse m durch mgz gegeben ist, wobei g die Beschleunigung auf Grund der Gravitation und z die Höhe bedeuten.

4. Man finde das Skalarpotential zum Vektorfeld $\mathbf{F} = r^{-3}\,\mathbf{r}$ und $\mathbf{F} = \mathbf{r}$.

5. Man zeige, daß das Skalarpotential des Vektorfeldes $\mathbf{F} = 3\,(\mathbf{b}\cdot\mathbf{r})\,r^{-5}\,\mathbf{r} - \mathbf{b}r^{-3}$ durch $\Omega = -\,(\mathbf{b}\cdot\mathbf{r})/r^3$ gegeben ist, wobei $\mathbf{b}$ ein konstanter Vektor ist.

7.3. Das Vektorpotential

In 4.9, Gleichung (4.46), zeigten wir, daß für ein Vektorfeld $\mathbf{F}$, das in einem Bereich R eine stetige zweite Ableitung hat, und das die Gleichung $\operatorname{rot}\mathbf{F} = \mathbf{0}$ erfüllt, $\operatorname{div}\mathbf{F} = 0$ gilt. Wir zeigen nun die Umkehrung dieses Ergebnisses. Gilt

$$\operatorname{div}\mathbf{F} \equiv 0 \quad \text{in R,} \tag{7.4}$$

so existiert ein Vektorfeld $\mathbf{A}$ mit der Eigenschaft

$$\mathbf{F} \equiv \operatorname{rot}\mathbf{A} \quad \text{in R.} \tag{7.5}$$

Die Funktion $\mathbf{A}$ heißt Vektorpotential des Vektorfeldes $\mathbf{F}$.

Beweis. Es sei

$$\xi\,(y, z)$$

der Wert von F_1, der x-Komponente von $\mathbf{F}$ im Punkt (0, y, z) der Ebene x = 0, und F_2 und F_3 die y- bzw. z-Komponente von $\mathbf{F}$. Wir betrachten

$$\mathbf{A} = \left(\int_0^x F_3\,dx - \int_0^z \xi\,dz\right)\mathbf{j} - \left(\int_0^x F_2\,dx\right)\mathbf{k}, \tag{7.6}$$

wenn $\int_0^x F_2\,dx$ und $\int_0^x F_3\,dx$

die Integrale über $F_2\,(x, y, z)$ und $F_3\,(x, y, z)$ nach x (y und z bleiben fest) vom Punkt Q (0, y, z) nach P (x, y, z) sind; und

$$\int_0^z \xi\,dz$$

das Integral über $\xi\,(y, z) = F_1\,(0, y, z)$ nach z vom Punkt T (0, y, 0) nach Q (0, y, z) ist (Fig. 85)[1]). Aus (7.6) erhalten wir

---

[1]) Hier wird über den Bereich R eine zusätzliche Voraussetzung gemacht, nämlich, daß man Achsen Oxyz wählen kann, so daß die Geraden TQ und QP ganz in R liegen. Ein Beweis kann auch für allgemeinere Bereiche gegeben werden, aber die hier gemachte Voraussetzung trifft auf die meisten in der Praxis vorkommenden einfach zusammenhängenden Bereiche zu.

$$\operatorname{rot} \mathbf{A} = \left(- \frac{\partial}{\partial y} \int_0^x F_2 \, dx - \frac{\partial}{\partial z} \int_0^x F_3 \, dx + \xi \right) \mathbf{i} + F_2 \, \mathbf{j} + F_3 \, \mathbf{k}.$$

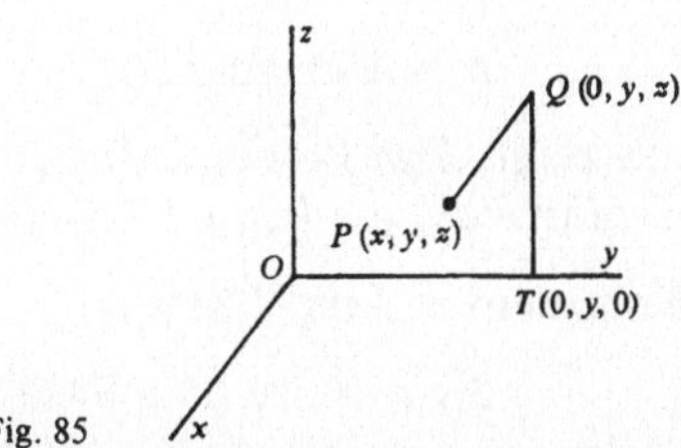

Fig. 85

Differenzieren wir unter dem Integral (das ist erlaubt, da die Existenz von div **F** die stetige Differenzierbarkeit der Funktionen F_1, F_2, F_3 einschließt), so erhalten wir

$$\operatorname{rot} \mathbf{A} = \left(- \int_0^x \left(\frac{\partial F_2}{\partial y} + \frac{\partial F_3}{\partial z} \right) dx + \xi \right) \mathbf{i} + F_2 \, \mathbf{j} + F_3 \, \mathbf{k}. \tag{7.7}$$

Nun ist div $\mathbf{F} \equiv 0$, also

$$\frac{\partial F_2}{\partial y} + \frac{\partial F_3}{\partial z} = - \frac{\partial F_1}{\partial x} \cdot$$

Setzen wir das in (7.7) ein und integrieren, so gilt

$$\operatorname{rot} \mathbf{A} = ([F_1]_0^x + \xi) \, \mathbf{i} + F_2 \, \mathbf{j} + F_3 \, \mathbf{k} = F_1 \, \mathbf{i} + F_2 \, \mathbf{j} + F_3 \, \mathbf{k} = \mathbf{F},$$

was behauptet war. Also ist (7.6) ein spezielles Vektorpotential.

Eindeutigkeit. Nehmen wir an, es gebe zwei Vektorfelder **A** und **A'**, für die in einem einfach zusammenhängenden Bereich R gelte

$$\mathbf{F} = \operatorname{rot} \mathbf{A} \quad \text{und} \quad \mathbf{F} = \operatorname{rot} \mathbf{A}'.$$

Wir setzen

$$\mathbf{B} = \mathbf{A} - \mathbf{A}'.$$

Dann gilt

$$\operatorname{rot} \mathbf{B} = \mathbf{0} \quad \text{in R}.$$

Nun folgt aus dem im vorigen Abschnitt bewiesenen, daß ein Skalarfeld Ω existiert mit

$$\mathbf{B} = \text{grad}\,\Omega.$$

Also ist

$$\mathbf{A} = \mathbf{A}' + \text{grad}\,\Omega; \tag{7.8}$$

das zeigt: *Das Vektorpotential* **A** *ist bis auf den Gradienten eines beliebigen Skalarfeldes eindeutig bestimmt.*

Kommentar. Aus (7.8) folgt

$$\text{div}\,\mathbf{A} = \text{div}\,\mathbf{A}' + \nabla^2\,\Omega,$$

und so haben wir einigen Spielraum in der Wahl von div **A**. In der Elektrodynamik wird diese Tatsache ausgenutzt, um die Form der grundlegenden Gleichungen zu vereinfachen. In der Elektrostatik zum Beispiel wählt man $\text{div}\,\mathbf{A} \equiv 0$.

Quellenfreie Felder. Ein Vektorfeld **F** heißt quellenfrei in einem Bereich R, wenn $\text{div}\,\mathbf{F} \equiv 0$ in R gilt.

Übungsaufgaben. 6. Mit Hilfe von (7.6) finde man ein Vektorfeld **A** für das rot $\mathbf{A} = \mathbf{F}$ gilt, wenn $\mathbf{F} = (y - x, z, x)$ ist.

7. Man zeige in Polarkoordinaten r, ϑ, φ, daß das Vektorfeld $\mathbf{F} = \mathbf{e}_r/r^2$ quellenfrei ist. Man bestimme eine Funktion $\Psi(r, \vartheta)$ für die

$$\mathbf{A} = \frac{\Psi(r, \vartheta)}{r \sin \vartheta}\, \mathbf{e}_\varphi$$

das Vektorpotential von **F** ist, das die Bedingung $\text{div}\,\mathbf{A} = 0$ erfüllt.

7.4. Die Poisson-Gleichung

In vielen Anwendungen erfüllt das Skalarpotential Ω die Differentialgleichung

$$\nabla^2\,\Omega = f(x, y, z), \tag{7.9}$$

wobei $f(x, y, z)$ eine gegebene skalare Ortsfunktion ist. Im Fall $f \equiv 0$ ist (7.9) die Laplace-Gleichung, sonst heißt sie Poisson-Gleichung.
Die Lösung werde in einem beschränkten Bereich τ gesucht, der von einer einfachen geschlossenen Fläche S begrenzt wird, die verschiedene Rand-

bedingungen erfülle. (Der Einfachheit halber nehmen wir an, daß es nur eine Randfläche gibt, aber die Argumentation kann leicht auf einen allgemeineren Fall ausgedehnt werden.) Typische Randbedingungen sind:

1. die Dirichlet-Randbedingung

$$\Omega = g(x, y, z) \quad \text{auf S}, \tag{7.10}$$

wobei g (x, y, z) eine gegebene Ortsfunktion ist;

2. die Neumannsche Randbedingung

$$\frac{\partial \Omega}{\partial n} = h(x, y, z) \quad \text{auf S}, \tag{7.11}$$

wobei h (x, y, z) eine gegebene Ortsfunktion ist und $\partial\Omega/\partial n = \hat{\mathbf{n}} \cdot \nabla\Omega$ mit $\hat{\mathbf{n}}$ als Normaleneinheitsvektor auf S.

Eindeutigkeit. Im allgemeinen ist die Lösung der Poisson-Gleichung sowohl durch die Bedingung (7.10), als auch durch (7.11) eindeutig bestimmt. Das zeigt man, indem man annimmt, Ω' sei eine zweite Lösung von (7.9), die die gleiche Randbedingung wie Ω erfüllt. Dann sei

$$U = \Omega - \Omega',$$

und wir erhalten

$$\nabla^2 \Omega = f \quad \text{und} \quad \nabla^2 \Omega' = f,$$

und durch Subtraktion

$$\nabla^2 U = 0.$$

Die Randbedingung (7.10) verlangt

$$\Omega = g \quad \text{und} \quad \Omega' = g \quad \text{auf S},$$

also $\quad U = 0 \quad$ auf S.

Aus dem Eindeutigkeitssatz aus 6.3 folgt, daß in ganz τ gilt

$$U \equiv 0.$$

Damit ist gezeigt, daß die Poisson-Gleichung mit der Randbedingung (7.10) eine eindeutige Lösung hat.

Ähnlich zeigt man (der Beweis bleibt als Übung), daß die Lösung der Poisson-Gleichung mit der Neumannschen Randbedingung bis auf eine additive Konstante eindeutig bestimmt ist.

Daraus ist zu sehen, daß die Lösung mit zwei Randbedingungen nur in ganz speziellen Fällen möglich ist. Probleme mit zwei Randbedingungen werden überbestimmt genannt. Falls eine Lösung existiert, die beide Randbedingungen erfüllt, so heißen diese verträglich oder abhängig.

Lösung der Poisson-Gleichung. In 6.3 haben wir in der Greenschen Formel bewiesen, daß für Skalarfelder Φ und Ψ gilt

$$\int_S \left(\Phi \frac{\partial \Psi}{\partial n} - \Psi \frac{\partial \Phi}{\partial n}\right) dS = \int_\tau (\Phi \nabla^2 \Psi - \Psi \nabla^2 \Phi)\, d\tau. \tag{7.12}$$

Wir wählen den Ursprung O innerhalb von τ und setzen

$$\Psi = \Omega, \quad \Phi = \frac{1}{r}. \tag{7.13}$$

Benutzen wir dann die Darstellung von ∇^2 in sphärischen Polarkoordinaten, so erhalten wir

$$\nabla^2 \Phi \equiv \frac{1}{r^2} \frac{d}{dr} \left\{ r^2 \frac{d}{dr} \left(\frac{1}{r} \right) \right\} \equiv 0 \tag{7.14}$$

für alle $r \neq 0$. Da $\nabla^2 \Phi$ für $r = 0$ nicht definiert ist, nehmen wir diesen Punkt aus und wenden die Greensche Formel auf den Bereich $\tau - \tau_\varepsilon$ an, der von $S \cup S_\varepsilon$ begrenzt wird (Fig. 86). Dabei ist S_ε die Oberfläche einer kleinen Kugel vom Radius ε, die O umschließt, und τ_ε der von S_ε begrenzte Bereich. Setzen wir (7.13) und (7.14) in (7.12) ein, so gilt

$$\int_{S \cup S_\varepsilon} \left\{ \frac{1}{r} \frac{\partial \Omega}{\partial n} - \Omega \frac{\partial}{\partial n} \left(\frac{1}{r} \right) \right\} dS = \int_{\tau - \tau_\varepsilon} \frac{1}{r} \nabla^2 \Omega \, d\tau;$$

das bedeutet

$$\int_S \left\{ \frac{1}{r} \frac{\partial \Omega}{\partial n} - \Omega \frac{\partial}{\partial n} \left(\frac{1}{r} \right) \right\} dS + I_\varepsilon = \int_\tau \frac{1}{r} \nabla^2 \Omega \, d\tau - J_\varepsilon, \tag{7.15}$$

wobei
$$I_\varepsilon = \int_{S_\varepsilon} \left\{ \frac{1}{r} \frac{\partial \Omega}{\partial n} - \Omega \frac{\partial}{\partial n} \left(\frac{1}{r} \right) \right\} dS \tag{7.16}$$

gilt und

$$J_\varepsilon = \int_{\tau_\varepsilon} \frac{1}{r} \nabla^2 \Omega \, d\tau. \tag{7.17}$$

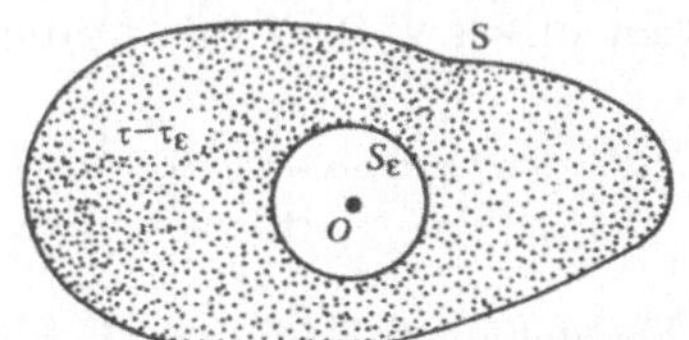

Fig. 86
S_ε ist eine kleine Kugel mit dem Mittelpunkt O;
$\tau - \tau_\varepsilon$ ist der Bereich zwischen S_ε und der Fläche S

Wir berechnen nun den Grenzfall von (7.15) für $\varepsilon \to 0$.
Nach Vereinbarung zeigt die Flächennormale aus $\tau - \tau_\varepsilon$ heraus, und damit gilt auf dem Rand S_ε stets $\partial/\partial n = -\partial/\partial r$. Benutzen wir sphärische Polarkoordinaten r, ϑ, φ, so erhalten wir

$$I_\varepsilon = \int_0^{2\pi}\int_0^{\pi}\left(-\frac{1}{\varepsilon}\frac{\partial\Omega}{\partial r} - \frac{\Omega}{\varepsilon^2}\right)\varepsilon^2 \sin\vartheta \, d\vartheta \, d\varphi$$

$$= -\varepsilon \int_0^{2\pi}\int_0^{\pi} \frac{\partial\Omega}{\partial r} \sin\vartheta \, d\vartheta \, d\varphi - \int_0^{2\pi}\int_0^{\pi} \Omega(\varepsilon, \vartheta, \varphi) \sin\vartheta \, d\vartheta \, d\varphi.$$

Sei der Wert von Ω im Ursprung Ω_0 und beachten wir, daß Ω in diesem Punkt als stetig vorausgesetzt war, so folgt

$$\lim_{\varepsilon\to 0} I_\varepsilon = -\Omega_0 \int_0^{2\pi}\int_0^{\pi} \sin\vartheta \, d\vartheta \, d\varphi = -4\pi\Omega_0.$$

Ebenso gilt

$$J_\varepsilon = \int_0^{2\pi}\int_0^{\pi}\int_0^{\varepsilon} r\nabla^2 \Omega \sin\vartheta \, dr \, d\vartheta \, d\varphi,$$

und wenn M eine untere Schranke von $|\nabla^2 \Omega|$ ist (f in Gleichung (7.9) ist beschränkt), so erhalten wir

$$|J_\varepsilon| \leqq M \left| \int_0^{2\pi}\int_0^{\pi}\int_0^{\varepsilon} r \sin\vartheta \, dr \, d\vartheta \, d\varphi \right| = M\, 2\pi\varepsilon^2.$$

Also ist

$$\lim_{\varepsilon\to 0} J_\varepsilon = 0.$$

Lassen wir nun auch in (7.15) $\varepsilon \to 0$ streben, so folgt

$$\int_S \left\{\frac{1}{r}\frac{\partial\Omega}{\partial n} - \Omega\frac{\partial}{\partial n}\left(\frac{1}{r}\right)\right\} dS - 4\pi\Omega_0 = \int_\tau \frac{1}{r}\nabla^2\Omega \, d\tau. \qquad (7.18)$$

Setzen wir $\nabla^2\Omega = f$ aus (7.9) ein, so erhalten wir als Wert von Ω im Ursprung O

$$\Omega_0 = -\frac{1}{4\pi}\int_\tau \frac{f}{r}\,d\tau + \frac{1}{4\pi}\int_S \left\{\frac{1}{r}\frac{\partial\Omega}{\partial n} - \Omega\frac{\partial}{\partial n}\left(\frac{1}{r}\right)\right\} dS. \quad (7.19)$$

Da wir jeden Punkt des Feldes als Ursprung O wählen können, gibt (7.19) den Wert von Ω in einem beliebigen Punkt an. Trotzdem gibt dieses Ergebnis keine unmittelbare Lösung der Poisson-Gleichung, da die rechte Seite von (7.19) die Kenntnis von Ω und $\partial\Omega/\partial n$ auf S voraussetzt. Wir haben aber bereits gesehen, daß gewöhnlich nur eine dieser beiden Größen bekannt ist. Das Ergebnis ist trotzdem nicht wertlos, da analytische und numerische Methoden zur Lösung einiger Gleichungen dieser Art (Integralgleichungen genannt) bekannt sind.

Im Spezialfall eines unendlich ausgedehnten Bereiches τ mit $\Omega = O(1/r)$ in großen Abständen (in physikalischen Anwendungen ist diese Voraussetzung fast immer erfüllt), führt Gleichung (7.19) sofort zu einer Lösung für Ω. Sei S eine Kugel vom Radius R mit dem Ursprung als Mittelpunkt, so gilt

$$\int_S \left\{\frac{1}{r}\frac{\partial\Omega}{\partial n} - \Omega\frac{\partial}{\partial n}\left(\frac{1}{r}\right)\right\} dS$$

$$= \int_0^{2\pi}\int_0^{\pi} \left(\frac{1}{r}\frac{\partial\Omega}{\partial r} + \frac{\Omega}{r^2}\right)_{r=R} R^2 \sin\vartheta\, d\vartheta\, d\varphi$$

$$= \int_0^{2\pi}\int_0^{\pi} O\left(\frac{1}{R}\right) \sin\vartheta\, d\vartheta\, d\varphi$$

für große Abstände R. Strebt also R nach unendlich, so verschwindet das Oberflächenintegral und (7.19) gibt

$$\Omega_0 = -\frac{1}{4\pi}\int \frac{f}{r}\,d\tau, \quad (7.20)$$

wobei nun über den gesamten Raum integriert wird und

$$r = (x^2 + y^2 + z^2)^{1/2} \quad (7.21)$$

gilt. Wählen wir als Ursprung jetzt den Punkt (x, y, z), so erhalten wir die alternative Form der Gleichung

$$\Omega(x, y, z) = -\frac{1}{4\pi}\iiint \frac{f(x', y', z')}{\{(x-x')^2 + (y-y')^2 + (z-z')^2\}^{1/2}}\, dx'\, dy'\, dz'. \quad (7.22)$$

Das ist die gewünschte Lösung der Poisson-Gleichung.

Übungsaufgaben. 8. Man zeige, daß die Lösung der Poisson-Gleichung mit der Neumannschen Randbedingung bis auf eine Konstante eindeutig bestimmt ist.

9. Die Lösung der Poisson-Gleichung $\nabla^2 \Omega = f(x, y, z)$ mit einem gegebenen Skalarfeld $f(x, y, z)$ ist in einem Bereich τ mit einer einfachen geschlossenen Fläche S als Rand gefragt. Die Randbedingung sei $\Omega = g(x, y, z)$ auf S, wenn $g(x, y, z)$ eine gegebene skalare Ortsfunktion ist. Man setze $f(x, y, z) \equiv 0$ außerhalb von S und reduziere das Problem, so daß die Laplace-Gleichung $\nabla^2 U = 0$ zu lösen ist. Die Randbedingung ist dann

$$U = g(x, y, z) + \frac{1}{4\pi}\iiint \frac{f(x', y', z')}{\sqrt{(x-x')^2 + (y-y')^2 + (z-z')^2}}\, dx'\, dy'\, dz' \quad \text{auf S},$$

wobei über den ganzen Raum integriert wird.

10. In sphärischen Polarkoordinaten r, ϑ, φ reduziert sich die Gleichung $\nabla^2 \Omega = 1$ auf

$$\frac{1}{r^2}\frac{d}{dr}\left(r^2 \frac{d\Omega}{dr}\right) = 1,$$

wenn Ω nur eine Funktion von r ist. Man rechne nach, daß $\Omega = (5 + r^2)/6$ Lösung der Gleichung $\nabla^2 \Omega = 1$ mit der Randbedingung $\Omega = 1$ auf der Kugel $r = 1$ ist.

11. Sei $\nabla^2 \Omega = 1$ für $r \leqq 1$ und $\nabla^2 \Omega = 0$ für $r > 1$. Man zeige, daß die Gleichung (7.22) auf die Lösung $\Omega = (1/6)\, r^2 - 1/2$, $r \leqq 1$, führt. Mit Hilfe der Methode aus Aufgabe 9 leite man daraus die Lösung von Aufgabe 10 ab.

7.5. Die Poisson-Gleichung in Vektorform

In der Elektrodynamik tritt ein Vektorpotential **A** auf, das die Poisson-Gleichung in Vektorform erfüllt, nämlich

$$\nabla^2 \mathbf{A} = \mathbf{F}, \quad (7.23)$$

wenn **F** ein bekanntes Vektorfeld ist. In rechtwinkligen kartesischen Koordinaten seien A_1, A_2, A_3 die Komponenten von **A** und F_1, F_2, F_3 die von **F**. Dann lautet (7.23) komponentenweise

$$\nabla^2 A_i = F_i \quad (i = 1, 2, 3), \tag{7.24}$$

das ist die Skalarform der Poisson-Gleichung.
Ist der betrachtete Bereich unbeschränkt, und gilt $A_i = O\,(1/r)$ in großem Abstand r vom Ursprung, so ist eine Lösung von (7.24) durch

$$A_i\,(x, y, z) = -\frac{1}{4\pi}\iiint \frac{F_i\,(x', y', z')}{\{(x-x')^2 + (y-y')^2 + (z-z')^2\}^{1/2}}\,dx'dy'dz' \tag{7.25}$$

gegeben. Faßt man die Komponenten wieder zusammen, so folgt

$$\mathbf{A}\,(x, y, z) = -\frac{1}{4\pi}\iiint \frac{\mathbf{F}\,(x', y', z')}{\{(x-x')^2 + (y-y')^2 + (z-z')^2\}^{1/2}}\,dx'dy'dz'. \tag{7.26}$$

7.6. Der Helmholtzsche Satz

Dieser Satz sagt aus, daß zu jedem stetig differenzierbaren Vektorfeld **H** ein Skalarfeld Ω und ein Vektorfeld **A** existieren, so daß

$$\mathbf{H} = \text{grad}\,\Omega + \text{rot}\,\mathbf{A} \tag{7.27}$$

gilt. Wir nehmen im weiteren an, daß der betrachtete Bereich unbeschränkt ist, und daß $|\mathbf{H}| = O\,(1/r^2)$ für große Abstände gilt.

B e w e i s. Wir betrachten die Differentialgleichung

$$\nabla^2\,\Omega = \text{div}\,\mathbf{H} = f\,(x, y, z). \tag{7.28}$$

Verwenden wir die Bedingung, daß $\Omega = O\,(1/r)$ für große Abstände ist, so erhält man aus (7.22) für Ω den expliziten Ausdruck

$$\Omega\,(x, y, z) = -\frac{1}{4\pi}\iiint \frac{f\,(x', y', z')}{\{(x-x')^2 + (y-y')^2 + (z-z')^2\}^{1/2}}\,dx'dy'dz'. \tag{7.29}$$

Gleichung (7.28) kann man auch

$$\text{div}\,(\mathbf{H} - \text{grad}\,\Omega) = 0$$

schreiben. Dann folgt aus 7.3, daß ein Vektorfeld **A** existiert, für das gilt

$$\mathbf{H} - \operatorname{grad} \Omega = \operatorname{rot} \mathbf{A}.$$

Damit ist der Satz bewiesen.
Eine explizite Darstellung von **A** erhält man folgendermaßen. Nehmen wir die Rotation von (7.27), so gilt

$$\operatorname{rot} \operatorname{rot} \mathbf{A} = \operatorname{rot} \mathbf{H}. \tag{7.30}$$

Wie wir am Ende von 7.3 bemerkt haben, kann der Wert von div **A** beliebig gewählt werden. Wir benutzen diese Freiheit, um die Bedingung div **A** = 0 einzuführen. Mit (4.36) erhalten wir dann aus (7.30)

$$\nabla^2 \mathbf{A} = -\operatorname{rot} \mathbf{H} = \mathbf{F}(x, y, z). \tag{7.31}$$

Diese Gleichung wurde in (7.26) gelöst, wir erhalten also

$$\mathbf{A}(x, y, z) = -\frac{1}{4\pi} \iiint \frac{\mathbf{F}(x', y', z')}{\{(x-x')^2 + (y-y')^2 + (z-z')^2\}^{1/2}} dx' dy' dz' \tag{7.32}$$

als die gewünschte explizite Form von **A**. Daß dieses Ergebnis an die Bedingung div **A** = 0 gekoppelt ist, sieht man daraus, daß div **A** = 0 für jede Lösung der Gleichung (7.31) gelten muß.
Wegen

$$\nabla^2 \mathbf{A} = \operatorname{grad} (\operatorname{div} \mathbf{A}) - \operatorname{rot} \operatorname{rot} \mathbf{A}$$

gilt nämlich

$$\operatorname{div} (\nabla^2 \mathbf{A}) = \nabla^2 (\operatorname{div} \mathbf{A})$$

und wenn man die Divergenz von (7.31) bildet, so folgt

$$\nabla^2 (\operatorname{div} \mathbf{A}) = 0. \tag{7.33}$$

Für große Abstände gilt für **A**, wie es in (7.32) gegeben ist, $\mathbf{A} = O(1/r)$ und damit $\operatorname{div} \mathbf{A} = O(1/r^2)$. Da keine inneren Grenzen existieren, ist $\operatorname{div} \mathbf{A} \equiv 0$ offensichtlich eine spezielle Lösung von (7.33). Nach dem Eindeutigkeitssatz aus 6.3 folgt aber, daß das die einzig mögliche Lösung ist, und damit muß das durch (7.32) gegebene **A** die Gleichung div **A** = 0 erfüllen.

Kommentar. 1. Die Vektorfelder grad Ω und rot **A** in (7.27) sind nicht rotierend bzw. quellenfrei; das heißt rot (grad Ω) = **0** und div (rot **A**) = 0. Der Helmholtzsche Satz zeigt also, daß ein Vektorfeld **H** in eine Summe aus einem nicht rotierenden und einem quellenfreien Teil zerlegt werden kann.

2. Die Gleichungen (7.29) und (7.32) zeigen, wie man Ω und $\mathbf{A}$ aus div $\mathbf{H}$ und rot $\mathbf{H}$ berechnen kann. Bereiche, in denen div $\mathbf{H} \neq 0$ ist, heißen Quellen; Bereiche, in denen rot $\mathbf{H} \neq \mathbf{0}$ ist, heißen Wirbel von $\mathbf{H}$. Diese Bezeichnungen stammen aus der Hydrodynamik.

7.7. Raumwinkel

Zum Schluß geben wir einen Abriß (hauptsächlich in geometrischen Begriffen) über Raumwinkel, da diese ab und zu in der Potentialtheorie auftreten.
Sei dS das Oberflächenelement im Punkt P der Fläche S, und sei O ein beliebiger anderer Punkt. Sei ϑ der Winkel zwischen $\overrightarrow{OP}$ und dem Normaleneinheitsvektor $\mathbf{n}$ der Fläche S in P (Fig. 87). Sei $\overrightarrow{OP} = \mathbf{r}$, dann definieren wir

$$d\omega = \frac{\cos\vartheta\, dS}{r^2} \tag{7.34}$$

als Raumwinkel, den dS von O aus überdeckt. Der totale Raumwinkel, den S von O aus überdeckt, sei

$$\omega = \int_S \frac{\cos\vartheta\, dS}{r^2} = \int_S \frac{\mathbf{r}\cdot\mathbf{dS}}{r^3}. \tag{7.35}$$

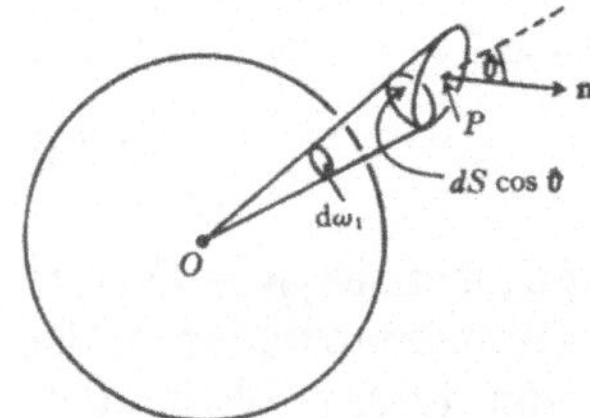

Fig. 87

Wir betrachten einen Kegel mit der Basis dS und dem Scheitel O, der eine Kugel vom Radius 1 um den Mittelpunkt O schneidet. Das Flächenelement, das der Kegel ausschneidet, werde $d\omega_1$ genannt (Fig. 87). Die Projektion von dS auf die Ebene senkrecht zu OP ist dS $|\cos\vartheta|$. Das Verhältnis dieser Fläche zu $d\omega_1$ ist $OP^2 : 1$, und wir erhalten

$$d\omega_1 = \frac{dS\,|\cos\vartheta|}{r^2} = |d\omega|. \tag{7.36}$$

Ist ϑ ein spitzer Winkel (gilt also $|\cos\vartheta| = \cos\vartheta$), so bedeckt der Raumwinkel zu dS von O aus gerade die Fläche, die der Kegel aus der Einheitskugel um den Punkt O ausschneidet; ist ϑ ein stumpfer Winkel, so ist $(-1) \times$ ausgeschnittene Fläche gleich dem Raumwinkel. Die anschauliche geometrische Argumentation erlaubt es oft, den Raumwinkel einfacher zu berechnen, als das mit der Integration (7.35) möglich ist.

Spezialfälle. 1. Betrachten wir eine geschlossene Fläche S, die von allen Geraden, die von einem beliebigen Punkt im Inneren ausgehen, nur einmal geschnitten wird (Fig. 88). Sei O ein Punkt im Inneren von S und sei der Normaleneinheitsvektor $\mathbf{n}$ im Punkt P auf S vom Inneren weggerichtet (im konventionellen Sinn). Dann sind die Winkel zwischen $\overrightarrow{OP}$ und $\mathbf{n}$ alle spitz. Von O aus ist der Raumwinkel zu S daher gleich der Oberfläche der Einheitskugel, also 4π.

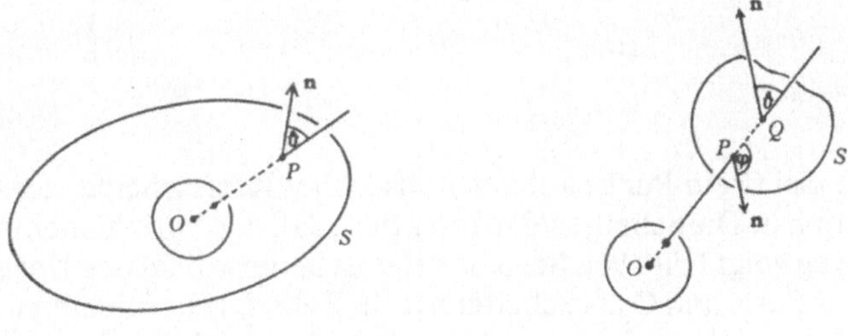

Fig. 88 Fig. 89

Nehmen wir nun an, daß O außerhalb von S liegt und eine Gerade, die von O ausgeht, S in P und Q schneidet (Fig. 89). Die Winkel zwischen OPQ und dem Normaleneinheitsvektor $\mathbf{n}$ in P bzw. Q (φ und ϑ in Diagramm) sind stumpf bzw. spitz. Wir ziehen einen schmalen Kegel mit dem Scheitel O, der Flächenelemente um P und Q ausschneidet. Die Raumwinkel, die O damit zugeordnet werden, haben die gleiche Größe, aber entgegengesetztes Vorzeichen; zusammengenommen ergeben sie Null. Das gilt für alle Geraden OPQ, so daß S von O aus stets den totalen Raumwinkel Null überdeckt.
Liegt O auf dem Rand von S, so zeigen ähnliche Argumente, daß der Raumwinkel 2π ist.

Zusammengefaßt ist der totale Raumwinkel, den S *vom Punkt* O *aus überdeckt,* 4π, 2π *oder Null, je nachdem, ob* O *innerhalb, auf dem Rand oder außerhalb von* S *liegt.*

Das gleiche Ergebnis gilt für allgemeinere Flächen S, wie sie in Fig. 90 gezeigt sind. Liegt O innerhalb von S, so wie es dargestellt ist, und schneidet eine Gerade, die von O ausgeht, S in den Punkten P, Q und R, so sind die Beiträge zum Raumwinkel von den Flächenelementen in P, Q und R vom gleichen Betrag, aber zwei sind positiv und eins ist negativ; zusammengenommen erhält man also das gleiche, als wenn OPQR die Fläche nur einmal schneiden würde. Ähnlich schneidet eine Gerade L, die von einem Punkt außerhalb von S ausgeht, die Fläche in einer geraden Anzahl von Punkten. Der gesamte Beitrag der Flächenelemente zum Raumwinkel auf L ist also Null. Damit ist das Ergebnis für eine beliebige geschlossene Fläche aufgestellt.

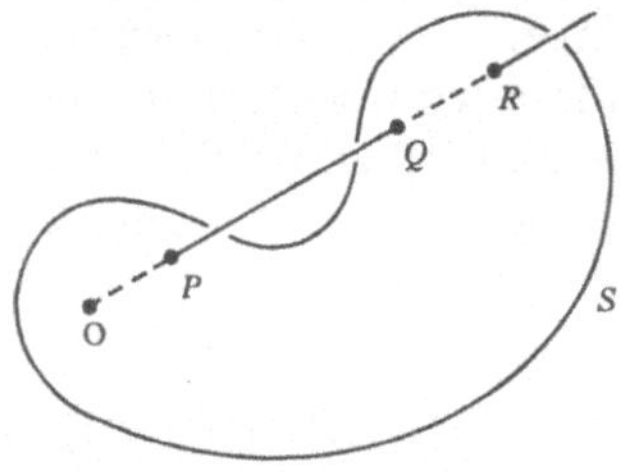

Fig. 90

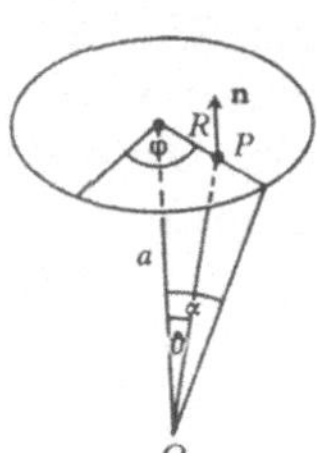

Fig. 91

2. Sei O ein Punkt auf der Achse einer Kreisscheibe, der den Abstand a von ihr hat. Die Scheibe sei so orientiert, daß der Normaleneinheitsvektor **n** von O weg zeigt (Fig. 91). Sei α der Halbscheitelwinkel des Kegels, der die Scheibe als Basis und O als Scheitel hat. In Zylinderkoordinaten mit Ursprung O und der Scheibenachse als z-Achse berechnet sich der Raumwinkel von O aus als

$$\omega = \int_S \frac{\cos\vartheta\, dS}{r^2} = \int_{-\pi}^{\pi}\int_0^{a\tan\alpha} \frac{\cos\vartheta\, R\, dR\, d\varphi}{a^2\sec^2\vartheta}$$

$$= 2\pi \int_0^{a\tan\alpha} \cos^3\vartheta\, R\, dR/a^2.$$

Setzen wir $R = a\tan\vartheta$, so wird daraus

$$\omega = 2\pi \int_0^{\alpha} \sin\vartheta\, d\vartheta = 2\pi\,(1-\cos\alpha).$$

Ist $\alpha = \pi/2$, so ist die Kreisscheibe eine unendlich ausgedehnte Ebene. Diese überdeckt also von jedem Punkt aus, der nicht auf ihr liegt, den Raumwinkel 2π.

Übungsaufgaben. 12. Mit Hilfe des Gaußschen Satzes zeige man, daß der Raumwinkel, der von einer einfachen geschlossenen Fläche überdeckt wird, von einem äußeren Punkt aus Null ist.

13. Die Punkte P und Q liegen auf entgegengesetzten Seiten einer einfachen offenen Fläche und beliebig nahe daran. Die Raumwinkel von S bezogen auf die Punkte P und Q seien mit ω_P^S und ω_Q^S bezeichnet. Liegt P auf der positiven Seite von S, so zeige man $\omega_P^S - \omega_Q^S \to -4\pi$ für $PQ \to 0$.

Hinweis. Man füge zu S eine einfache offene Fläche S' hinzu, so daß $S \cup S'$ eine einfache geschlossene Fläche bildet, die Q einschließt. Dann beachte man $\omega_P^{S'} \to \omega_Q^{S'}$ wenn $PQ \to 0$.

14. Ein Quadrat habe die Seitenlänge 2a und ein Punkt P liege im Abstand a vom Quadrat auf der Senkrechten durch den Diagonalenschnittpunkt. Der Normaleneinheitsvektor zeige von P weg, und man berechne den Raumwinkel, unter dem man das Quadrat von diesem Punkt aus sieht.

8. Kartesische Tensoren

8.1. Einführung

Wie wir bereits gesehen haben, ist es eine grundlegende Eigenschaft der Vektoren, daß sie sich in rechtwinkligen kartesischen Koordinatensystemen durch drei Komponenten darstellen lassen, die den einzelnen Achsen zugeordnet sind. Die Komponenten hängen nur von der Orientierung der Achsen ab und werden nach den Regeln (2.1) transformiert, wenn die Achsen gedreht werden. Die Tensoranalysis kann behandelt werden als eine Verallgemeinerung der Vektoranalysis auf gewisse mathematische und physikalische Größen, genannt Tensoren, zu deren vollständiger Beschreibung mehr als drei Komponenten benötigt werden. Es gibt wieder physikalisch interpretierbare Regeln, nach denen die Komponenten der Tensoren transformiert werden, wenn sich die Koordinatenachsen ändern. Um die Beschäftigung mit den Tensoren etwas zu motivieren, geben wir zuerst ein spezifisches Beispiel. Verformt man einen elastischen Körper, so wirken gewöhnlich bestimmte innere Kräfte. Im Punkt P eines solchen Körpers wähle man ein kleines ebenes Flächenelement, dessen Normale in Richtung der positiven x_1-Achse eines rechtwinkligen kartesischen Koordinatensystems $Ox_1x_2x_3$ liegt. Die Kraft pro Flächeneinheit auf dieses Element, die vom Material abhängt, aus dem der Körper besteht, ist ein Vektor mit drei rechtwinkligen kartesischen Komponenten, die wir σ_{11}, σ_{12}, σ_{13} nennen wollen. Ähnlich wollen wir die Kräfte pro Flächeneinheit auf die Flächenelemente durch P, deren Normalen in x_2- bzw. x_3-Richtung zeigen, mit den Komponenten $\sigma_{21}, \sigma_{22}, \sigma_{23}$ bzw. $\sigma_{31}, \sigma_{32}, \sigma_{33}$ benennen. Man kann zeigen, daß diese 9 Komponenten σ_{ij} $(i, j = 1, 2, 3)$ ausreichen, um den „Belastungszustand" oder Spannungstensor im Punkt P zu beschreiben. Außerdem kann man durch Anwendung der Newtonschen Bewegungsgleichungen auf ein kleines Körperelement untersuchen, wie sich gerade diese Komponenten bei einer Drehung der Achsen ändern.

Es gibt noch andere mathematische und physikalische Größen, die sich auf ähnliche Weise wie diese Belastungen darstellen lassen. Daher scheint es gerechtfertigt, eine allgemeine und umfassende Theorie zu entwickeln.

In diesem Kapitel soll eine Einführung in die Theorie der kartesischen Tensoren gegeben werden. Diese Tensoren werden mit Komponenten beschrieben, die sich auf ein rechtwinkliges kartesisches Koordinatensystem beziehen. In diesem Zusammenhang ist es oft möglich, wie auch schon bei den Vektoren, orthogonale gekrümmte Koordinaten zu behandeln. Die Bemerkung nach Beispiel 1 später in diesem Kapitel wird das erläutern. In der allgemeinen Tensortheorie, die für die allgemeine Relativtätstheorie und das Studium der nicht-euklidischen Geometrie ein unumgängliches Werkzeug ist, werden allgemeine Koordinaten benötigt. Dabei wird das Konzept des Raumes selbst verallgemeinert. Diese Tüfteleien liegen jedoch außerhalb des angestrebten Wirkungskreises dieses Buches.

8.2. Kartesische Tensoren: allgebraische Grundlagen

Für den Rest dieses Kapitels seien $Ox_1x_2x_3$ und $Ox_1'x_2'x_3'$ zwei rechtwinklige kartesische Koordinatensysteme, deren Orientierung zueinander wie in Kapitel 1 durch die Transformationsmatrix

	x_1	x_2	x_3
x_1'	ℓ_{11}	ℓ_{12}	ℓ_{13}
x_2'	ℓ_{21}	ℓ_{22}	ℓ_{23}
x_3'	ℓ_{31}	ℓ_{32}	ℓ_{33}

(8.1)

gegeben ist. Außerdem werden wir die Summenkonvention anwenden.

Definition. Sei A eine mathematische oder physikalische Größe, die bei ihrer Darstellung in einem rechtwinkligen kartesischen Koordinatensystem $Ox_1x_2x_3$ durch 3^n Skalare $a_{ij\ldots}$ beschrieben wird, wobei zu a genau $n\,(\geqq 0)$ Indizes gehören. Jeder Index nimmt die Werte 1, 2 und 3 an und die Indizes i, j, ... sind geordnet. Sei $a'_{rs\ldots}$ (n Indizes) die zugehörige Menge von Skalaren mit geordneten Indizes, die A darstellen, wenn das Koordinatensystem $Ox'_1x'_2x'_3$ heißt und gelte

$$a'_{rs\ldots} = \ell_{ri}\,\ell_{sj}\cdots a_{ij\ldots}. \tag{8.2}$$

Wenn die Menge der Skalare mit geordneten Indizes, die A darstellt, bei einer Translation der Achsen invariant ist (und deshalb nur von der Orientierung der Achsen abhängt), heißt A ein Tensor n-ter Stufe (oder des Ranges n); die Skalare $a_{ij\ldots}$ heißen Komponenten von A. Ein Tensor nullter Stufe ist offensichtlich ein Skalar, der in allen Koordinatensystemen gleich ist; er heißt deshalb invarianter Skalar. Ist $n=1$, so hat A genau drei Komponenten a_1, a_2, a_3 und das Transformationsgesetz (8.2) reduziert sich auf

$$a'_r = \ell_{ri}\,a_i. \tag{8.3}$$

Das ist aber das Transformationsgesetz für Vektoren und es folgt: Ein Vektor ist ein Tensor erster Stufe. Das erläutert die Anfangsbemerkung, daß die Analysis kartesischer Tensoren als eine Verallgemeinerung der Vektoranalysis betrachtet werden kann.
Ist $n=2$, so ist A ein Tensor zweiter Stufe mit 9 Komponenten, die bequemerweise in Matrixform angeordnet werden:

$$\begin{pmatrix} a_{11} & a_{12} & a_{13} \\ a_{21} & a_{22} & a_{23} \\ a_{31} & a_{32} & a_{33} \end{pmatrix} \tag{8.4}$$

Es ist anzumerken, daß sich die Elemente der Matrix von Koordinatensystem zu Koordinatensystem ändern können. Das Transformationsgesetz (8.2) lautet für diesen Fall

$$a'_{rs} = \ell_{ri}\,\ell_{sj}\,a_{ij}. \tag{8.5}$$

Man beachte, daß die Komponenten so angeordnet sind, daß a_{ij} den Achsen Ox_i und Ox_j (in dieser Reihenfolge) zugeordnet ist; a_{11} ist also Ox_1 doppelt zugeordnet, a_{12} ist Ox_1 und Ox_2 (in dieser Reihenfolge), a_{21} ist Ox_2 und Ox_1 (in dieser Reihenfolge) zugeordnet u.s.w. Im Fall des Spannungstensors mit den Komponenten σ_{ij}, der in 8.1 erwähnt wurde, gibt der erste Index die Richtung der Normalen des betrachteten

Flächenelementes an und der zweite Index die Richtung der Komponente, in die die Belastung auf das Element wirkt.
Abgesehen von invarianten Skalaren und Vektoren sind Tensoren zweiter Stufe die am meisten benutzten. Der Schwerpunkt wird im verbleibenden Kapitel auf diesen Tensoren liegen.

Elementare algebraische Operationen. Die Definitionen der Multiplikation eines Tensors mit einem Skalar und der Addition und Subtraktion von Tensoren gleicher Stufe seien analog zu den entsprechenden Definitionen dieser Verknüpfung für Vektoren in 2.3 und 2.4 festgelegt. Ist A z. B. ein Tensor zweiter Stufe mit der Komponenten a_{ij} $(i, j = 1, 2, 3)$ und λ ein Skalar, so ist λA ein Tensor mit den Komponenten λa_{ij}. Ist ferner B ein anderer Tensor zweiter Stufe mit den Komponenten b_{ij}, so ist $A + B$ der Tensor mit den Komponenten $a_{ij} + b_{ij}$. Addition (und Subtraktion) von Tensoren verschiedener Stufen ist nicht definiert.
Mit Hilfe der Definition der Tensoren ist leicht zu beweisen, daß die Addition kommutativ und assoziativ ist (siehe 2.4).

Tensorprodukte. Seien A und B Tensoren vom Rang m bzw. n, $a_{ij\ldots}$ bzw. $b_{pq\ldots}$ deren Komponenten bezogen auf die Achsen $Ox_1x_2x_3$, wobei m Indizes zu a und n Indizes zu b gehören. Dann bilden die 3^{m+n} Skalare

$$c_{ij\ldots pq\ldots} = a_{ij\ldots} b_{pq\ldots} \tag{8.6}$$

einen Tensor, genannt C, vom Rang $m + n$. Er heißt Produkt von A und B und wird $C = AB$ geschrieben.

Beweis. Bei einer Drehung des Koordinatensystems $Ox_1x_2x_3$ in das System $Ox'_1x'_2x'_3$, wie sie durch die Transformationsmatrix (8.1) gegeben ist, sind die transformierten Komponenten von A und B

$$a'_{rs\ldots} = \ell_{ri}\ell_{sj}\cdots a_{ij\ldots}, \quad \text{bzw.} \quad b'_{uv\ldots} = \ell_{up}\ell_{vq}\cdots b_{pq\ldots},$$

Also sind die Komponenten von C bezogen auf das neue System

$$\begin{aligned} c'_{rs\ldots uv\ldots} &= a'_{rs\ldots} b'_{uv\ldots} = \ell_{ri}\ell_{sj}\cdots \ell_{up}\ell_{vq}\cdots a_{ij\ldots} b_{pq\ldots} \\ &= \ell_{ri}\ell_{sj}\cdots \ell_{up}\ell_{vq}\cdots c_{ij\ldots pq\ldots}. \end{aligned}$$

Das ist das Transformationsgesetz für Tensoren und damit ist der Tensorcharakter von C bewiesen.
Als Beispiel für diese wichtige Verknüpfung betrachten wir die Vektoren $\mathbf{a} = (a_1, a_2, a_3)$ und $\mathbf{b} = (b_1, b_2, b_3)$. Wie schon erwähnt, handelt es sich dabei um Tensoren erster Stufe und ihr Produkt ist nach dem eben bewiesenen Satz ein Tensor zweiter Stufe mit den 9 Komponenten

$$c_{ij} = a_i b_j \ (i, j = 1, 2, 3).$$

Die Tensormultiplikation ist assoziativ, d.h.

$$(AB)C = A(BC). \tag{8.7}$$

Das Distributivgesetz gilt auch

$$A(B+C) = AB + AC \tag{8.8}$$

Die Beweise mögen als Übung für den Leser bleiben.

Verjüngung. Setzt man in einem Tensor zwei Indizes gleich und summiert über sie, so nennt man das Verjüngung eines Tensors. Verjüngt man einen Tensor n-ter ($n \geqq 2$) Stufe über ein beliebiges Paar von Indizes, so erhält man einen Tensor $(n-2)$-ter Stufe. Der Beweis dazu bleibt als Übung.

Als Beispiel behandeln wir den Tensor zweiter Stufe mit den Komponenten $a_i b_j$, der das Tensorprodukt der Vektoren $\mathbf{a} = (a_1, a_2, a_3)$ und $\mathbf{b} = (b_1, b_2, b_3)$ ist. Verjüngen wir über die Indizes i und j, so erhalten wir

$$a_i b_i = a_1 b_1 + a_2 b_2 + a_3 b_3,$$

einen Tensor nullter Stufe (also einen Skalar). Es handelt sich dabei natürlich um das Skalarprodukt von **a** und **b**.

Symmetrie und Antisymmetrie. Gilt für einen Tensor A mit den Komponenten a_{ij} die Gleichung

$$a_{ij} = a_{ji} \quad \text{für alle i und j,}$$

so heißt A symmetrisch. Gilt dagegen

$$a_{ij} = -a_{ji} \quad \text{für alle i und j,}$$

so heißt A antisymmetrisch. Dabei ist zu beachten, daß für antisymmetrische Tensoren die Komponenten a_{11}, a_{22} und a_{33} Null sein müssen. Diese Definition läßt sich auf Tensoren höhere Stufe übertragen, wenn man die Symmetrie oder Antisymmetrie auf bestimmte Paare von Indizes bezieht.

Jeder Tensor zweiter Stufe läßt sich als Summe aus einem symmetrischen und einem antisymmetrischen Tensor darstellen. Sei nämlich A der Tensor mit den Komponenten a_{ij}, so gilt

$$a_{ij} = \frac{1}{2}(a_{ij} + a_{ji}) + \frac{1}{2}(a_{ij} - a_{ji}),$$

Man sieht leicht, daß die Terme in Klammern auf der rechten Seite die Komponenten eines symmetrischen bzw. eines antisymmetrischen

Tensors sind. Symmetrie und Antisymmetrie sind natürliche Eigenschaften eines Tensors, die von seiner Darstellung in einem Koordinatensystem unabhängig sind. Um das zu beweisen, habe A im Koordinatensystem $Ox_1x_2x_3$ die Komponenten a_{ij}. Dann gilt im System $Ox'_1x'_2x'_3$

$$a'_{rs} = \ell_{ri}\ell_{sj}a_{ij} = \ell_{rj}\ell_{si}a_{ji},$$

wobei in der letzten Zeile die gebundenen Indizes i und j, über die summiert wird, vertauscht wurden. Ist A im Koordinatensystem $Ox_1x_2x_3$ symmetrisch, so gilt $a_{ij} = a_{ji}$. Daraus folgt dann

$$a'_{rs} = \ell_{si}\ell_{rj}a_{ij} = a'_{sr},$$

was zeigt, daß A auch im System $Ox'_1x'_2x'_3$ symmetrisch ist. Ähnlich bleibt auch die Antisymmetrie erhalten, wenn die Achsen geändert werden.

Divisionsregeln. Sei A eine mathematische oder physikalische Größe, die, wenn sie in einem rechtwinkligen kartesischen Koordinatensystem $Ox_1x_2x_3$ dargestellt ist, durch eine geordnete Menge a_{ij} $(i, j = 1, 2, 3)$ von 9 Skalaren gegeben ist. Für alle Vektoren $\mathbf{v} = (v_1, v_2, v_3)$ seien die Skalare

$$u_i = a_{ij}v_j \qquad (i = 1, 2, 3) \tag{8.9}$$

Komponenten eines Vektors **u**. Dann ist A ein Tensor zweiter Stufe.

Beweis. Bei einer Translation der Achsen seien die Komponenten a_{ij} in a'_{ij} transformiert. Da die Komponenten von **u** und **v** translationsinvariant sind, gilt

$$u_i = a'_{ij}v_j.$$

Zieht man dies von (8.9) ab, so folgt

$$(a_{ij} - a'_{ij})v_j = 0,$$

Da diese Beziehung für alle Vektoren **v** gilt, muß $a'_{ij} = a_{ij}$ sein. Die Komponenten von A sind daher translationsinvariant.
Betrachten wir nun eine Drehung in neue Achsen $Ox'_1x'_2x'_3$ und seien die Komponenten von **u**, **v** und A in u'_i, v'_i bzw. a'_{ij} transformiert. Dann gilt

$$a'_{r\alpha}v'_\alpha = u'_r = \ell_{ri}u_i = \ell_{ri}a_{ij}v_j \qquad (r = 1, 2, 3).$$

Aber es gilt

$$v'_\alpha = \ell_{\alpha j}v_j,$$

und damit

$$(a'_{r\alpha}\ell_{\alpha j} - \ell_{ri}a_{ij})v_j = 0.$$

Da das für alle Vektoren **v** gilt, müssen die Koeffizienten von v_1, v_2 und v_3 verschwinden und es folgt

$$a'_{r\alpha}\ell_{\alpha j} = \ell_{ri}a_{ij}.$$

Multipliziert man nacheinander mit ℓ_{sj} und summiert über alle Indizes j, so gilt

$$a'_{r\alpha}\ell_{\alpha j}\ell_{sj} = \ell_{ri}\ell_{sj}a_{ij}.$$

Da aber

$$\ell_{\alpha j}\ell_{sj} = \delta_{\alpha s},$$

folgt dann

$$a'_{rs} = \ell_{ri}\ell_{sj}a_{ij}.$$

Da die Komponenten von A die Tensorgesetze der Translation und der Rotation erfüllen, ist bewiesen, daß A ein Tensor zweiter Stufe ist. Das eben Bewiesene läßt sich auf Tensoren höherer Stufe ausdehnen und wird normalerweise Divisionsregel genannt. Im allgemeinen Fall wird (8.9) ersetzt durch

$$u_{ij\ldots} = a_{ij\ldots rs\ldots}v_{rs\ldots}, \tag{8.10}$$

wobei $u_{ij\ldots}$ und $v_{rs\ldots}$ die Komponenten von Tensoren U und V mit Rang m bzw. n sind. Die Folgerung, die man ziehen kann, wenn (8.10) für alle Tensoren n-ter Stufe V gilt, ist, daß $a_{ij\ldots rs\ldots}$ die Komponenten eines Tensors (m + n)-ter Stufe sind. Der Beweis ist dem obigen ähnlich.

Übungsaufgaben. 1. Im rechtwinkligen kartesischen Koordinatensystem habe ein Tensor zweiter Stufe die Komponenten a_{ij}. Ein anderes kartesisches Koordinatensystem $Ox'_1x'_2x'_3$ sei so gewählt, daß Ox'_1 mit Ox_2 zusammenfällt und Ox'_3 mit Ox_3. Man bestimme die Komponenten von A bezogen auf die neuen Achsen und zeige, daß der Tensor symmetrisch bleibt, wenn er es anfangs war.

2. Man zeige elementar, daß der Skalar, den man bei der Verjüngung eines Tensors zweiter Stufe erhält, drehungsinvariant ist.

Hinweis. Man benutze die Orthonormalitätsrelationen $\ell_{ri}\ell_{rj} = \delta_{ij}$.

3. Die Tensoren A und B mit den Komponenten a_{ij} und b_{ij} seien symmetrisch bzw. antisymmetrisch. Man zeige, daß $a_{ij}b_{ij} = 0$ gilt.

4. Eine Menge von Skalaren u_{ijkm} seien so gegeben, daß für alle Tensoren zweiter Stufe mit Komponenten E_{km} gilt: Die Skalare

$$\sigma_{ij} = u_{ijkm} E_{km} \qquad (i, j = 1, 2, 3)$$

sind Komponenten eines Tensors zweiter Stufe. Man zeige, daß die Skalare u_{ijkm} Komponenten eines Tensors 4. Stufe sind.

Hinweis. Hierbei handelt es sich um einen Spezialfall der Divisionsregel (8.10) und der Beweis kann ähnlich dem des Spezialfalls (8.9) erfolgen. Um zu zeigen, daß die Komponenten u_{ijkm} bei einer Drehung richtig transformiert werden, beginne man mit dem Nachweis von $u'_{rs\alpha\beta} E'_{\alpha\beta} = \sigma'_{rs}$.

8.3. Invariante Tensoren

Ein kartesischer Tensor heißt invariant, wenn seine Komponenten in allen rechtwinkligen kartesischen Koordinatensystemen identisch sind. Solche Tensoren spielen eine grundlegende Rolle bei der theoretischen Behandlung von Materialien, deren physikalische Eigenschaften unabhängig von der Richtung sind. In diesem Abschnitt beschäftigen wir uns mit Tensoren zweiter, dritter und vierter Stufe, die von besonderer Bedeutung sind.

Das Kroneckerdelta. In der Regel

$$a'_{rs} = \ell_{ri} \ell_{sj} a_{ij},$$

für Tensoren zweiter Stufe setze man $a_{ij} = \delta_{ij}$, wobei δ_{ij} das Kroneckerdelta aus 1.6 ist. Mit Hilfe der Orthonormalitätsbedingung (1.28) erhält man

$$a'_{rs} = \ell_{ri} \ell_{si} = \delta_{rs}.$$

Das zeigt, daß sich die Zahlen $\delta_{11}, \delta_{12}, \ldots$, wenn sie in einem rechtwinkligen kartesischen Koordinatensystem betrachtet werden, bei einer Drehung wie Tensorkomponenten verhalten und in sich selbst transformiert werden. Paßt man diese Zahlen so in ein Koordinatensystem ein, daß sie unabhängig von der Wahl des Ursprungs, also auch translationsinvariant sind, so bilden die Zahlen δ_{ij} offensichtlich einen invarianten Tensor zweiter Stufe. Er heißt Deltatensor und ist der wichtigste aller invarianten Tensoren.

Zyklische und antizyklische Permutationen. Seien i, j, k eine Permutation der Zahlen 1, 2, 3. Die Permutation heißt zyklisch oder gerade, wenn

Vertauschungen und eine antizyklische Permutation durch eine ungerade Anzahl paarweiser Vertauschungen der Zahlen 1, 2, 3 erreicht wird.

ungerade Permutation. Es ist leicht nachzuweisen, daß eine zyklische Permutation der Zahlen 1, 2, 3 durch eine gerade Anzahl paarweiser Vertauschungen und eine antizyklische Permutation durch eine ungerade Anzahl paarweiser Vertauschungen der Zahlen 1, 2, 3 erreicht wird.

Der alternierende ε-Tensor. Jeder der Indizes i, j, k nehme im Symbol ε_{ijk} die Werte 1, 2 oder 3 an. Sei

$$\varepsilon_{ijk} = \begin{cases} 0, & \text{wenn zwei oder mehrere Indizes i, j, k gleich sind;} \\ 1, & \text{wenn i, j, k eine zyklische Permutation von 1, 2, 3 ist;} \\ -1, & \text{wenn i, j, k eine ungerade Permutation von 1, 2, 3 ist.} \end{cases} \tag{8.11}$$

Das Symbol ε_{ijk} heißt ε-Tensor.

In der Regel zur Drehung von Tensoren dritter Stufe

$$a'_{rst} = \ell_{ri}\,\ell_{sj}\,\ell_{tk}\,a_{ijk}$$

setze man $a_{ijk} = \varepsilon_{ijk}$. Dann gilt

$$\begin{aligned} a'_{rst} = \ell_{ri}\,\ell_{sj}\,\ell_{tk}\varepsilon_{ijk} &= \ell_{r1}\,\ell_{s2}\,\ell_{t3} + \ell_{r2}\,\ell_{s3}\,\ell_{t1} + \ell_{r3}\,\ell_{s1}\,\ell_{t2} \\ &\quad - \ell_{r1}\,\ell_{s3}\,\ell_{t2} - \ell_{r2}\,\ell_{s1}\,\ell_{t3} - \ell_{r3}\,\ell_{s2}\,\ell_{t1} \\ &= \begin{vmatrix} \ell_{r1} & \ell_{s1} & \ell_{t1} \\ \ell_{r2} & \ell_{s2} & \ell_{t2} \\ \ell_{r3} & \ell_{s3} & \ell_{t3} \end{vmatrix}; \end{aligned} \tag{8.12}$$

Dabei ist in der letzten Zeile die Definition einer dreireihigen Determinante aus dem Anhang 1 übernommen.

Ist ein beliebiges Paar der Indizes r, s, t gleich, so hat die Determinante (8.12) zwei gleiche Spalten und verschwindet deshalb. Ist $r = 1$, $s = 2$, $t = 3$, so reduziert sich die Determinante auf die Transponierte der in (1.17) gegebenen, sie hat also den Wert 1. Vertauscht man in einer Determinante zwei beliebige Spalten, so ändert sie ihr Vorzeichen (Anhang 1), deshalb wird der Wert der Determinante -1 für $r = 2$, $s = 1$ und $t = 3$. Nun erhält man alle zyklischen Permutationen der Zahlen 1, 2, 3 durch eine gerade Anzahl von Vertauschungen dieser Zahlen, alle antizyklischen Permutationen von 1, 2, 3 durch eine gerade Anzahl von Vertauschungen der Zahlen 2, 1, 3. Das Vorzeichen (und damit der Wert) einer Determinante bleibt bei einer geraden Anzahl von Vertauschungen ihrer Spalten ungeändert und es folgt, daß die Determinante (8.12) für alle möglichen Werte von r, s, t gleich ε_{rst} ist. Also gilt

$$a'_{rst} = \varepsilon_{rst},$$

womit gezeigt ist, daß die Tensorgesetze bei einer Drehung erfüllt sind und die Zahlen der Menge ε_{ijk} in sich selbst transformiert werden. Paßt man die Zahlen so in ein Koordinatensystem ein, daß sie unabhängig von der Wahl des Ursprungs sind, so sind ε_{ijk} die Komponenten eines Tensors dritter Stufe, der alternierender ε-Tensor heißt.

Beziehungen zwischen dem alternierenden und dem Kronecker-Tensor. Eine sehr nützliche und wichtige Beziehung zwischen dem ε- und dem δ-Tensor ist

$$\varepsilon_{ijk}\varepsilon_{rsk} = \delta_{ir}\delta_{js} - \delta_{is}\delta_{jr}. \tag{8.13}$$

Das läßt sich wie folgt nachprüfen.
Sind $i = j$ und $r = s$, so ist die rechte Seite von (8.13) Null und die linke Seite verschwindet nach der Definition des ε-Tensors ebenfalls.
Betrachten wir nun $i \neq j$ und $r \neq s$. Ohne Beschränkung der Allgemeinheit läßt sich $i = 1$ und $j = 2$ voraussetzen. Nach der Definition des ε-Tensors wird dann die linke Seite von (8.13) zu

$$\varepsilon_{121}\varepsilon_{rs1} + \varepsilon_{122}\varepsilon_{rs2} + \varepsilon_{123}\varepsilon_{rs3} = \varepsilon_{rs3}.$$

Die rechte Seite von (8.13) wird zu

$$\delta_{1r}\delta_{2s} - \delta_{1s}\delta_{2r} = \Delta \qquad \text{(abgekürzt)}.$$

Wenn $r \neq s$ ist, gibt es folgende Möglichkeiten:

$r = 3$,	dann ist	$\Delta = 0$ für alle s;
$s = 3$,	dann ist	$\Delta = 0$ für alle r;
$r = 1, s = 2$	liefert	$\Delta = 1$;
$r = 2, s = 1$	liefert	$\Delta = -1$.

Daraus folgt $\Delta = \varepsilon_{rst}$ und die Gleichung ist bewiesen.
Ein anderer Beweis der Gleichung wird in Aufgabe 13 angeregt.

Beziehungen zwischen dem ε-Tensor und dem Vektorprodukt. Die i-te Komponente des Vektorprodukts von $\mathbf{a} = (a_1, a_2, a_3)$ und $\mathbf{b} = (b_1, b_2, b_3)$ läßt sich mit ε_{ijk} durch die folgende Formel beschreiben

$$(\mathbf{a} \times \mathbf{b})_i = \varepsilon_{ijk}\, a_j\, b_k. \tag{8.14}$$

Zum Beweis betrachte man die x_1-Komponente. Für $i=1$ ist ε_{ijk} nur ungleich Null, wenn $j=2$ und $k=3$ oder $j=3$ und $k=2$ gilt. (8.14) wird also zu

$$(\mathbf{a}\times\mathbf{b})_1=\varepsilon_{123}a_2b_3+\varepsilon_{132}a_3b_2=a_2b_3-a_3b_2,$$

was zeigt, daß die Formel die richtige x_1-Komponente liefert. Ebenso ist zu sehen, daß die x_2- und die x_3-Komponente richtig wiedergegeben werden. Man beachte, daß $\varepsilon_{ijk}a_jb_k$ das Produkt $\varepsilon_{ijk}a_rb_s$ ist, das über die Indizes j, r und k, s verjüngt wurde. Da der ε-Tensor dritter Stufe, **a** und **b** Tensoren erster Stufe sind, ist ihr Produkt ein Tensor 5. Stufe. Verjüngung über zwei Paare von Indizes reduziert die Stufe um 4 (s. 8.2), so daß ein Tensor erster Stufe entsteht, der Vektor $\mathbf{a}\times\mathbf{b}$. Damit ist auf andere Weise als in 2.7 gezeigt, daß $\mathbf{a}\times\mathbf{b}$ ein Vektor ist.
Eine weitere Formel, die eng mit (8.14) verbunden ist, ist, daß für beliebige Vektorfelder **F** gilt

$$(\operatorname{rot}\mathbf{F})_i=\varepsilon_{ijk}\,\partial F_k/\partial x_j. \tag{8.15}$$

Der Leser sollte keine Schwierigkeiten haben, das zu beweisen.

Beispiel 1. In einer inkompressiblen Flüssigkeit habe ein Flächenelement eine Normale in Richtung des Einheitsvektors **n**. Der Druck habe die Komponenten $t_i(\mathbf{n})=\sigma_{ij}n_j\ (i=1,2,3)$, wenn σ_{ij} der Spannungstensor ist. Es gelte

$$\sigma_{ij}=-p\delta_{ij}+\mu\left(\frac{\partial v_i}{\partial x_j}+\frac{\partial v_j}{\partial x_i}\right), \tag{8.16}$$

Man zeige, daß gilt

$$\mathbf{t}(\mathbf{n})=-p\mathbf{n}+2\mu(\mathbf{n}\cdot\nabla)\mathbf{v}+\mu\mathbf{n}\times\operatorname{rot}\mathbf{v}. \tag{8.17}$$

Lösung. Nach (8.14) gilt für die i-te Komponente von $\mathbf{n}\times\operatorname{rot}\mathbf{v}$

$$(\mathbf{n}\times\operatorname{rot}\mathbf{v})_i=\varepsilon_{ijk}n_j(\operatorname{rot}\mathbf{v})_k=\varepsilon_{ijk}n_j\varepsilon_{krs}\partial v_s/\partial x_r,$$

nach (8.15). Es ist aber

$$\varepsilon_{krs}=-\varepsilon_{rks}=\varepsilon_{rsk},$$

da ein Vertauschen zweier Indizes am alternierenden Tensor einen Vorzeichenwechsel bedeutet. Also folgt

$$(\mathbf{n}\times\operatorname{rot}\mathbf{v})_i=\varepsilon_{ijk}\varepsilon_{rsk}n_j\partial v_s/\partial x_r=(\delta_{ir}\delta_{js}-\delta_{is}\delta_{jr})n_j\partial v_s/\partial x_r=n_j\frac{\partial v_j}{\partial x_i}-n_j\frac{\partial v_i}{\partial x_j}.$$

Als i-te Komponente von (8.17) erhält man also

$$t_i(\mathbf{n}) = -pn_i + 2\mu n_j \frac{\partial v_i}{\partial x_j} + \mu(\mathbf{n} \times \operatorname{rot} \mathbf{v})_i = -pn_i + \mu n_j \left(\frac{\partial v_i}{\partial x_j} + \frac{\partial v_j}{\partial x_i}\right). \quad (8.18)$$

Es war aber vorausgesetzt, daß

$$t_i(\mathbf{n}) = \sigma_{ij} n_j$$

gelte und wenn man σ_{ij} aus (8.16) einsetzt, erhält man eine Gleichung, die mit (8.18) identisch ist. Damit ist der Beweis abgeschlossen.

Bemerkung. Da (8.17) in Vektorform gegeben ist, kann man die Gleichung auch benutzen, um die Komponenten des Druckes in krummlinigen Koordinatensystemen zu erhalten. In Zylinderkoordinaten R, φ, z zum Beispiel, ist der Druck auf ein Element, dessen Normale in Richtung des Einheitsvektors $\mathbf{e}_R$ zeigt,

$$\mathbf{t}(\mathbf{e}_R) = -p\mathbf{e}_R + 2\mu \partial \mathbf{v}/\partial R + \mu \mathbf{e}_R \times \operatorname{rot} \mathbf{v} \quad (8.19)$$

Die Komponenten des Druckvektors in Polarkoordinaten werden üblicherweise mit σ_{RR}, $\sigma_{R\varphi}$, σ_{Rz} bezeichnet und damit gilt

$$\mathbf{t}(\mathbf{e}_R) = \sigma_{RR}\mathbf{e}_R + \sigma_{R\varphi}\mathbf{e}_\varphi + \sigma_{Rz}\mathbf{e}_z. \quad (8.20)$$

Nutzt man die Überlegungen aus 4.13 und 4.14 (zur Erinnerung: $\mathbf{e}_R$ und $\mathbf{e}_\varphi$ sind keine konstante Vektoren), so folgt aus (8.19) und (8.20)

$$\sigma_{RR} = -p + 2\mu \partial v_R/\partial R,$$

$$\sigma_{R\varphi} = \mu\left(\frac{\partial v_R}{R\partial\varphi} + \frac{\partial v_\varphi}{\partial R} - \frac{v_\varphi}{R}\right)$$

und $$\sigma_{Rz} = \mu\left(\frac{\partial v_R}{\partial z} + \frac{\partial v_z}{\partial R}\right).$$

Auf ähnlichem Wege findet man die Komponenten des Drucks, deren Normalen in Richtung der Vektoren $\mathbf{e}_\varphi$ und $\mathbf{e}_z$ zeigen.

Invariante Tensoren 4. Stufe. Wir werden nun beweisen, daß jeder invariante Tensor 4. Stufe U, mit den Komponenten u_{ijkm} als Summe von Produkten des Kroneckertensors in der Form

$$u_{ijkm} = \lambda\delta_{ij}\delta_{km} + \mu\delta_{ik}\delta_{jm} + \nu\delta_{im}\delta_{jk}, \quad (8.21)$$

dargestellt werden kann, wenn λ, μ und ν beliebige invariante Skalare sind. Die Formel wird nachgewiesen, indem man die Wirkung bestimmter Koordinatendrehungen untersucht. Wir stellen zuerst fest, daß U, um bei einer Achsendrehung invariant zu sein,

$$u_{pqrs} = \ell_{pi}\,\ell_{qj}\,\ell_{rk}\,\ell_{sm}\,u_{ijkm}, \tag{8.22}$$

erfüllen muß, weil die Komponenten von U nach der Drehung die gleichen wie vorher sein müssen.
Da i, j, k und m nur die Werte 1, 2 oder 3 annehmen können, sortieren wir die Komponenten von U in folgende vier Gruppen:

a) die Komponenten u_{1111}, u_{2222}, u_{3333}, deren vier Indizes alle gleich sind;
b) Komponenten, bei denen drei Indizes gleich sind und nur einer anders (z.B. u_{1112});
c) Komponenten mit zwei Paaren gleicher Indizes (etwa u_{1122}, u_{1212}, u_{1221});
d) Komponenten, bei denen genau ein Paar der Indizes gleich ist und alle anderen verschieden sind (z.B. u_{1123}).

Die Achsen $Ox_1x_2x_3$ werden um 180° um die Achse Ox_3 gedreht. Die Richtungskosinus dieser Drehung sind $\ell_{11} = \ell_{22} = -1$, $\ell_{33} = 1$ und $\ell_{ij} = 0$, wenn $i \neq j$ ist. Dann folgt mit (8.22)

$$u_{1113} = \ell_{1i}\,\ell_{1j}\,\ell_{1k}\,\ell_{3m}\,u_{ijkm} = -u_{1113}$$

und

$$u_{1123} = \ell_{1i}\,\ell_{1j}\,\ell_{2k}\,\ell_{3m}\,u_{ijkm} = -u_{1123}.$$

Es gilt

$$u_{1113} = 0 \quad \text{und} \quad u_{1123} = 0.$$

Dabei handelt es sich aber um typische Komponenten der Gruppe b und d und da U invariant ist, müssen alle Komponenten dieser Gruppe verschwinden. Als nächstes werden die Achsen um 90° um die Achse Ox_3 gedreht, wobei die Transformationsmatrix heißt:

O	x_1	x_2	x_3
x'_1	0	1	0
x'_2	−1	0	0
x'_3	0	0	1

(8.23)

Mit (8.22) gilt bei dieser Drehung

$$u_{1111} = \ell_{1i}\ell_{1j}\ell_{1k}\ell_{1m}u_{ijkm} = u_{2222}.$$

Ähnlich folgt durch zyklische Vertauschung der Indizes, daß $u_{2222} = u_{3333}$. Die Komponenten der Gruppe a sind also alle gleich. Außerdem gilt für die Rotation (8.23)

$$u_{1122} = \ell_{1i}\ell_{1j}\ell_{2k}\ell_{2m}u_{ijkm} = u_{2211}, \tag{8.24}$$

und zyklische Vertauschung liefert

$$u_{2233} = u_{3322} \quad \text{und} \quad u_{3311} = u_{1133}. \tag{8.25}$$

Dreht man nun nach der Transformationsmatrix

O	x_1	x_2	x_3
x'_1	0	1	0
x'_2	0	0	1
x'_3	1	0	0,

so erhält man

$$u_{1122} = \ell_{1i}\ell_{1j}\ell_{2k}\ell_{2m}u_{ijkm} = u_{2233}. \tag{8.26}$$

Fährt man nun zyklisch fort und kombiniert mit den Ergebnissen aus (8.24) und (8.25), so folgt

$$u_{1122} = u_{2211} = u_{2233} = u_{3322} = u_{1133} = u_{3311}.$$

Das zeigt, daß die Komponenten der Gruppe c mit $i=j$ und $k=m$ alle gleich sind. Ähnlich kann man zeigen, daß auch die Terme für $i=k$ und $j=m$ bzw. die Terme für $i=m$ und $j=k$ gleich sein müssen. Zusammengefaßt haben wir nun folgendes erhalten: Ein Tensor mit den Komponenten u_{ijkm} kann nur invariant sein, wenn gilt

a) $u_{1111} = u_{2222} = u_{3333}$;
b) Komponenten mit $i=j \neq k=m$ sind gleich;
c) Komponenten mit $i=k \neq j=m$ sind gleich;
d) Komponenten mit $i=m \neq j=k$ sind gleich;
e) alle Komponenten, die nicht zu a–d gehören, verschwinden.

Man betrachtet nun den Sonderfall, daß alle Komponenten in der Gruppe c und d verschwinden. Eine Achsendrehung um 45° um die Achse Ox_3, die durch die Transformationsmatrix

	x_1	x_2	x_3
x'_1	$\frac{1}{2}\sqrt{2}$	$\frac{1}{2}\sqrt{2}$	0
x'_2	$-\frac{1}{2}\sqrt{2}$	$\frac{1}{2}\sqrt{2}$	0
x'_3	0	0	1

dargestellt wird, liefert mit (8.22)

$$u_{1111} = \ell_{1i}\ell_{1j}\ell_{1k}\ell_{1m}u_{ijkm} = \frac{1}{4}(u_{1111} + u_{2222} + u_{1122} + u_{2211}),$$

wobei benutzt wurde, daß $u_{ijkm} = 0$, außer für $i = j$ und $k = m$. Da aber gezeigt ist, daß $u_{1111} = u_{2222}$ und $u_{1122} = u_{2211}$ gilt, folgt daraus $u_{1111} = u_{1122}$. Alle nicht verschwindenden Komponenten dieses besonderen invarianten Tensors haben den gleichen Wert, λ genannt, was sich zusammenfassen läßt zu

$$u_{ijkm} = \lambda\delta_{ij}\delta_{km}.$$

Ähnlich erhält man, wenn man die Gruppen c und d einzeln untersucht, zwei invariante Tensoren 4. Stufe, deren Komponenten

$$u_{ijkm} = \mu\delta_{ik}\delta_{jm} \quad \text{bzw.} \quad u_{ijkm} = \nu\delta_{im}\delta_{jk}$$

heißen, wobei μ und ν beliebige invariante Skalare sind. Die allgemeinste Form eines invarianten Tensors 4. Stufe bildet offensichtlich eine Kombination dieser drei und dessen Komponenten haben dann die Form

$$u_{ijkm} = \lambda\delta_{ij}\delta_{km} + \mu\delta_{ik}\delta_{jm} + \nu\delta_{im}\delta_{jk},$$

wie vorn behauptet.

Beispiel 2. In der linearen Elastizitätstheorie nimmt man an, daß die Komponenten σ_{ij} des Spannungstensors eines Materials lineare Funktionen infinitesimaler Dehnungskomponenten E_{ij} sind. Sind σ_{ij} und E_{ij} als Komponenten symmetrischer Tensoren zweiter Stufe gegeben und die Materialeigenschaften unabhängig von der Richtung, so zeige man, daß gilt

$$\sigma_{ij} = \lambda E_{kk}\delta_{ij} + 2\mu E_{ij}, \tag{8.27}$$

wobei λ und μ invariante Skalare sind.

Lösung. Die Koeffizienten der E_{km} in den linearen Gleichungen für σ_{ij} seien u_{ijkm}, dann gilt

$$\sigma_{ij} = u_{ijkm} E_{km}.$$

Nach der Divisionsregel (8.2 und Aufgabe 4) bilden die Zahlen u_{ijkm} Komponenten eines Tensors 4. Stufe und aus der Unabhängigkeit der Materialeigenschaften von der Richtung folgt, daß der Tensor invariant ist. Mit (8.21) folgt also

$$\sigma_{ij} = \lambda E_{kk} \delta_{ij} + \mu E_{ij} + \nu E_{ji}.$$

Da $E_{ji} = E_{ij}$ ist, kann man $\nu = \mu$ setzen und es gilt (8.27).

Übungsaufgaben. 5. Man zeige mit Hilfe der Ergebnisse aus dem Text:

$$\delta_{ij}\varepsilon_{ijk} = 0, \qquad \varepsilon_{ijk}\varepsilon_{rjk} = 2\delta_{ir}, \qquad \varepsilon_{ijk}\varepsilon_{ijk} = 6.$$

6. Ein symmetrischer Tensor zweiter Stufe habe die Komponenten s_{ij}. Man zeige, daß für alle Werte k gilt $\varepsilon_{ijk} s_{ij} = 0$. Man zeige auch das Gegenteil: Ist S ein Tensor zweiter Stufe mit Komponenten s_{ij} und gilt $\varepsilon_{ijk} s_{ij} = 0$, dann ist S symmetrisch.

7. Man zeige elementar, daß $\delta_{ij} \delta_{km}$ die Komponenten eines invarianten Tensors 4. Stufe sind.

8. Man zeige mit Sätzen und Ergebnissen aus dem Text, daß $\delta_{ij} \varepsilon_{kmn}$ die Komponenten ein Tensors 5. Stufe sind.

9. Man zeige, daß der einzige invariante Tensor erster Stufe der Nullvektor ist.

Hinweis: Man berechne eine Drehung von 180° um eine der Achsen.

10. Man zeige, daß alle invarianten Tensoren zweiter Stufe Komponenten der Form $\lambda\delta_{ij}$ haben, wenn λ ein beliebiger Skalar ist.

11. Sei A ein Tensor zweiter Stufe mit den Komponenten a_{jk}. Man zeige elementar, daß

$$b_i = \frac{1}{2} \varepsilon_{ijk} a_{jk} \qquad (i = 1, 2, 3)$$

die Komponenten eines Vektors **b** sind. Ist der Tensor A antisymmetrisch, so gilt

$$\mathbf{b} = (a_{23}, a_{31}, a_{12}).$$

12. Sei A ein antisymmetrischer Tensor zweiter Stufe mit den Komponenten a_{jk}, **b** ein Vektor, für dessen Komponenten gilt

$$b_i = \frac{1}{2} \varepsilon_{ijk} a_{jk} \qquad (i = 1, 2, 3),$$

Man zeige, daß $a_{rs} = \varepsilon_{irs} b_i$ gilt und gebe die Matrix der Komponenten von A in Abhängigkeit der Komponenten von **b** an.

13. Man zeige

$$\varepsilon_{ijk} = \begin{vmatrix} \delta_{i1} & \delta_{i2} & \delta_{i3} \\ \delta_{j1} & \delta_{j2} & \delta_{j3} \\ \delta_{k1} & \delta_{k2} & \delta_{k3} \end{vmatrix}$$

und folgere daraus

$$\varepsilon_{ijk}\varepsilon_{rst} = \begin{vmatrix} \delta_{ir} & \delta_{is} & \delta_{it} \\ \delta_{jr} & \delta_{js} & \delta_{jt} \\ \delta_{kr} & \delta_{ks} & \delta_{kt} \end{vmatrix} .$$

Forme um in

$$\varepsilon_{ijk}\varepsilon_{rsk} = \delta_{ir}\delta_{js} - \delta_{is}\delta_{jr} .$$

14. Man zeige mit Hilfe von (8.14), daß für das Vektorprodukt folgende Formel gilt:

$$\mathbf{a} \times (\mathbf{b} \times \mathbf{c}) = (\mathbf{a} \cdot \mathbf{c})\,\mathbf{b} - (\mathbf{a} \cdot \mathbf{b})\,\mathbf{c} .$$

8.4. Tensorfelder

Die Definition von Skalar- und Vektorfeldern aus 4.3 läßt sich bequem auf Tensoren allgemeiner Stufe ausdehnen. Wenn die Komponenten $a_{ij\ldots}$ des Tensors A Funktionen der Koordinaten x_1, x_2, x_3 eines Punktes in einem Bereich (oder allgemeiner, in einer Punktmenge) sind, so ist A eine Tensorfunktion des Ortes oder ein Tensorfeld. Tensoren, mit denen in der Dynamik der Flüssigkeiten oder in der Elastizitätstheorie gearbeitet wird, bilden meist ein Tensorfeld und deshalb ist ein Grundwissen über deren Eigenschaften nützlich.

Die wichtigste Neuerung, die wir zu behandeln haben, ist die Notwendigkeit, mehrfache partielle Ableitungen der Komponenten $a_{ij\ldots}$ auf bequeme Weise zu bilden. Diese Ableitungen werden oft folgendermaßen abgekürzt:

$$\frac{\partial a_{ij\ldots}}{\partial x_p} = a_{ij\ldots,p}, \qquad \frac{\partial^2 a_{ij\ldots}}{\partial x_p \partial x_q} = a_{ij\ldots,pq}, \qquad \text{etc.}$$

Besonders häufig erscheinen sie in der Form

$$\frac{\partial a}{\partial x_i} = a_{,i}, \qquad \frac{\partial a_i}{\partial x_j} = a_{i,j}, \qquad \frac{\partial a_{ij}}{\partial x_k} = a_{ij,k},$$

wenn i, j und k normalerweise die Werte 1, 2 oder 3 annehmen.
Einen wichtigen grundlegenden Satz werden wir nun aufstellen und beweisen.

Satz. In einem offenen Bereich R seien die Komponenten $a_{ij\ldots}$ (n Indizes) eines Tensors n-ter Stufe A stetig differenzierbare Funktionen der Koordinaten x_1, x_2, x_3. Dann bilden

$$a_{ij\ldots,p} \qquad (i, j, \ldots, 1, 2, 3)$$

die Komponenten eines Tensorfeldes (n+1)-ter Stufe, genannt Tensorgradient von A.

Beweis. Wir betrachten eine Drehung der Achsen $Ox_1x_2x_3$ in die neue Lage $Ox_1'x_2'x_3'$, wie in (8.1) definiert. Nach dem Transformationsgesetz für Tensoren werden die Komponenten von A zu

$$a'_{rs\ldots} = \ell_{ri}\ell_{sj}\cdots a_{ij\ldots}.$$

Daraus folgt

$$\frac{\partial a'_{rs\ldots}}{\partial x'_q} = \ell_{ri}\ell_{sj}\cdots\frac{\partial x_p}{\partial x'_q}\frac{\partial a_{ij\ldots}}{\partial x_p},$$

mit Hilfe der Kettenregel. Da aber

$$x_p = \ell_{qp}x'_q,$$

folgt, daß

$$a'_{rs\ldots,q} = \ell_{ri}\ell_{sj}\cdots\ell_{qp}a_{ij\ldots,p},$$

welches das Transformationsgesetz eines Tensors (n + 1)-ter Stufe ist. Es ist leicht einzusehen, daß sich die Komponenten $a_{ij\ldots,p}$ bei einer Translation nicht ändern (s. Teil a des Beweises, daß grad Ω ein Vektorfeld ist, in 4.4), und daraus folgt, daß sie ein Tensorfeld (n+1)-ter Stufe über dem Bereich R bilden.
Der Satz kann auf Ableitungen höherer Ordnung ausgedehnt werden. Der Leser sollte z.B. den Zusatz beweisen, daß, wenn die Komponenten von A stetige zweite Ableitungen haben, $a_{ij\ldots,pq}$ die Komponenten eines Tensors (n+2)-ter Stufe sind.

Tensorgradienten von Skalarfeldern. Ein Beispiel eines Tensorgradienten, das wir bereits kennen, ist das Vektorfeld grad Ω, welches dem Skalar Ω zugeordnet ist. In der Tensor-Terminologie ist Ω ein Tensor nullter Stufe und nach dem eben bewiesenen Satz sind die Komponenten

$$\partial\Omega/\partial x_i = \Omega_{,i}, \qquad (i = 1, 2, 3)$$

ein Tensorfeld erster Stufe, also ein Vektorfeld; dieses ist natürlich

$$\operatorname{grad}\Omega = \left(\frac{\partial\Omega}{\partial x_1}, \frac{\partial\Omega}{\partial x_2}, \frac{\partial\Omega}{\partial x_3}\right).$$

Nach dem Zusatz oben erhält man, wenn man Ω zweimal nach den Koordinaten differenziert, ein Tensorfeld zweiter Stufe, dessen Komponenten $\Omega_{,ij}$ sind. Verjüngt man dies über die zwei Indizes, so verringert sich der Rang um 2 (siehe 8.2) und man erhält das Skalarfeld

$$\Omega_{,ii} = \frac{\partial^2\Omega}{\partial x_i \partial x_i} = \frac{\partial^2\Omega}{\partial x_1^2} + \frac{\partial^2\Omega}{\partial x_2^2} + \frac{\partial^2\Omega}{\partial x_3^2},$$

das wir als Laplace-Operator $\nabla^2\Omega$ wiedererkennen.

Tensorgradient eines Vektorfeldes. Der Gradient eines Vektorfeldes mit stetig differenzierbaren Komponenten F_i ist ein Tensor zweiter Stufe mit den Komponenten $\partial F_i/\partial x_j$. Diesen Tensor kann man als Summe eines symmetrischen und eines antisymmetrischen Teiles darstellen, indem man

$$\partial F_i/\partial x_j = s_{ij} + a_{ij} \tag{8.28}$$

setzt, wobei

$$s_{ij} = \frac{1}{2}\left(\frac{\partial F_i}{\partial x_j} + \frac{\partial F_j}{\partial x_i}\right) \tag{8.29}$$

und
$$a_{ij} = \frac{1}{2}\left(\frac{\partial F_i}{\partial x_j} - \frac{\partial F_j}{\partial x_i}\right). \tag{8.30}$$

gilt. Die zwei folgenden Beziehungen sind erwähnenswert.

1. Verjüngt man den symmetrischen Teil s_{ij} über i und j, erhält man

$$s_{ii} = \partial F_i/\partial x_i = \operatorname{div}\mathbf{F}.$$

2. Mit (8.15) gilt

$$(\operatorname{rot}\mathbf{F})_i = \varepsilon_{ijk}\,\partial F_k/\partial x_j = \varepsilon_{ijk}\,s_{kj} + \varepsilon_{ijk}\,a_{kj}\,. \tag{8.31}$$

Da gilt $\varepsilon_{ijk} s_{kj} = 0$ (s. Aufgabe 6), und der Reihe nach $i = 1, 2$ und 3 gesetzt werden kann, folgt

$$\text{rot}\,\mathbf{F} = 2(a_{32}, a_{13}, a_{21}) \tag{8.32}$$

$$\text{rot}\,\mathbf{F} = -2(a_{23}, a_{31}, a_{12}). \tag{8.33}$$

Das zeigt, daß es möglich ist, die Rotation eines Vektorfeldes ganz mit den nicht verschwindenden Termen des antisymmetrischen Teiles seines Tensorgradienten darzustellen ($a_{ij} = 0$, wenn $i = j$, wie man sofort aus der Definition (8.30) sieht.). Umgekehrt kann man sagen, daß der antisymmetrische Teil des Tensorgradienten eines Vektorfeldes **F** nur von den Komponenten von rot **F** abhängt. Setzt man explizit

$$\text{rot}\,\mathbf{F} = (c_1, c_2, c_3),$$

und vergleicht die Komponenten mit denen von (8.32) und (8.33), so lassen sich die Komponenten des antisymmetrischen Teiles des Tensorgradienten von **F** ausdrücken als

$$\begin{bmatrix} 0 & -\frac{1}{2}c_3 & \frac{1}{2}c_2 \\ \frac{1}{2}c_3 & 0 & -\frac{1}{2}c_1 \\ -\frac{1}{2}c_2 & \frac{1}{2}c_1 & 0 \end{bmatrix}.$$

Beispiel 3. In der Strömungslehre ist der Wirbelvektor definiert durch $\boldsymbol{\omega} = \text{rot}\,\mathbf{v}$, wobei **v** die Geschwindigkeit der Flüssigkeit ist. Seien $\mathbf{r} = (x_1, x_2, x_3)$ und a_{ij} die Komponenten des antisymmetrischen Teiles des Tensorgradienten von **v**, so zeige man, daß für die i-te Komponente des Vektorfeldes $\frac{1}{2}\boldsymbol{\omega} \times \mathbf{r}$ gilt $\frac{1}{2}(\boldsymbol{\omega} \times \mathbf{r})_i = a_{ij} x_j$.

Lösung. Benutzt man (8.14) gefolgt von (8.15), so erhält man als i-te Komponente von $\frac{1}{2}\boldsymbol{\omega} \times \mathbf{r}$

$$\frac{1}{2}(\boldsymbol{\omega} \times \mathbf{r})_i = \frac{1}{2}\varepsilon_{ikj}\,\omega_k x_j = \frac{1}{2}\varepsilon_{ikj}\varepsilon_{krs}(\partial v_s/\partial x_r)x_j.$$

Nun ändert eine ungerade Anzahl von Vertauschungen der Indizes beim ε-Tensor das Vorzeichen und eine gerade Anzahl von Vertauschungen läßt es ungeändert. Benutzt man das und (8.13), so folgt

$$\frac{1}{2}(\boldsymbol{\omega}\times\mathbf{r})_i = -\frac{1}{2}\varepsilon_{ijk}\varepsilon_{rsk}(\partial v_s/\partial x_r)x_j = \frac{1}{2}(\delta_{is}\delta_{jr}-\delta_{ir}\delta_{js})(\partial v_s/\partial x_r)x_j$$

$$= \frac{1}{2}\left(\frac{\partial v_i}{\partial x_j}-\frac{\partial v_j}{\partial x_i}\right)x_j = a_{ij}\,x_j\,.$$

Damit ist das gesuchte Ergebnis erhalten.

Übungsaufgabe. 15. Man prüfe folgende Gleichungen mit Hilfe der Tensorrechnung:

a) $\operatorname{div}(\mathbf{F}\times\mathbf{G}) \equiv \mathbf{G}\cdot\operatorname{rot}\mathbf{F}-\mathbf{F}\cdot\operatorname{rot}\mathbf{G}$;

b) $\operatorname{rot}(\Omega\mathbf{F}) \equiv \Omega\operatorname{rot}\mathbf{F}-\mathbf{F}\times\operatorname{grad}\Omega$;

c) $\operatorname{rot}\operatorname{rot}\mathbf{F} \equiv \operatorname{grad}\operatorname{div}\mathbf{F}-\nabla^2\mathbf{F}$.

Man setze dabei voraus, daß alle benötigten Ableitungen existieren und stetig sind.

8.5. Der Gaußsche Satz für Tensorfelder

Der Gradient eines Tensorfeldes A zweiter Stufe mit stetig differenzierbaren Komponenten a_{ij} ist ein Tensor dritter Stufe mit den Komponenten $a_{ij,k}$. Verjüngt man über die Indizes j und k, so erhält man ein Vektorfeld, dessen i-te Komponente

$$a_{ij,j} = \frac{\partial a_{i1}}{\partial x_1}+\frac{\partial a_{i2}}{\partial x_2}+\frac{\partial a_{i3}}{\partial x_3} \tag{8.34}$$

heißt. Vertauscht man i und j (aus Bequemlichkeit) und verjüngt über die Indizes j und k, so erhält man ein anderes Vektorfeld, dessen Komponenten

$$a_{ji,j} = \frac{\partial a_{1i}}{\partial x_1}+\frac{\partial a_{2i}}{\partial x_2}+\frac{\partial a_{3i}}{\partial x_3} \tag{8.35}$$

sind. Ist A symmetrisch, so sind die beiden Vektorfelder natürlich identisch, denn $a_{ij}=a_{ji}$. Wenn **F** ein Vektorfeld mit stetigen ersten Ableitungen ist, erhält man div **F** als Verjüngung der Komponenten $F_{i,j}$ des Tensorgradienten von **F** über die Indizes i und j und man kann (8.34) und (8.35) als verallgemeinerte Divergenz betrachten. Sie werden tatsächlich gelegentlich als Divergenz von A bezogen auf den 2. Index bzw. Divergenz von A bezogen auf den 1. Index bezeichnet.
Der Gaußsche Satz aus Kapitel 6 kann erweitert werden, um entsprechende Ergebnisse für die Vektorfelder (8.34) und (8.35) zu erhalten.

Mit unserer augenblicklichen Schreibweise heißt der Gaußsche Satz (6.1) jetzt

$$\int_S F_i n_i \, dS = \int_\tau F_{i,i} \, d\tau, \tag{8.36}$$

wobei $\mathbf{F} = (F_1, F_2, F_3)$ ein stetig differenzierbares Vektorfeld ist, das im Bereich τ mit der einfachen geschlossenen Oberfläche S definiert ist, deren Einheitsnormalenvektor $\mathbf{n} = (n_1, n_2, n_3)$ aus S herauszeigt. Zur Verallgemeinerung des Satzes betrachte man die Ergebnisse (6.3), (6.4) und (6.5), aus denen (8.36) abgeleitet ist. Ersetzt man F_1, F_2 bzw. F_3 durch die stetig differenzierbaren Skalarfunktionen a_{i1}, a_{i2}, a_{i3} und ändert die Bezeichnungen für die Koordinaten und die Einheitsvektoren in geeigneter Form, so erhält man

$$\int_S a_{i1} \mathbf{e}_1 \cdot \mathbf{dS} = \int_\tau a_{i1,1} \, d\tau, \quad \int_S a_{i2} \mathbf{e}_2 \cdot \mathbf{dS} = \int_\tau a_{i2,2} \, d\tau, \quad \int_S a_{i3} \mathbf{e}_3 \cdot \mathbf{dS} = \int_\tau a_{i3,3} \, d\tau.$$

Addiert man die Ergebnisse, so gilt

$$\int_S a_{ij} n_j \, dS = \int_\tau a_{ij,j} \, d\tau, \tag{8.37}$$

wobei $n_j = \mathbf{e}_j \cdot \mathbf{n}$ ist. Das ist eine der verallgemeinerten Formen des Gaußschen Satzes (8.36). Eine andere Form, die (8.35) entspricht, ist

$$\int_S a_{ji} n_j \, dS = \int_\tau a_{ji,j} \, d\tau. \tag{8.38}$$

Eine weitere Verallgemeinerung auf Tensoren höherer Stufe ist möglich, aber die hier aufgeführten Fälle reichen für die meisten Zwecke aus.

Übungsaufgaben. 16. Im Bereich τ, der durch eine einfache geschlossene Fläche S begrenzt ist, sei ein symmetrisches Tensorfeld zweiter Stufe definiert, dessen Komponenten σ_{ij} stetige erste Ableitungen haben, für die in τ gilt $\sigma_{ij,j} = 0$. Auf der Grenzfläche S ist ein Vektorfeld **F** definiert, dessen i-te Komponente $\sigma_{ij} n_j$ ist, wobei $\mathbf{n} = (n_1, n_2, n_3)$ der nach außen zeigende Normalenvektor von S ist. Man zeige:

a) $\int_S \mathbf{F} \, dS = 0$, b) $\int_S \mathbf{r} \times \mathbf{F} \, dS = 0$,

wenn $\mathbf{r} = (x_1, x_2, x_3)$ der Ortsvektor vom Ursprung ist.

17. Im Bereich τ, der von einer einfachen geschlossenen Fläche S begrenzt wird, sei ein Vektorfeld $\mathbf{v} = (v_1, v_2, v_3)$ mit stetig differenzierbaren Komponenten definiert. Die Komponenten des symmetrischen Teils des Tensorgradienten von **v** seien mit e_{ij}

bezeichnet. Ein Tensor mit den Komponenten σ_{ij} sei symmetrisch und habe in τ stetige erste Ableitungen, so daß $\sigma_{ij,j} = 0$ gilt. Man zeige

$$\int_S v_i \sigma_{ij} n_j \, dS = \int_\tau \sigma_{ij} e_{ij} \, d\tau .$$

9. Sätze über die Darstellung invarianter Tensoren

9.1. Einführung

Beim theoretischen Studium des Materialverhaltens ist es nötig, Voraussetzungen darüber zu machen, wie die Materialien auf Einflüsse wie lokale Verformung oder lokales Temperaturgefälle reagieren. Diese Voraussetzungen hängen naturgemäß von der Art des untersuchten Materials ab, und in der Theorie des Kontinuums werden sie mathematisch durch bestimmte Relationen zwischen Tensoren, sogenannten Materialgleichungen, erfaßt. Ein einfaches Beispiel einer solchen Materialgleichung ist die Beziehung zwischen den Komponenten des Spannungstensors σ_{ij} und dem Druck p in einer reibungsfesten Flüssigkeit:

$$\sigma_{ij} = -p\delta_{ij} .$$

Ein anderes Beispiel einer Materialgleichung der linearen Elastizitätstheorie ist die in (8.27) formulierte. Wir erinnern uns, daß es sich um eine lineare Beziehung zwischen den Komponenten σ_{ij} des Spannungstensors und den infinitesimalen Dehnungskomponenten E_{ij} handelt. Wieder ein anderes Beispiel einer Materialgleichung ist das Fouriersche Gesetz der Wärmeleitung, das sich als

$$\mathbf{q} = -k \operatorname{grad} T$$

schreiben läßt, wobei $\mathbf{q}$ der Vektor der Wärmeleitung, T die Temperatur und k die thermische Leitfähigkeit ist.
Nun ist eine grundlegende Voraussetzung, die auf viele Materialien anwendbar ist, die, daß die physikalischen Eigenschaften unabhängig von der Richtung sind; anders ausgedrückt, daß es keine bevorzugte Richtung der Reaktion gibt. Solche Materialien heißen isotrop. Mathematisch bedeutet die Forderung nach Isotropie, daß die Relationen, die die Materialeigenschaften beschreiben, invariant bei einer

Drehung der Koordinatenachsen sind. Damit sind aber bestimmte Einschränkungen an die Form der Relationen gestellt.
Das Hauptanliegen dieses Kapitels ist es, drei Typen von Relationen zu behandeln, die besonders wichtig sind und Sätze über ihre Darstellung unter der Voraussetzung der Isotropie aufzustellen. Im Laufe der Jahre sind viele Verallgemeinerungen dieser Sätze bewiesen worden, aber deren Bedeutung liegt auf weit höherem Niveau und außerhalb der Absichten des vorliegenden Buches. In zwei vorgesehenen Fällen benötigen wir symmetrische Tensoren zweiter Stufe und es ist deshalb nötig, zuerst einige grundlegende Eigenschaften dieser Tensoren zu behandeln.

9.2. Diagonalisierung symmetrischer Tensoren zweiter Stufe

Ein klassischer Satz von großer Bedeutung ist der, daß sich für jeden symmetrischen Tensor zweiter Stufe ein Koordinatensystem, Hauptachsen genannt, finden läßt, so daß die Matrix der Komponenten des Tensors Diagonalform hat

$$\begin{pmatrix} \lambda_1 & 0 & 0 \\ 0 & \lambda_2 & 0 \\ 0 & 0 & \lambda_3 \end{pmatrix}$$

In diesem Abschnitt soll der Satz beweisen werden.

Definition. Ein nicht verschwindender Vektor $\mathbf{v} = (v_1, v_2, v_3)$ heißt Eigenvektor eines Tensors A zweiter Stufe mit den Komponenten a_{ij}, wenn es einen Skalar λ gibt, so daß

$$a_{ij} v_j = \lambda v_i \quad (i = 1, 2, 3) \tag{9.1}$$

gilt. λ heißt dann Eigenwert zum Vektor $\mathbf{v}$.

Schreibt man die Gleichungen (9.1) voll aus, so gilt

$$\begin{aligned} (a_{11} - \lambda) v_1 + a_{12} v_2 + a_{13} v_3 &= 0 \\ a_{21} v_1 + (a_{22} - \lambda) v_2 + a_{23} v_3 &= 0 \\ a_{31} v_1 + a_{32} v_2 + (a_{33} - \lambda) v_3 &= 0. \end{aligned}$$

Eine notwendige und hinreichende Bedingung dafür, daß diese Gleichungen eine Lösung haben, in der mindestens eines der v_1, v_2, v_3 nicht verschwindet, ist, daß

$$\begin{vmatrix} a_{11}-\lambda & a_{12} & a_{13} \\ a_{21} & a_{22}-\lambda & a_{23} \\ a_{31} & a_{32} & a_{33}-\lambda \end{vmatrix} = 0 \tag{9.2}$$

gilt. Diese Gleichung dritten Grades für λ heißt charakteristische Gleichung von A. Es gilt, daß drei Eigenwerte $\lambda_1, \lambda_2, \lambda_3$ (die allerdings nicht alle verschieden sein müssen) existieren, und zu diesen drei Eigenwerten gehören drei Eigenvektoren, die mit $\mathbf{v}^{(1)}$, $\mathbf{v}^{(2)}$ bzw. $\mathbf{v}^{(3)}$ bezeichnet werden sollen. Es ist noch anzumerken, daß die Eigenvektoren nur bis auf einen beliebigen invarianten Skalarfaktor bestimmt sind. Mit anderen Worten, wenn $\mathbf{v}$ ein Eigenvektor ist, $\gamma \neq 0$ ein invarianter Skalar, dann ist auch $\gamma\mathbf{v}$ ein Eigenvektor.

Satz 1. Die Eigenwerte eines Tensors zweiter Stufe sind unabhängig vom Koordinatensystem.

Beweis. Im Koordinatensystem $Ox_1'x_2'x_3'$ sei λ ein Eigenwert des Tensors A und es gelte

$$a'_{rs} v'_s = \lambda v'_r .$$

Drückt man a'_{rs}, v'_r und v'_s im Koordinatensystem $Ox_1x_2x_3$ aus, so gilt

$$\ell_{ri} \ell_{sj} a_{ij} \ell_{sp} v_p = \lambda \ell_{rq} v_q .$$

Multipliziert man mit ℓ_{rt} und benutzt die Orthonormalitätsbedingungen, so erhält man

$$\delta_{it} a_{ij} \delta_{jp} v_p = \lambda \delta_{tq} v_q ,$$

was sich auf

$$a_{tj} v_j = \lambda v_t$$

reduziert. Damit ist gezeigt, daß λ auch im Koordinatensystem $Ox_1x_2x_3$ ein Eigenwert ist, womit der Satz bewiesen ist.

Satz 2. Ein reellwertiger symmetrischer Tensor zweiter Stufe hat reelle Eigenwerte.

Beweis. Sei λ ein Eigenwert des Tensors A. Wir multiplizieren (9.1) mit dem zu v_i konjugiert komplexen Wert (mit $\bar{v}_i$ bezeichnet) und erhalten

$$\begin{aligned} \lambda v_i \bar{v}_i &= a_{ij} v_j \bar{v}_i \\ &= \frac{1}{2} a_{ij} v_j \bar{v}_i + \frac{1}{2} a_{ji} v_j \bar{v}_i \quad \text{(da A symmetrisch)} \end{aligned}$$

$$= \frac{1}{2} a_{ij} (v_j \bar{v}_i + v_i \bar{v}_j).$$

Der Ausdruck $v_j \bar{v}_i + v_i \bar{v}_j$ ist reell, da er Summe von konjugiert komplexen Zahlen ist. Außerdem ist $v_i \bar{v}_i$ reell und ungleich Null, also folgt, daß λ reell sein muß.

Satz 3. Sei A ein reellwertiger symmetrischer Tensor zweiter Stufe. Dann kann man ein System von Hauptachsen wählen, nennen wir es $Ox_1'' x_2'' x_3''$, so daß die Komponenten des Tensors A in diesem System

$$a_{11}'' = \lambda_1, \quad a_{22}'' = \lambda_2, \quad a_{33}'' = \lambda_3 \quad \text{und} \quad a_{ij}'' = 0 \quad \text{für } i \neq j$$

sind, wenn $\lambda_1, \lambda_2, \lambda_3$ die Eigenwerte von A sind.

Beweis. Sei λ_1 ein Eigenwert von A und $\mathbf{v}^{(1)}$ der entsprechende Eigenvektor. Dann gilt

$$a_{ij} v_j^{(1)} = \lambda_1 v_i^{(1)}.$$

Ist $\mathbf{e}^{(1)} = \mathbf{v}^{(1)}/|\mathbf{v}^{(1)}|$ der Einheitsvektor in Richtung $\mathbf{v}^{(1)}$, so gilt

$$a_{ij} e_j^{(1)} = \lambda_1 e_i^{(1)}.$$

Wir wählen nun ein Koordinatensystem $Ox_1' x_2' x_3'$, so daß Ox_1' parallel zu $\mathbf{e}^{(1)}$ ist. Dann gilt für die Transformationsmatrix

	x_1	x_2	x_3
x_1'	ℓ_{11}	ℓ_{12}	ℓ_{13}
x_2'	ℓ_{21}	ℓ_{22}	ℓ_{23}
x_3'	ℓ_{31}	ℓ_{32}	ℓ_{33}

stets $\ell_{11} = e_1^{(1)}$, $\ell_{12} = e_2^{(1)}$ und $\ell_{13} = e_3^{(1)}$. Außerdem ist

$$a_{rs}' = \ell_{ri} \ell_{sj} a_{ij},$$

und daraus folgt

$$a_{r1}' = \ell_{ri} \ell_{1j} a_{ij} = \ell_{ri} e_j^{(1)} a_{ij} = \lambda_1 \ell_{ri} e_i^{(1)}$$
$$= \lambda_1 \ell_{ri} \ell_{1i} = \lambda_1 \delta_{r1}.$$

Nun ist A aber in allen Koordinatensystemen symmetrisch (s. auch 8.2). Also lassen sich die Komponenten von A im System $Ox_1' x_2' x_3'$ in der

Form

$$\begin{bmatrix} \lambda_1 & 0 & 0 \\ 0 & a'_{22} & a'_{23} \\ 0 & a'_{32} & a'_{33} \end{bmatrix}$$

schreiben. Wir drehen das System $Ox'_1\, x'_2\, x'_3$ um die Achse Ox'_1 in das neue System $Ox''_1\, x''_2\, x''_3$, so daß Ox'_1 parallel zu Ox''_1 ist. Dann erhalten wir als Transformationsmatrix

	x'_1	x'_2	x'_3
x''_1	1	0	0
x''_2	0	ℓ'_{22}	ℓ'_{23}
x''_3	0	ℓ'_{32}	ℓ'_{33} .

Aus der Gleichung

$$a''_{rs} = \ell'_{ri}\, \ell'_{sj}\, a'_{ij}$$

läßt sich zeigen, daß diese Drehung nur die Komponenten von A ändert, die die Indizes 22, 23, 32 oder 33 haben. Der Beweis läßt sich also damit beenden, daß man zeigt, daß die vier Skalare

$$\begin{bmatrix} a'_{22} & a'_{23} \\ a'_{32} & a'_{33} \end{bmatrix}$$

durch eine Drehung um die Achse Ox'_1 überführt werden können in

$$\begin{bmatrix} \lambda_2 & 0 \\ 0 & \lambda_3 \end{bmatrix}.$$

Dabei handelt es sich aber um das zweidimensionale Analogon zu dem Satz, den wir beweisen wollen. Durch Wiederholen der obigen Argumente (wobei die Indizes jeweils zwei statt drei Werte annehmen), reduziert man den Satz auf den eindimensionalen Fall. Dort ist er jedoch trivialerweise richtig, da die eindimensionale Matrix, die einen Tensor darstellt, ein einzelner Skalar ist, dessen Eigenwert er selbst ist. Wir schließen daraus, daß es in der Tat möglich ist, ein Koordinatensystem $Ox''_1\, x''_2\, x''_3$ zu wählen, so daß der Tensor A durch die Matrix

$$\begin{bmatrix} \lambda_1 & 0 & 0 \\ 0 & \lambda_2 & 0 \\ 0 & 0 & \lambda_3 \end{bmatrix}$$

dargestellt wird. Die Diagonalelemente dieser Matrix sind die Eigenwerte von A, die nach Satz 1 von der Wahl des Koordinatensystems unabhängig sind. Damit ist der Satz bewiesen.

Satz 4. Sei $Ox_1' x_2' x_3'$ ein rechtwinkliges kartesisches Koordinatensystem, in dem die Achsen Ox_1', Ox_2', Ox_3' die Richtung der Einheitsvektoren $\mathbf{e}^{(1)}$, $\mathbf{e}^{(2)}$ bzw. $\mathbf{e}^{(3)}$ haben. Dabei seien $\mathbf{e}^{(1)}$, $\mathbf{e}^{(2)}$, $\mathbf{e}^{(3)}$ die Eigenvektoren eines Tensores zweiter Stufe zu den Eigenwerten λ_1, λ_2 bzw. λ_3. Dann sind die Komponenten von A im Koordinatensystem $Ox_1' x_2' x_3'$ gegeben durch

$$a_{11}' = \lambda_1, \quad a_{22}' = \lambda_2, \quad a_{33}' = \lambda_3 \quad \text{und} \quad a_{rs}' = 0, \text{ wenn } r \neq s$$

ist.

Beweis. Im System $Ox_1 x_2 x_3$ habe A die Komponenten a_{ij}. Dann folgt aus den Voraussetzungen

$$a_{ij} e_j^{(s)} = \lambda_s e_i^{(s)}, \quad (s = 1, 2, 3)$$

wobei zu beachten ist, daß auf der rechten Seite nicht über s summiert wird.
Die Transformationsmatrix, die das System $Ox_1 x_2 x_3$ in $Ox_1' x_2' x_3'$ überführt, hat die Komponenten $\ell_{ij} = e_j^{(i)}$. Also hat A im System $Ox_1' x_2' x_3'$ die Komponenten

$$\begin{aligned} a_{rs}' &= \ell_{ri} \ell_{sj} a_{ij} = e_i^{(r)} e_j^{(s)} a_{ij} = e_i^{(r)} \lambda_s e_i^{(s)} \\ &= \delta_{rs} \lambda_s \quad \text{(nicht über s summieren!)} \end{aligned}$$

womit die Behauptung bewiesen ist.

Beispiel 1. Man bestimme drei orthogonale Eigenvektoren zu dem Tensor, dessen Komponentenmatrix heißt:

$$\begin{pmatrix} 0 & 0 & 0 \\ 0 & 1 & 1 \\ 0 & 1 & 1 \end{pmatrix}.$$

Lösung. Die Eigenvektoren erhält man als nicht-triviale Lösungen des linearen Gleichungssystems

$$\begin{aligned} -\lambda v_1 &= 0 \\ (1-\lambda) v_2 + v_3 &= 0 \\ v_2 + (1-\lambda) v_3 &= 0. \end{aligned} \tag{9.3}$$

Die charakteristische Gleichung dazu heißt

$$\begin{vmatrix} -\lambda & 0 & 0 \\ 0 & 1-\lambda & 1 \\ 0 & 1 & 1-\lambda \end{vmatrix} = 0,$$

was sich auf

$$\lambda\,[(1-\lambda)^2 - 1] = 0$$

reduziert. Als Lösung erhält man die drei Eigenwerte

$$\lambda = 2, \quad \lambda = 0, \quad \lambda = 0.$$

Für $\lambda = 2$ liefert Gleichung (9.3)

$$v_1 = 0, \quad v_2 = v_3.$$

Also ist einer der Eigenvektoren

$$\mathbf{v}^{(1)} = (0, 1, 1).$$

Wählt man $\lambda = 0$, so ist die erste der Gleichungen (9.3) für alle Werte von v_1 erfüllt und die anderen beiden Bedingungen reduzieren sich auf $v_2 = -v_3$. Demnach sind alle Vektoren der Form $(v_1, v_2, -v_2)$ Eigenvektoren, die orthogonal zu $\mathbf{v}^{(1)}$ sind. Wählt man z. B.

$$\mathbf{v}^{(2)} = (0, -1, 1) \quad \text{und} \quad \mathbf{v}^{(3)} = (1, 0, 0),$$

so hat man die gewünschte Lösung.

Übungsaufgabe. 1. Man bestimme die Eigenvektoren des Tensors A, dessen Komponenten a_{ij} in einem rechtwinkligen kartesischen Koordinatensystem $Ox_1x_2x_3$ gegeben sind durch

$$\begin{pmatrix} 0 & 0 & 0 \\ 0 & 1 & 2 \\ 0 & 2 & 1 \end{pmatrix}.$$

Man bestimme die Menge S orthonormaler Einheitsvektoren, so daß A bezogen auf S die folgende Form hat:

$$\begin{pmatrix} 0 & 0 & 0 \\ 0 & -1 & 0 \\ 0 & 0 & 3 \end{pmatrix}.$$

9.3. Konstanten invarianter Tensoren zweiter Stufe

Im Satz 1 des vorigen Kapitels wurde bewiesen, daß die Eigenwerte λ_1, λ_2, λ_3 eines symmetrischen Tensors zweiter Stufe unabhängig vom Koordinatensystem sind; sie heißen deshalb auch Konstanten des Tensors A. Es ist anzumerken, daß die Eigenwerte keine geordnete Menge bilden, es sei denn, sie werden z.B. dadurch geordnet, daß man stets den größten zuerst und den kleinsten zuletzt nennt.
Jede Funktion $f(\lambda_1, \lambda_2, \lambda_3)$, deren Wert sich beim Vertauschen von zwei der $\lambda_1, \lambda_2, \lambda_3$ nicht ändert, heißt symmetrisch in $\lambda_1, \lambda_2, \lambda_3$ und ist eine Konstante des Tensors. Solche Konstanten spielen in der Entwicklung der theoretischen Mechanik des Kontinuums eine wichtige Rolle. Besondere Beispiele elementarer symmetrischer Funktionen sind

$$I_1 = \lambda_1 + \lambda_2 + \lambda_3, \tag{9.4}$$

$$I_2 = \lambda_1\lambda_2 + \lambda_2\lambda_3 + \lambda_3\lambda_1, \tag{9.5}$$

und

$$I_3 = \lambda_1\lambda_2\lambda_3; \tag{9.6}$$

sie heißen Hauptkonstanten von A.
Die charakteristische Gleichung (9.2), aus der man die Eigenwerte von A berechnen kann, läßt sich umformen zu

$$(\lambda - \lambda_1)(\lambda - \lambda_2)(\lambda - \lambda_3) = 0$$

weil ihre Lösungen λ_1, λ_2, λ_3 heißen. Multipliziert man die linke Seite aus und benutze die Definitionen (9.4)–(9.6), so erhält man

$$\lambda^3 - I_1\lambda^2 + I_2\lambda - I_3 = 0, \tag{9.7}$$

woraus folgt, daß sich die Koeffizienten der charakteristischen Gleichung durch die Hauptkonstanten von A darstellen lassen.

Symmetrische Funktionen der Eigenwerte. Jede symmetrische Funktion $f(\lambda_1, \lambda_2, \lambda_3)$ der Eigenwerte von A läßt sich als Funktion der Koeffizienten I_1, I_2, I_3 der charakteristischen Gleichung darstellen, da die Cardansche Lösung der kubischen Gleichung (9.7) die Lösungen $\lambda_1, \lambda_2, \lambda_3$ als Funktionen von I_1, I_2, I_3 nachweist. Setzt man die Cardanschen Terme in $f(\lambda_1, \lambda_2, \lambda_3)$ ein und denkt daran, daß die erhaltenen Werte unabhängig von der Anordnung der Lösungen sind (es war Symmetrie vorausgesetzt), so erhält man das gewünschte Ergebnis

$$f(\lambda_1, \lambda_2, \lambda_3) = g(I_1, I_2, I_3).$$

Übungsaufgaben. 2. Seien $\lambda_1, \lambda_2, \lambda_3$ Lösungen der Gleichung (9.7), so drücke man

a) $$I = \lambda_1^2\lambda_2\lambda_3 + \lambda_1\lambda_2^2\lambda_3 + \lambda_1\lambda_2\lambda_3^2$$

und

b) $$J = \lambda_1^3\lambda_2\lambda_3 + \lambda_1\lambda_2^3\lambda_3 + \lambda_1\lambda_2\lambda_3^3$$

als Funktionen von I_1, I_2, I_3 aus.

3. Ein symetrischer Tensor A zweiter Stufe habe die Komponenten a_{ij}. Man zeige nur mit den Transformationsgesetzen für Tensoren und den Orthonormalitätsrelationen, daß die Skalare

$$J_1 = a_{ii}, \quad J_2 = a_{ij}a_{ji}, \quad J_3 = a_{ij}a_{jk}a_{ki}$$

Konstanten von A sind. Im Koordinatensystem der Hauptachsen von A lassen sich J_1, J_2 und J_3 als Funktionen der Eigenwerte λ_1, λ_2 und λ_3 ausdrücken. Die Hauptkonstanten von A seien I_1, I_2 und I_3. Man zeigen daß gilt

$$I_1 = J_1, \quad I_2 = \frac{1}{2}(J_1^2 - J_2), \quad I_3 = \frac{1}{6}(2J_3 + J_1^3 - 3J_1J_2).$$

9.4. Darstellung invarianter Vektorfunktionen

Im rechtwinkligen kartesischen Koordinatensystem $Ox_1x_2x_3$ haben die Vektoren **a** und **b** die Komponenten (a_1, a_2, a_3) bzw. (b_1, b_2, b_3), und es gelte, daß die Komponenten von **b** Funktionen der Komponenten von **a** sind. Dann ist

$$b_i = F_i(a_1, a_2, a_3) \qquad (i = 1, 2, 3). \tag{9.8}$$

Es sei weiter vorausgesetzt, daß die Achsen $Ox_1'x_2'x_3'$, deren Orientierung zu den ursprünglichen Achsen $Ox_1x_2x_3$ durch die übliche Transformationsmatrix (8.1) gegeben ist, die Komponenten von **a** und **b** in (a_1', a_2', a_3') bzw. (b_1', b_2', b_3') transformiert und daß gilt

$$b_i' = F_i(a_1', a_2', a_3'), \qquad (i = 1, 2, 3), \tag{9.9}$$

wobei die Funktionen F_i die gleichen wie vorher sind. Dann bleibt die Abhängigkeit der Komponenten von **b** von den Komponenten von **a** bei einer Achsendrehung ungeändert und **b** heißt invariante Funktion des Vektors **a**.
Die Bedingung einer invarianten Funktion schränkt die Form der F_i stark ein, wie der folgende Satz beweist.

Satz. Der Vektor **b** sei eine invariante Funktion des Vektors **a**. Dies läßt sich in der Form

$$\mathbf{b} = \lambda(a)\,\mathbf{a} \tag{9.10}$$

darstellen, wobei $\lambda(a)$ eine invariante Skalarfunktion von $a = |\mathbf{a}|$ ist. Umgekehrt ist **b** eine invariante Funktion von **a**, wenn (9.10) gilt.

Beweis. Sei vorausgesetzt, daß **b** eine invariante Funktion von **a** ist. Sei ein Koordinatensystem $Ox_1x_2x_3$ gewählt, so daß **a** parallel zu Ox_1 ist und somit die Komponenten $(a_1, 0, 0)$ hat, während die Komponenten von **b** durch (b_1, b_2, b_3) beschrieben werden. Dann gilt

$$b_1 = F_1(a_1, 0, 0), \quad b_2 = F_2(a_1, 0, 0), \quad b_3 = F_3(a_1, 0, 0). \tag{9.11}$$

Dreht man die Achsen $Ox_1x_2x_3$ um 180° um Ox_1 in $Ox_1'x_2'x_3'$, so zeigt die neue Achse Ox_1' in Richtung Ox_1 und Ox_2' bzw. Ox_3' zeigen in die entgegengesetzte Richtung zu Ox_2 bzw. Ox_3. Die Komponenten von **a** bzw, **b** bezogen auf das neue System heißen dann $(a_1, 0, 0)$ bzw. $(b_1, -b_2, -b_3)$. Da **b** eine invariante Funktion von **a** ist, muß gelten

$$b_1 = F_1(a_1, 0, 0), \quad -b_2 = F_2(a_1, 0, 0), \quad -b_3 = F_3(a_1, 0, 0). \tag{9.12}$$

Vergleicht man (9.11) mit (9.12), so kann man sehen, daß $b_2 = b_3 = 0$ sein muß.

Dreht man nun die Achsen $Ox_1x_2x_3$ um 180° um Ox_2 in die neue Lage $Ox_1'x_2'x_3'$, so daß Ox_1' in die zu Ox_1 entgegengesetzte Richtung zeigt. Dann gilt bezogen auf die neuen Achsen $\mathbf{a} = (-a_1, 0, 0)$ und $\mathbf{b} = (-b_1, 0, 0)$. Weil Invarianz vorausgesetzt ist, gilt

$$-b_1 = F_1(-a_1, 0, 0)$$

und mit Hilfe von (9.11) folgt

$$F_1(-a_1, 0, 0) = -F_1(a_1, 0, 0).$$

Eine Vorzeichenänderung von a_1 ist also äquivalent zu einer Vorzeichenänderung von F_1, und deshalb muß sich $F_1(a_1)$ in der Form $a_1\lambda(|a_1|)$ darstellen lassen, wobei λ eine Funktion ist, die nur von $|a_1|$ abhängt. Da aber $a_2 = a_3 = 0$ ist, gilt $|a_1| = a$ und wir können folgern, daß gilt

$$b_1 = \lambda(a)\,a_1, \quad b_2 = a_2 = 0, \quad b_3 = a_3 = 0.$$

Damit ist bewiesen, daß

$$\mathbf{b} = \lambda(a)\,\mathbf{a},$$

was verlangt war.

Um zu beweisen, daß **b** immer dann, wenn Gleichung (9.10) erfüllt ist, eine invariante Funktion von **a** ist, betrachtet man die Komponenten

$$b_i = \lambda(a)\, a_i \qquad (i = 1, 2, 3). \tag{9.13}$$

Multipliziert man beide Seiten der Gleichung mit ℓ_{ji} (wie in (8.1) definiert) und summiert dann über i, so gilt

$$\ell_{ji}\, b_i = \lambda(a)\, \ell_{ji}\, a_i\,.$$

Nach den Transformationsgesetzen für die Komponenten von Vektoren läßt sich das umformen in

$$b_j' = \lambda(a)\, a_j' \qquad (j = 1, 2, 3) \tag{9.14}$$

was mit der j-ten Komponente von (9.10) bezogen auf die Achsen $Ox_1'x_2'x_3'$ übereinstimmt. Die funktionale Abhängigkeit der Komponenten von **b** von den Komponenten von **a** ist demnach unbeeinflußt von einer Drehung der Achsen und damit gilt, daß **b** eine invariante Funktion von **a** ist.

Übungsaufgabe. 4. Sei n eine Konstante. Man prüfe, für welche Werte von n die folgende Vektorfunktion **c** von (a_1, a_2, a_3) invariant ist:
wobei gilt

$$\mathbf{c} = (c_1, c_2, c_3)$$

$$c_1 = a_1^{n+1} + a_2^n a_1 + a_3^n a_1, \qquad c_2 = a_1^n a_2 + a_2^{n+1} + a_3^n a_2$$

und $$c_3 = a_1^n a_3 + a_2^n a_3 + a_3^{n+1}.$$

9.5. Invariante Skalarfunktionen von symmetrischen Tensoren zweiter Stufe

In einem System rechtwinkliger kartesischen Koordinaten $Ox_1x_2x_3$ sei ein symmetrischer Tensor A zweiter Stufe mit den Komponenten a_{ij} $(i, j = 1, 2, 3)$ gegeben und es sei Ω eine Skalarfunktion dieser Komponenten. Zur Abkürzung sei die Relation mit

$$\Omega = \Omega(a_{ij})$$

beschrieben, wobei gemeint ist, daß Ω eine Funktion a l l e r Komponenten von A ist. Die Komponenten von A seien bezogen auf neue Achsen $Ox_1'x_2'x_3'$ gegeben durch a_{ij}' und es gelte

$$\Omega(a_{ij}') = \Omega(a_{ij})\,. \tag{9.15}$$

Damit ist verlangt, daß die Abhängigkeit von Ω von den Komponenten von A bei einer Achsendrehung unbeeinflußt bleibt, und Ω wird deshalb als invariante Funktion von A bezeichnet. Der folgende Satz zeigt, daß solche invarianten Skalarfunktionen in relativ einfacher Form dargestellt werden können.

Satz. Sei Ω eine invariante Skalarfunktion eines symmetrischen Tensors A zweiter Stufe, so kann es in der Form

$$\Omega = \Omega(I_1, I_2, I_3) \tag{9.16}$$

dargestellt werden, wobei I_1, I_2, I_3 die Hauptkonstanten von A sind (wie sie durch die Gleichungen (9.4)–(9.6) definiert sind). Gilt umgekehrt (9.16), so Ω ist eine invariante Funktion von A.

Beweis. Sei Ω eine invariante Funktion von A. Da A ein symmetrischer Tensor zweiter Stufe ist, kann man nach Satz 3 aus 9.2 Hauptachsen $Ox_1x_2x_3$ wählen, so daß A bezogen auf dieses System Diagonalform

$$\begin{pmatrix} \lambda_1 & 0 & 0 \\ 0 & \lambda_2 & 0 \\ 0 & 0 & \lambda_3 \end{pmatrix} \tag{9.17}$$

hat. Im allgemeinen ist Ω abhängig von $a_{11}, a_{22}, a_{33}, a_{12}, a_{23}$ und a_{31} (wegen der Symmetrie ist es nicht nötig, auch a_{21}, a_{32} und a_{13} aufzuzählen) und bezogen auf die Hauptachsen gilt

$$\Omega = \Omega(\lambda_1, \lambda_2, \lambda_3, 0, 0, 0).$$

Nun dreht man in neue Achsen $Ox'_1x'_2x'_3$, die durch die Transformationsmatrix

O	x_1	x_2	x_3
x'_1	0	1	0
x'_2	−1	0	0
x'_3	0	0	1

(9.18)

gegeben sind. Dabei handelt es sich um eine Drehung um 90° um Ox_3. Benutzt man das Transformationsgesetz für Tensoren

$$a'_{rs} = \ell_{ri}\ell_{sj}a_{ij}$$

und beachtet die Komponenten a_{ij}, wie sie in der Matrix (9.17) gegeben sind, folgt

$$a'_{11} = I_{1i}\ell_{1j}a_{ij} = \lambda_2, \qquad a'_{22} = \ell_{2i}\ell_{2j}a_{ij} = \lambda_1,$$

und $\quad a'_{33} = \ell_{3i}\ell_{3j}a_{ij} = \lambda_3.$

Es ist schnell gezeigt, daß $a'_{ij} = 0$ gilt, wenn $i \neq j$ und A damit auch im System $Ox'_1 x'_2 x'_3$ Diagonalform hat:

$$\begin{pmatrix} \lambda_2 & 0 & 0 \\ 0 & \lambda_1 & 0 \\ 0 & 0 & \lambda_3 \end{pmatrix}.$$

Da Invarianz vorausgesetzt war, folgt, daß

$$\Omega(\lambda_2, \lambda_1, \lambda_3, 0, 0, 0) = \Omega(\lambda_1, \lambda_2, \lambda_3, 0, 0, 0)$$

und daher läßt eine Vertauschung von λ_1 und λ_2 den Wert von Ω ungeändert. Auf ähnlichem Wege läßt sich zeigen, daß das Vertauschen zweier beliebiger Eigenwerte $\lambda_1, \lambda_2, \lambda_3$ den Wert von Ω ungeändert läßt und damit ist Ω eine symmetrische Funktion von λ_1, λ_2 und λ_3. Nach den Ausführungen in 9.3 folgt damit, daß Ω eine Funktion der Hauptkonstanten I_1, I_2, I_3 von A ist, wie behauptet war.
Die Folgerung, daß Ω eine invariante Funktion ist, wenn (9.16) gilt, ergibt sich unmittelbar. Da I_1, I_2, I_3 drehungsinvariant sind, gilt (9.16) für alle Systeme, in die gedreht werden kann, wenn es für eines gilt. Die Abhängigkeit von Ω von den Komponenten von A ist daher drehungsinvariant und Ω ist eine invariante Funktion von A.

9.6. Darstellung invarianter Tensorfunktionen

Es seien A und B symmetrische Tensoren zweiter Stufe mit den Komponenten a_{km} bzw. b_{ij} bezogen auf die Achsen $Ox_1 x_2 x_3$. Sei jede Komponente von B eine Funktion der Komponenten von A und sei dies mit

$$b_{ij} = F_{ij}(a_{km}) \tag{9.19}$$

beschrieben. In einem neuen Koordinatensystem $Ox'_1 x'_2 x'_3$ seien die Komponenten von A und B durch a'_{km} und b'_{ij} gegeben und die Relation werde zu

$$b'_{ij} = F_{ij}(a'_{km}),$$

wobei F_{ij} die gleichen Funktionen seien wie in (9.19). Die Abhängigkeit der Komponenten von B von den Komponenten von A ist dann drehungsinvariant und B heißt invariante Tensorfunktion von A. Wie schon bei invarianten Vektorfunktionen und bei invarianten Skalarfunktionen eines Tensors in den zwei vorausgegangenen Abschnitten dieses Kapitels wird die Bedingung der Invarianz nur von einer begrenzten Klasse von Funktionen erfüllt. Der abschließende Darstellungssatz, den wir beweisen, zeigt das Ausmaß der Vereinfachung, das erreicht werden kann.

Satz. Sei A ein symmetrischer Tensor zweiter Stufe, dessen Hauptkonstanten I_1, I_2, I_3 sind. Sei B ein symmetrischer Tensor zweiter Stufe und eine invariante Funktion von A. Dann gibt es invariante Skalarfunktionen α, β und γ von I_1, I_2 und I_3, so daß die Komponenten b_{ij} von B als Terme der Komponenten a_{ij} von A in der Form

$$b_{ij} = \alpha\delta_{ij} + \beta a_{ij} + \gamma a_{ik} a_{kj} \qquad (i, j = 1, 2, 3), \tag{9.20}$$

dargestellt werden können. Umgekehrt ist, wenn (9.20) gilt, B eine invariante Funktion von A.

Beweis. Sei B eine invariante Funktion von A und seien die Achsen so gewählt, daß A Diagonalform hat

$$\begin{pmatrix} \lambda_1 & 0 & 0 \\ 0 & \lambda_2 & 0 \\ 0 & 0 & \lambda_3 \end{pmatrix}. \tag{9.21}$$

Dann gilt

$$b_{ij} = F_{ij}(\lambda_1, \lambda_2, \lambda_3, 0, 0, 0). \tag{9.22}$$

Man dreht nun die Achsen um 180° um Ox_1, wie es durch die Transformationsmatrix

O	x_1	x_2	x_3
x'_1	1	0	0
x'_2	0	−1	0
x'_3	0	0	−1

vorgeschrieben ist. Seien die Komponenten von A und B bezogen auf die neuen Achsen $Ox'_1x'_2x'_3$ jetzt a'_{ij} bzw. b'_{ij}. Benutzt man die Transformationsgesetze für Komponenten von Tensoren zweiter Stufe, so gilt

$$a'_{11} = \ell_{1i}\ell_{1j}a_{ij} = \lambda_1, \quad a'_{22} = \ell_{2i}\ell_{2j}a_{ij} = \lambda_2, \quad a'_{33} = \ell_{3i}\ell_{3j}a_{ij} = \lambda_3,$$

und $\quad a'_{rs} = \ell_{ri}\ell_{sj}a_{ij} = 0, \quad$ wenn $r \neq s$

gilt. Außerdem ist

$$b'_{12} = \ell_{1i}\ell_{2j}b_{ij} = -b_{12} \quad \text{und} \quad b'_{13} = \ell_{1i}\ell_{3j}b_{ij} = -b_{13}.$$

Nun folgt aus (9.22)

$$b_{12}=F_{12}(\lambda_1,\lambda_2,\lambda_3,0,0,0) \tag{9.23}$$

und $$b_{13}=F_{13}(\lambda_1,\lambda_2,\lambda_3,0,0,0). \tag{9.24}$$

Da wegen der vorausgesetzten Invarianz die Funktionen F_{12} und F_{13} bei Drehungen ungeändert bleiben, gilt bezogen auf die Achsen $Ox_1'x_2'x_3'$

$$-b_{12}=F_{12}(\lambda_1,\lambda_2,\lambda_3,0,0,0), \tag{9.25}$$

$$-b_{13}=F_{13}(\lambda_1,\lambda_2,\lambda_3,0,0,0). \tag{9.26}$$

Vergleicht man dies mit (9.23) und (9.24), so folgt $b_{12}=b_{13}=0$. Auf ähnliche Weise kann man zeigen, daß $b_{23}=0$ und damit gilt bezogen auf die Achsen $Ox_1x_2x_3$, daß B Diagonalform hat

$$\begin{pmatrix} \mu_1 & 0 & 0 \\ 0 & \mu_2 & 0 \\ 0 & 0 & \mu_3 \end{pmatrix},$$

wobei μ_1, μ_2, μ_3 die Eigenwerte von B sind. Eine Folgerung der angenommenen Invarianz ist es also, daß die Hauptachsen von A und B übereinstimmen.

Nehmen wir nun an, daß λ_1, λ_2 und λ_3 verschieden voneinander sind; die Fälle, daß zwei oder mehr Eigenwerte übereinstimmen sind leichter und wir lassen sie als Übung. Wir setzen für α, β und γ folgende Beziehungen gleichzeitig an:

$$\mu_1=\alpha+\beta\lambda_1+\gamma\lambda_1^2, \quad \mu_2=\alpha+\beta\lambda_2+\gamma\lambda_2^2, \quad \mu_3=\alpha+\beta\lambda_3+\gamma\lambda_3^2. \tag{9.27}$$

Da μ_1, μ_2 und μ_3 Komponenten des Tensors B sind, sind sie Funktionen von λ_1, λ_2 und λ_3, und damit sind auch α, β und γ Funktionen von λ_1, λ_2 und λ_3. Nach der Cramerschen Regel lassen sich die Lösungen von (9.27) für α, β, γ ausdrücken durch

$$\alpha=\frac{\Delta_1}{\Delta}, \quad \beta=\frac{\Delta_2}{\Delta}, \quad \gamma=\frac{\Delta_3}{\Delta},$$

wobei $$\Delta=\begin{vmatrix} 1 & \lambda_1 & \lambda_1^2 \\ 1 & \lambda_2 & \lambda_2^2 \\ 1 & \lambda_3 & \lambda_3^2 \end{vmatrix} \neq 0, \quad \Delta_1=\begin{vmatrix} \mu_1 & \lambda_1 & \lambda_1^2 \\ \mu_2 & \lambda_2 & \lambda_2^2 \\ \mu_3 & \lambda_3 & \lambda_3^2 \end{vmatrix}, \quad \Delta_2=\begin{vmatrix} 1 & \mu_1 & \lambda_1^2 \\ 1 & \mu_2 & \lambda_2^2 \\ 1 & \mu_3 & \lambda_3^2 \end{vmatrix},$$

und $$\Delta_3 = \begin{vmatrix} 1 & \lambda_1 & \mu_1 \\ 1 & \lambda_2 & \mu_2 \\ 1 & \lambda_3 & \mu_3 \end{vmatrix}$$

gilt.

Nun wurde in 9.5 gezeigt, daß die Drehung, die durch die Matrix zu (9.18) definiert ist, auf den Tensor A die Wirkung hat, λ_1 und λ_2 zu vertauschen. Ähnlich wird der Effekt auf B sein, daß μ_1 und μ_2 vertauscht werden. Die Determinanten Δ, Δ_1, Δ_2 und Δ_3 ändern dabei ihr Vorzeichen, während α, β und γ ungeändert bleiben. Wählt man andere geeignete Drehungen, so folgt analog, daß beim Vertauschen von je zwei der $\lambda_1, \lambda_2, \lambda_3$ die α, β und γ ungeändert bleiben, also sind α, β und γ symmetrische Funktionen von λ_1, λ_2 und λ_3. Aus unseren früheren Überlegungen in 9.3 zu symmetrischen Funktionen von Eigenwerten schließen wir, daß α, β und γ als Funktionen der Hauptkonstanten von A dargestellt werden können.

Im Koordinatensystem $Ox_1x_2x_3$ sind die Komponenten a_{ij} und b_{ij} von A bzw. B Null, wenn $i \neq j$ ist, und die Komponenten

$$a_{11} = \lambda_1, \quad a_{22} = \lambda_2, \quad a_{33} = \lambda_3, \quad b_{11} = \mu_1, b_{22} = \mu_2 \text{ und } b_{33} = \mu_3$$

sind durch (9.27) verknüpft. Also gilt im System $Ox_1x_2x_3$

$$b_{ij} = \alpha\delta_{ij} + \beta a_{ij} + \gamma a_{ik} a_{kj} \qquad (i, j = 1, 2, 3). \tag{9.28}$$

Hierbei handelt es sich aber um Gleichungen zwischen Komponenten von Tensoren zweiter Stufe, die drehungsinvariant sind, und es folgt, daß sie in allen Koordinatensystemen gelten, die durch Drehung erhalten werden können. Damit ist der erste Teil des Satzes bewiesen. Die umgekehrte Folgerung, daß aus (9.20) folgt, daß B eine invariante Funktion von A ist, ist aber schnell bewiesen. Gilt (9.20) in einem speziellen Koordinatensystem $Ox_1x_2x_3$, so liefert eine Drehung in Achsen $Ox_1'x_2'x_3'$ die Gleichung

$$b_{ij}' = \alpha\delta_{ij} + \beta a_{ij}' + \gamma a_{ik}' a_{kj}',$$

weil α, β und γ invariant sind. Also ist auch die Abhängigkeit der Komponenten von B von denen von A drehungsinvariant und B ist damit eine invariante Tensorfunktion von A.

Übungsaufgaben. 5. Man nehme an, daß im vorausgegangenen Satz zwei Eigenwerte von A gleich und der dritte verschieden davon ist. Man zeige unter der Voraussetzung der Invarianz, daß auch zwei Eigenwerte von B übereinstimmen müssen und daß sich die Komponenten von B als Terme der Komponenten von A in der Form

$$b_{ij} = \alpha\delta_{ij} + \beta a_{ij},$$

darstellen lassen, wobei α und β Funktionen der Hauptkonstanten von A sind. Man stelle den Darstellungssatz auch auf, wenn alle drei Eigenwerte gleich sind und beweise ihn.

6. In der klassischen Ströhmungslehre wird angenommen, daß die Komponenten des Spannungstensors σ_{ij} lineare invariante Funktionen der Komponenten der Deformationsgeschwindigkeit e_{ij} sind. Gelte für alle i und j

$$\sigma_{ij} = \sigma_{ji} \quad \text{und} \quad e_{ij} = e_{ji}$$

so zeige man, daß gilt

$$\sigma_{ij} = (-p + \lambda e_{kk})\delta_{ij} + 2\mu e_{ij},$$

wenn p, λ und μ invariante Skalare sind.

Bemerkung. Studenten der Kontinuumsmechanik sollten beachten, daß diese Beziehung auf einfacherem Wege gefolgert werden kann. Wenn man annimmt, daß die Spannungskomponenten Funktionen des Tensorgradienten des Geschwindigkeitsfeldes sind, so folgt aus elementaren Invarianzüberlegungen, daß eine Abhängigkeit nur vom symmetrischen Teil des Tensorgradienten bestehen kann (welches der Tensor der Dehnungskomponenten ist) und daß diese Beziehung invariant sein muß. Eine vollständige Diskussion dieser und anderer Fragen findet man z.B. in D.C. Leigh, Nonlinear Continuum Mechanics (McGraw-Hill, 1968).

Anhang

1. Determinanten

Seien a_{11}, a_{12}, a_{21}, a_{22} reelle oder komplexe Zahlen oder Variable. Wir definieren

$$\begin{vmatrix} a_{11} & a_{12} \\ a_{21} & a_{22} \end{vmatrix} = a_{11}\,a_{22} - a_{12}\,a_{21}, \tag{A1.1}$$

und nennen den Ausdruck auf der linken Seite zweireihige Determinante. Ähnlich ist eine dreireihige Determinante definiert als

$$\begin{vmatrix} a_{11} & a_{12} & a_{13} \\ a_{21} & a_{22} & a_{23} \\ a_{31} & a_{32} & a_{33} \end{vmatrix} = a_{11}\Delta_{11} - a_{12}\Delta_{12} + a_{13}\Delta_{13}, \tag{A1.2}$$

mit $$\Delta_{11} = \begin{vmatrix} a_{22} & a_{23} \\ a_{32} & a_{33} \end{vmatrix}, \tag{A1.3}$$

$$\Delta_{12} = \begin{vmatrix} a_{21} & a_{23} \\ a_{31} & a_{33} \end{vmatrix}, \tag{A1.4}$$

$$\Delta_{13} = \begin{vmatrix} a_{21} & a_{22} \\ a_{31} & a_{32} \end{vmatrix}. \tag{A1.5}$$

Die Determinanten $\Delta_{11}, \Delta_{12}, \Delta_{13}$ heißen Minoren zu den Elementen a_{11}, a_{12}, a_{13}. Der Leser sollte beachten, daß der Minor zu a_{11} die zweireihige Determinante ist, die man erhält, wenn man alle Elemente, die in der selben Reihe und alle, die in der selben Spalte wie a_{11} stehen, ausläßt; ähnliches gilt für die Minoren zu a_{12} und a_{13}.

Die Determinante, nennen wir sie T, die auf der linken Seite von (A1.2) steht, kann man auch entwickeln, wenn man mit den Elementen der ersten Spalte beginnt, womit man

$$T = a_{11}\Delta_{11} - a_{21}\Delta_{21} + a_{31}\Delta_{31} \tag{A1.6}$$

erhält, wenn Δ_{11}, Δ_{21}, Δ_{31} die Minoren zu a_{11}, a_{21} bzw. a_{31} sind. Es läßt sich leicht zeigen, daß die rechten Seiten von (A1.2) und (A1.6) identisch sind. Man kann auch nach den Elementen der zweiten und dritten Reihe entwickeln, aber wir werden die Einzelheiten übergehen.

Der Leser sollte außerdem beweisen, daß der Wert einer Determinante Null ist, wenn zwei ihrer Zeilen oder zwei ihrer Spalten gleich sind.

Multiplikation von Determinanten. Das Produkt aus zwei zweireihigen Determinanten ist durch die folgende Regel festgelegt:

$$\begin{vmatrix} a_{11} & a_{12} \\ a_{21} & a_{22} \end{vmatrix} \times \begin{vmatrix} b_{11} & b_{12} \\ b_{21} & b_{22} \end{vmatrix} = \begin{vmatrix} a_{11}\, b_{11} + a_{12}\, b_{21} & a_{11}\, b_{12} + a_{12}\, b_{22} \\ a_{21}\, b_{11} + a_{22}\, b_{21} & a_{21}\, b_{12} + a_{22}\, b_{22} \end{vmatrix}. \tag{A1.7}$$

Die Regel wird bewiesen, indem man beide Seiten entwickelt.
Das Produkt von zwei dreireihigen Determinanten ist durch die folgende Regel gegeben:

$$\begin{vmatrix} a_{11} & a_{12} & a_{13} \\ a_{21} & a_{22} & a_{23} \\ a_{31} & a_{32} & a_{33} \end{vmatrix} \times \begin{vmatrix} b_{11} & b_{12} & b_{13} \\ b_{21} & b_{22} & b_{23} \\ b_{31} & b_{32} & b_{33} \end{vmatrix} \tag{A1.8}$$

$$= \begin{vmatrix} a_{11}\, b_{11} + a_{12}\, b_{21} + a_{13}\, b_{31} & a_{11}\, b_{12} + a_{12}\, b_{22} + a_{13}\, b_{32} & a_{11}\, b_{13} + a_{12}\, b_{23} + a_{13}\, b_{33} \\ a_{21}\, b_{11} + a_{22}\, b_{21} + a_{23}\, b_{31} & a_{21}\, b_{12} + a_{22}\, b_{22} + a_{23}\, b_{32} & a_{21}\, b_{13} + a_{22}\, b_{23} + a_{23}\, b_{33} \\ a_{31}\, b_{11} + a_{32}\, b_{21} + a_{33}\, b_{31} & a_{31}\, b_{12} + a_{32}\, b_{22} + a_{33}\, b_{32} & a_{31}\, b_{13} + a_{32}\, b_{23} + a_{33}\, b_{33} \end{vmatrix}$$

Auch diese Regel wird bewiesen, indem man beide Seiten entwickelt.

Transponierte einer Determinante. Ersetzt man die erste, zweite, ... Reihe der Determinante T durch die entsprechende Spalte, so erhält man die Transponierte T'. Also gilt, wenn

$$T = \begin{vmatrix} a_{11} & a_{12} & a_{13} \\ a_{21} & a_{22} & a_{23} \\ a_{31} & a_{32} & a_{33} \end{vmatrix} \tag{A1.9}$$

ist,

$$T' = \begin{vmatrix} a_{11} & a_{21} & a_{31} \\ a_{12} & a_{22} & a_{32} \\ a_{13} & a_{23} & a_{33} \end{vmatrix}. \tag{A1.10}$$

Man rechne durch Entwickeln nach, daß $T = T'$ gilt.

Vertauschen zweier Zeilen oder Spalten. Vertauscht man zwei Zeilen oder zwei Spalten einer Determinante, so ändert sich ihr Vorzeichen. Ist also ihr ursprünglicher Wert a, so ist er nach Vertauschen zweier Zeilen oder Spalten $-a$. Der Leser sollte das zur Übung beweisen.

2. Die Kettenregel für Jakobideterminanten

Sei $\alpha = \alpha(u, v), \quad \beta = \beta(u, v)$

und $u = u(u', v'), \quad v = v(u', v'),$

so gilt $$\frac{\partial(\alpha, \beta)}{\partial(u', v')} = \frac{\partial(\alpha, \beta)}{\partial(u, v)} \times \frac{\partial(u, v)}{\partial(u', v')}.$$

Beweis. Die Indizes bezeichnen die partiellen Ableitungen nach u, v, u', v', dann gilt

$$\frac{\partial(\alpha, \beta)}{\partial(u, v)} \times \frac{\partial(u, v)}{\partial(u', v')} = \begin{vmatrix} \alpha_u & \alpha_v \\ \beta_u & \beta_v \end{vmatrix} \times \begin{vmatrix} u_{u'} & u_{v'} \\ v_{u'} & v_{v'} \end{vmatrix}$$

$$= \begin{vmatrix} \alpha_u u_{u'} + \alpha_v v_{u'} & \alpha_u u_{v'} + \alpha_v v_{v'} \\ \beta_u u_{u'} + \beta_v v_{u'} & \beta_u u_{v'} + \beta_v v_{v'} \end{vmatrix}$$

$$= \begin{vmatrix} \alpha_{u'} & \alpha_{v'} \\ \beta_{u'} & \beta_{v'} \end{vmatrix} \quad \text{(mit der Kettenregel)}$$

$$= \frac{\partial(\alpha, \beta)}{\partial(u', v')},$$

wie behauptet war.

3. Darstellungen von grad, div, rot und ∇^2 in Zylinder- und Polarkoordinaten

In Zylinderkoordinaten R, φ, z gilt

$$\text{grad}\,\Omega = \frac{\partial\Omega}{\partial R}\mathbf{e}_R + \frac{\partial\Omega}{R\partial\varphi}\mathbf{e}_\varphi + \frac{\partial\Omega}{\partial z}\mathbf{e}_z,$$

$$\text{div}\,\mathbf{F} = \frac{1}{R}\frac{\partial}{\partial R}(RF_R) + \frac{\partial F_\varphi}{R\,\partial\varphi} + \frac{\partial F_z}{\partial z},$$

$$\text{rot}\,\mathbf{F} = \frac{1}{R}\begin{vmatrix} \mathbf{e}_R & R\,\mathbf{e}_\varphi & \mathbf{e}_z \\ \dfrac{\partial}{\partial R} & \dfrac{\partial}{\partial\varphi} & \dfrac{\partial}{\partial z} \\ F_R & RF_\varphi & F_z \end{vmatrix},$$

$$\nabla^2 = \frac{1}{R}\frac{\partial}{\partial R}\left(R\frac{\partial}{\partial R}\right) + \frac{1}{R^2}\frac{\partial^2}{\partial \varphi^2} + \frac{\partial^2}{\partial z^2}.$$

In sphärischen Polarkoordinaten r, ϑ, φ gilt

$$\operatorname{grad} \Omega = \frac{\partial \Omega}{\partial r}\mathbf{e}_r + \frac{\partial \Omega}{r\,\partial \vartheta}\mathbf{e}_\vartheta + \frac{\partial \Omega}{r \sin\vartheta\,\partial \varphi}\mathbf{e}_\varphi,$$

$$\operatorname{div} \mathbf{F} = \frac{1}{r^2}\frac{\partial}{\partial r}(r^2 F_r) + \frac{1}{r\sin\vartheta}\frac{\partial}{\partial \vartheta}(\sin\vartheta\, F_\vartheta) + \frac{1}{r\sin\vartheta}\frac{\partial F_\varphi}{\partial \varphi},$$

$$\operatorname{rot} \mathbf{F} = \frac{1}{r^2 \sin\vartheta}\begin{vmatrix} \mathbf{e}_r & r\,\mathbf{e}_\vartheta & r\sin\vartheta\,\mathbf{e}_\varphi \\ \dfrac{\partial}{\partial r} & \dfrac{\partial}{\partial \vartheta} & \dfrac{\partial}{\partial \varphi} \\ F_r & rF_\vartheta & r\sin\vartheta\, F_\varphi \end{vmatrix},$$

$$\nabla^2 = \frac{1}{r^2}\frac{\partial}{\partial r}\left(r^2\frac{\partial}{\partial r}\right) + \frac{1}{r^2\sin\vartheta}\frac{\partial}{\partial \vartheta}\left(\sin\vartheta\frac{\partial}{\partial \vartheta}\right) + \frac{1}{r^2\sin^2\vartheta}\frac{\partial^2}{\partial \varphi^2}.$$

4. Lösungen zu den Übungsaufgaben

Kapitel 1

1. Es sind die acht Punkte $(\pm 3, \pm 2\sqrt{2}, \pm 2\sqrt{2})$.

2. $(-1, -1, 1)$; 1, 3, 0. **3.** $3\sqrt{2}$. **4.** $6/\sqrt{65}, 2/\sqrt{65}, 5/\sqrt{65}$.

5. 135°. **6.** $\cos^{-1}(1/3)$. **7.** $(2, 8, -2)$

8. $\begin{bmatrix} 1 & 0 & 0 \\ 0 & -1 & 0 \\ 0 & 0 & -1 \end{bmatrix}$; $(1, -1, -1)$.

10. Sei
$$\ell'_{11} = \ell_{22}\ell_{33} - \ell_{23}\ell_{32},$$
$$\ell'_{12} = \ell_{23}\ell_{31} - \ell_{21}\ell_{33},$$
$$\ell'_{13} = \ell_{21}\ell_{32} - \ell_{22}\ell_{31}.$$

Dann gilt

$$\ell_{11}\ell'_{11} + \ell_{12}\ell'_{12} + \ell_{13}\ell'_{13} = \begin{vmatrix} \ell_{11} & \ell_{12} & \ell_{13} \\ \ell_{21} & \ell_{22} & \ell_{23} \\ \ell_{31} & \ell_{32} & \ell_{33} \end{vmatrix} = 1,$$

nach Gleichung (1.17) des Textes. Aus (1.9) folgt, daß der Winkel zwischen den Geraden mit den Richtungskosinus ℓ_{11}, ℓ_{12}, ℓ_{13} bzw. ℓ'_{11}, ℓ'_{12}, ℓ'_{13} Null ist. Da ℓ_{11}, ℓ_{12}, ℓ_{13} die Richtungskosinus von Ox' relativ zum System Oxyz sind, gilt das auch für ℓ'_{11}, ℓ'_{12}, ℓ'_{13}. Also ist

$$\ell'_{11} = \ell_{11}, \quad \ell'_{12} = \ell_{12}, \quad \ell'_{13} = \ell_{13},$$

wie behauptet war.

Zwei Sätze ähnlicher Gleichungen erhält man, wenn man den ersten Index in jedem der ℓ_{ij} zyklisch permutiert, also

$$\begin{aligned} \ell_{21} &= \ell_{32}\,\ell_{13} - \ell_{33}\,\ell_{12}, \\ \ell_{22} &= \ell_{33}\,\ell_{11} - \ell_{31}\,\ell_{13}, \\ \ell_{23} &= \ell_{31}\,\ell_{12} - \ell_{32}\,\ell_{11}; \end{aligned}$$

und

$$\begin{aligned} \ell_{31} &= \ell_{12}\,\ell_{23} - \ell_{13}\,\ell_{22}, \\ \ell_{32} &= \ell_{13}\,\ell_{21} - \ell_{11}\,\ell_{23}, \\ \ell_{33} &= \ell_{11}\,\ell_{22} - \ell_{12}\,\ell_{21}. \end{aligned}$$

13. a) 1, b) −3, c) −5.

Kapitel 2

2. a) (1, 2, 3), b) (−1, −2, −3), c) (1, 2, 2).

3. $\sqrt{26}$; $\sqrt{5}$. **4.** 3/5.

5. Die Achsen Oz' und Oz stimmen überein; Ox' und Oy stimmen überein und Oy' hat die zu Ox entgegengesetzte Richtung (1, −2, 2).

7. (1, 0, 0) und (−1, 0, 0), Nein. **11.** (0, −5, 13) und (2, 1, −1).

12. a) (1, 0, 4), b) (−1, 0, −4).

14. Wenn $\hat{\mathbf{a}} = \hat{\mathbf{b}}$ oder $\mathbf{a} = \mathbf{0}$ bzw. $\mathbf{b} = \mathbf{0}$ gilt. **16.** Nein.

18. a = −1, b = 3, c = 1. **19.** −1.

20. $\cos^{-1}(1/10)$.

21. a) $3\sqrt{2}$, b) 0, c) $-\sqrt{2}$.

24. $1/\sqrt{6}$.

25. Die Richtungskoeffizienten sind 0, 24/5 und 0.

28. a) Ein senkrecht nach oben zeigender Einheitsvektor;
b) ein Vektor der Länge $\sqrt{2}$, der nach unten zeigt;
c) ein Einheitsvektor, der nach NW zeigt.

32. $\mathbf{u} = (2\lambda + 1, \lambda, -\lambda)$, wobei λ eine beliebige reelle Zahl ist.

33. a = b = 1.

34. Sei $\mathbf{a} = \mathbf{b} = (1, 0, 0)$ und $\mathbf{c} = (0, 1, 0)$. **48.** $|\mathbf{F} \times \mathbf{G}|/F^2$.

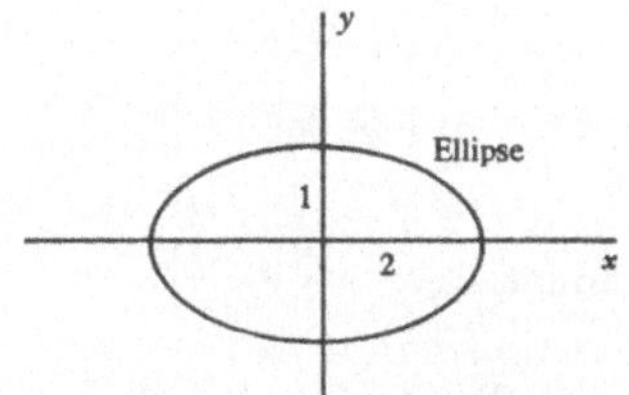

Fig. 92

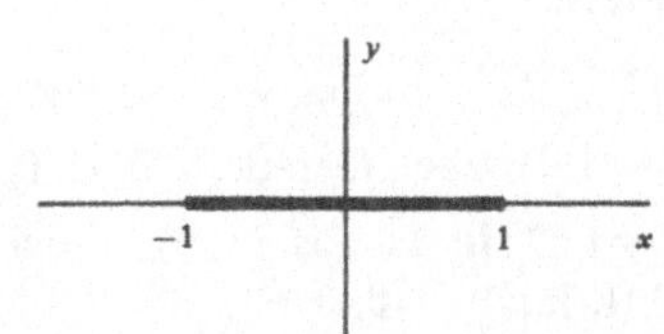

Fig. 93

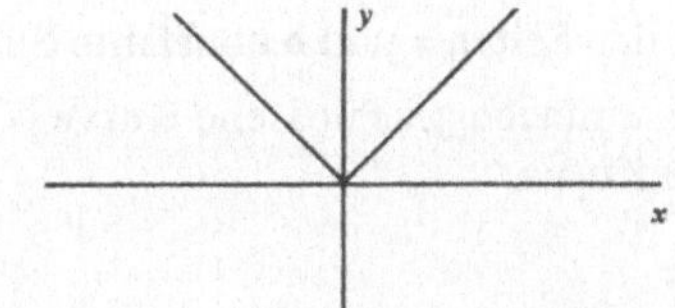

Fig. 94

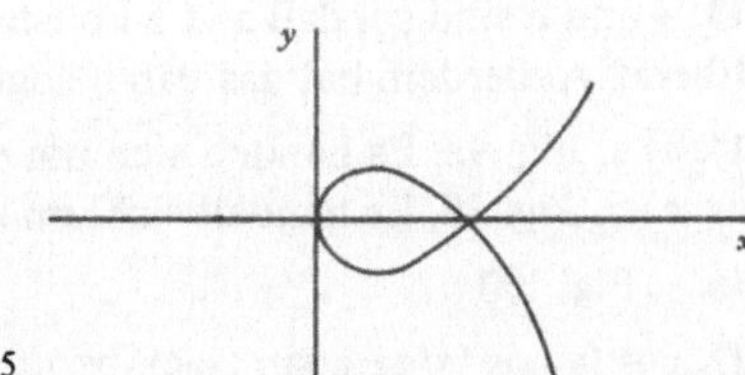

Fig. 95

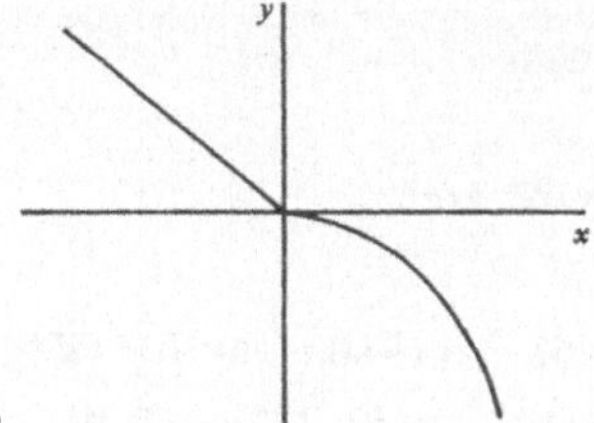

Fig. 96

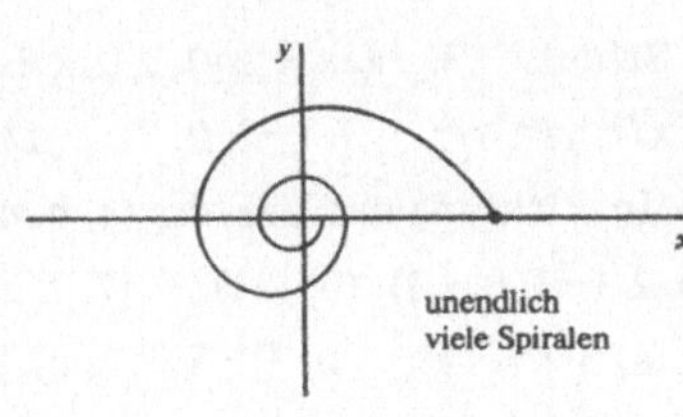

Fig. 97

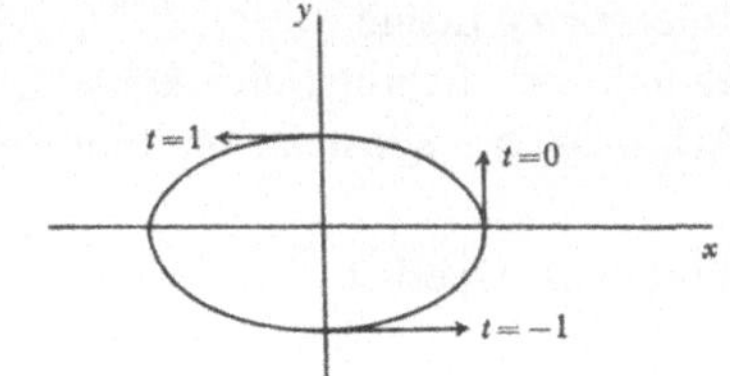

Fig. 98

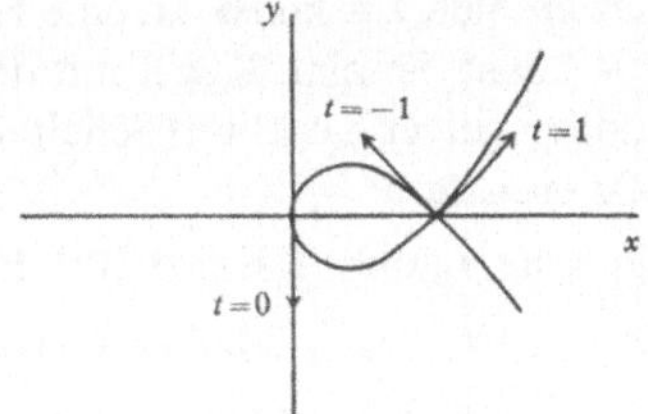

Fig. 99

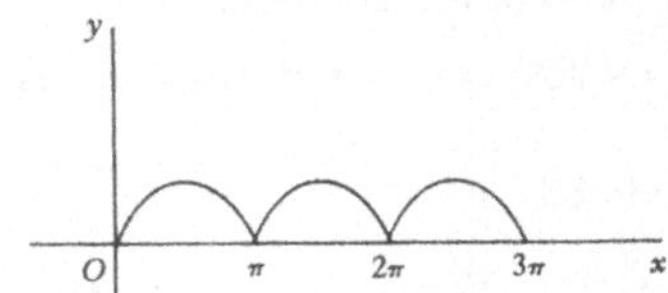

Fig. 100

Kapitel 3

1. a) Fig. 92, b) Fig. 93, c) Fig. 94, d) Fig. 95, e) Fig. 96.

2. C = 1, Parabel, Gerade. **3.** (1, 0, 5).

7. a) $\pi\,(-2 \sin \pi t, \cos \pi t, 0)$, $-\pi^2\,(2 \cos \pi t, \sin \pi t, 0)$,
b) $(1, 1, e^t)$, $(0, 0, e^t)$,
c) $t > 0$: $(1, 1, 0)$ und $(0, 0, 0)$, $t < 0$: $(-1, 1, 0)$ und $(0, 0, 0)$.

8. $(e^{-t} \cos t, e^{-t} \sin t, 0)$ s. Fig. 97.

13. **a** und **b** sind so, daß **a** × **b** konstant ist; **a** und **b** sind also parallel zu einer festen Ebene. Außerdem hat das Parallelogramm mit den Seiten **a** und **b** konstante Fläche.

14. a) s. Fig. 98. Es handelt sich um eine glatte, einfache geschlossene Kurve.
b) s. Fig. 99. Es handelt sich um eine glatte Kurve.

16. s. Fig. 100.

17. $\mathbf{r} = (a \cos (s/c), a \sin (s/c), bs/c)$, mit $c = (a^2 + b^2)^{1/2}$. **22.** 1/2.

Kapitel 4

1. Beides. **3.** 2 (ax + hy), 2 (hx + by), 2a, 2b.

4. x/r, y/r, z/r. **7.** (−2, 0, 2). **12.** $27/\sqrt{6}$.

13. In Richtung des Vektors (a, b, c). **14.** $x/a^2, y/b^2, z/c^2$.

16. 2, (−1, 0, −1), (0, 1, 1). **17.** 2 + 6z, **0**.

21. a) $\nabla (\nabla \cdot \mathbf{F})$, b) $\nabla \cdot \nabla\Omega$, c) $\nabla \cdot (\nabla \times \mathbf{F})$, d) $\nabla \times (\nabla\Omega)$, e) $\nabla \times (\nabla \times \mathbf{F})$.

23. a) $2\,(x^2, y^2, z^2)$, b) (2x, 4y, 6z), c) **0**, d) 3xyz, e) (2, 2, 2), f) **0**.

31. a) R = konst. ist ein Zylinder mit der Achse Ox, φ = konst. ist eine Halbebene, die Oz enthält, z = konst. ist eine Ebene parallel zur xy-Ebene.
b) r = konst. ist eine Kugel mit dem Mittelpunkt im Ursprung, ϑ = konst. ist ein unendlich langer Kegel mit Scheitel O und Achse Oz, φ = konst. ist eine Halbebene, die Oz enthält.

34. $h_1 = h_2 = (\sinh^2 \xi + \sin^2 \eta)^{1/2}$, $h_3 = 1$; Ellipse und Hyperbel.

37. $R\mathbf{e}_\varphi$, $r \sin \vartheta\, \mathbf{e}_\varphi$. **38.** $R\mathbf{e}_R + z\mathbf{e}_z$.

39. 1, 1, 0; −r, 0, 0; $-r \sin \vartheta$, $-r \cos \vartheta$, $r \cos \varphi$. **41.** $\mathbf{e}_R + \mathbf{e}_z/2$.

44. $-r^{-2} \cot \vartheta$, $-r^{-2} \operatorname{cosec}^2 \vartheta$, 0.

49. $(R \cos^2 \varphi - (1 + R^{-1}) \sin^2 \varphi)\, \mathbf{e}_R + (1 + R^{-1}) \sin \varphi \cos \varphi\, \mathbf{e}_\varphi$.

Kapitel 5

1. $(4/5) \cdot \sqrt{5}\,(2 + \pi^2)\, a^2$. **3.** $(1/2) \cdot 63 \sqrt{3}$. **4.** πa^3.

5. $(1/12)(5 \sqrt{5} - 1) + (1/3) \sqrt{3}$.

6. a) $7/6$, b) $\mathbf{0}$, c) $(3/4, 8\sqrt{2}/15, 5/12)$.

7. $2\pi c\,(a, 0, \pi c)$. **8.** $-2\pi a$. **9.** 6π.

10. $2\pi a\,(0, b, a)$; $2\pi^2 b\,(a^2 + b^2)^{1/2}\,\mathbf{k}$. **14.** $1/3$. **15.** $(1/2)\,(3e - 7)$.

17. $4\,(3 - \sqrt{2})/21$. **18.** $(1/2)\,\pi\,(b^4 - a^4)$. **19.** 8π.

20. $-(1/2)\,\pi$. **21.** $(1/4)\,\pi a^3 b$. **23.** $1/16$.

24. $\pi^{3/2}$ (s. Beispiel 19 aus 5.7). **25.** $(4/15)\,\pi abc\,(a^2 + b^2 + c^2)$.

27. $(1/2)\,(\sqrt{3}\cos\varphi, \sqrt{3}\sin\varphi, -1)$; $2r\,dr\,d\varphi$.

28. $2\int_0^{2\pi} (a^2 \sin^2 u + b^2 \cos^2 u)^{1/2}\,du$.

29. $(1/6)\,\pi\,(5\sqrt{5} - 1)$. **30.** $z = (3\,(x^2 + y^2))^{1/2}$.

32. $1/8$. **33.** $6\pi a^3$.

34. a) $\pi/2$, b) $(0, 0, 4\pi/3)$.

35. a) $(1/2, 1/2, 1)$. b) 1, c) $(1/2, -1/2, 0)$.

36. $(0, 0, -\pi/9)$. **37.** 54.

38. $4\pi\,((a^2 + b^2)^{5/2} - a^5 - b^5)/15b$. **40.** $\pi a^5/15$. **41.** $2/3$.

Kapitel 6

1. $12\pi a^5/5$.

3. **F** muß stetig differenzierbar in τ sein, τ sei von einer einfachen geschlossenen Fläche S begrenzt.

13. **F** muß stetig differenzierbar auf S sein. S sei eine einfache offene Fläche, die von einer gleichsinnig orientierten Kurve C aufgespannt sei.

Kapitel 7

1. a) 2, b) 1, c) 4.

4. $-1/r$, $(1/2)\,r^2$. **6.** $\mathbf{A} = (0, (1/2)\,x^2 - yz, -xz)$

7. $\psi = -\cos\vartheta$. **14.** $(2/3)\,\pi$.

Kapitel 8

1. $a'_{11} = 2$, $a'_{22} = 1$, $a'_{33} = 0$, $a'_{12} = a'_{21} = 1$, $a'_{13} = a'_{31} = 3$ und $a'_{23} = a'_{32} = 0$.

7. 6, 2, −2.

5. Weitere Übungsaufgaben und Lösungen

5.1. Übungsaufgaben

Kapitel 1

1. Man zeige, daß die Punkte (5, 4, 2) und (0, 3, 1) den Abstand $3\sqrt{3}$ haben.

2. Man zeige, daß der Punkt (a − b, a + b, c) vom Ursprung den Abstand $\sqrt{(2a^2+2b^2+c^2)}$ hat.

3. Man suche alle Punkte der xy-Ebene, deren Abstand vom Ursprung eine Einheit beträgt und die von x- und y-Achse gleich weit entfernt sind.

4. Man suche die Punkte, deren Abstand zu jeder Achse $\sqrt{2}/2$ beträgt.

5. Man berechne den Abstand a) der Punkte (1, −1, 0) und (1, 2, 4) und b) der Punkte (3, −1, 2) und (−1, 5, −1).

6. Man zeige, daß die Richtungskosinus der Geraden durch den Ursprung und Punkt (1, −4, 3) die Werte $1/\sqrt{26}$, $-4/\sqrt{26}$, $3/\sqrt{26}$ haben.

7. Man bestimme die Richtungskosinus der Geraden, die von allen drei Achsen gleichen Abstand hat und die durch den positiven Oktanten (mit $x \geqq 0$, $y \geqq 0$, $z \geqq 0$) verläuft.

8. Man bestimme die Richtungsparameter der Geraden, die sowohl mit der x-Achse als auch mit der y-Achse einen Winkel von 45° bildet und durch den positiven Oktanten verläuft.

9. Man zeige, daß der Winkel zwischen den Geraden mit den Richtungskosinus $(1/2)\sqrt{2}$, $(1/2)\sqrt{2}$, 0 und $(1/3)\sqrt{3}$, $(1/3)\sqrt{3}$, $(1/3)\sqrt{3}$ den Wert $\cos^{-1}(1/3)\sqrt{6}$ hat.

10. Man zeige, daß die Geraden mit den Richtungskosinus $(1/2)\sqrt{2}$, 0, $(1/2)\sqrt{2}$ und $(1/2)\sqrt{2}$, 0, $-(1/2)\sqrt{2}$ senkrecht aufeinander stehen.

11. Eine Gerade OP verbinde den Ursprung O mit P(3, 1, 5). Man zeige, daß die senkrechte Projektion von OP auf die Gerade, die durch den positiven Oktanten verläuft und gleiche Winkel mit allen 3 Koordinatenachsen bildet, den Wert $3\sqrt{3}$ hat.

12. Die Fußpunkte der Lote vom Punkt (4, −4, 0) auf die Geraden durch den Ursprung, deren Richtungskosinus $((1/2)\sqrt{2}$, $(1/2)\sqrt{2}$, 0) bzw. (1/3, 2/3, 2/3) sind, seien N und N′. Man berechne die Länge von ON bzw. ON′ (O sei der Ursprung) und erläutere, warum eine davon 0 ist.

13. Zwei Koordinatensysteme Oxyz und Ox′y′z′ stimmen zunächst überein. Dann wird das System Ox′y′z′ um den Winkel θ um die z-Achse gedreht, wobei von der x-Achse in Richtung y-Achse gedreht wird. Man zeige, daß gilt

$$x' = x\cos\theta + y\sin\theta, \quad y' = -x\sin\theta + y\cos\theta, \quad z' = z.$$

Hinweis: Man berechne die Richtungscosinus der neuen Achsen und benutze Gleichung (1.18).

14. Man forme die Gleichungen aus Aufgabe 9, S. 21, so um, daß x, y, z als Funktionen von x', y', z' dargestellt sind.

Hinweis: Man multipliziere die erste Gleichung mit $\sin\theta\cos\varphi$, die zweite mit $\cos\theta\cos\varphi$, die dritte mit $-\sin\varphi$ und addiere sie, um

$$x = x'\sin\theta\cos\varphi + y'\cos\theta\cos\varphi - z'\sin\varphi$$

zu erhalten. Analog gehe man bei y und z vor.

15. Die Zahlen a_{ij} seien wie in Aufgabe 11, S. 25, gegeben, ferner sei

$$b_1 = 1, \quad b_2 = -1, \quad b_3 = 4,$$

Man zeige:

$$a_{1i} b_i = 2, \quad a_{j1} b_j = 11, \quad a_{ji} a_{i1} b_j = 49.$$

Hinweis: Im letzten Teil berechne man zuerst $a_{j1} b_j, a_{j2} b_j$ und $a_{j3} b_j$.

16. Der Index i soll alle ganzen Zahlen zwischen 0 und ∞ durchlaufen. Die Zahlen a_i, b_i, c_i seien definiert durch

$$a_i = x^i, \quad b_i = \frac{1}{i!}, \quad c_i = (-1)^i,$$

wenn x eine feste Zahl und (durch Definition) $0! = 1$ ist, so zeige man:

$$a_i b_i = e^x, \quad a_i c_i = \frac{1}{1+x}.$$

17. Man bestimme die Koordinaten x', y', z' der Punkte mit $x = 1$, $y = 1$, $z = 0$ und $x = 0$, $y = 1$, $z = 1$ bei der Drehung, die in Aufgabe 13 gegeben ist durch

$$x' = x\cos\theta + y\sin\theta, \quad y' = -x\sin\theta + y\cos\theta, \quad z' = z.$$

Man weise nach, daß der Winkel zwischen den Geraden, die die beiden Punkte mit dem Ursprung verbinden, in beiden Koordinatensystemen 60° beträgt.

18. Man zeige, daß die Größe $x_1^2 + x_2^2 + x_3^2 = x_i x_i$ drehungsinvariant ist.

Kapitel 2

19. Seien **a** und **b** die unten gegebenen Vektoren. Man prüfe die in der Tabelle gegebenen Summen und Differenzen.

a	b	a + b	a − b
(2, 2, 2)	(1, 0, 1)	(3, 2, 3)	(1, 2, 1)
(3, 0, 0)	(5, 0, 0)	(8, 0, 0)	(−2, 0, 0)
(1, −2, 6)	(−1, −3, 7)	(0, −5, 13)	(2, 1, −1).

20. Ein Beobachter wandert in einer flachen horizontalen Ebene einen Kilometer nach Norden, danach einen Kilometer nach Osten, einen nach Süden und einen nach Westen. Man erkläre vektoriell, warum er wieder zum Ausgangspunkt zurückgekommen ist.

21. Ein Einheitsvektor **a** im positiven Quadranten der xy-Ebene bilde mit den beiden Achsen Ox und Oy einen Winkel von 45°. Man zeige

$$\mathbf{a} = (\mathbf{i} + \mathbf{j})/\sqrt{2}.$$

22. Die Vektoren **a** und **b** seien gegeben wie in der Tabelle unten. Man prüfe die Skalarprodukte. Welche der Vektoren stehen senkrecht?

a	b	a · b
(1, −1, 0)	(3, 4, 5)	−1
(4, 1, −3)	(−1, 3, −7)	20
(3, 1, 4)	(2, −2, −1)	0.

23. Die Vektoren **a** und **b** seien so gegeben, daß a = b gilt. Man interpretiere mit Hilfe von Fig. 101 die Beziehung $(\mathbf{a}+\mathbf{b}) \cdot (\mathbf{a}-\mathbf{b}) = a^2 - b^2 = 0$.

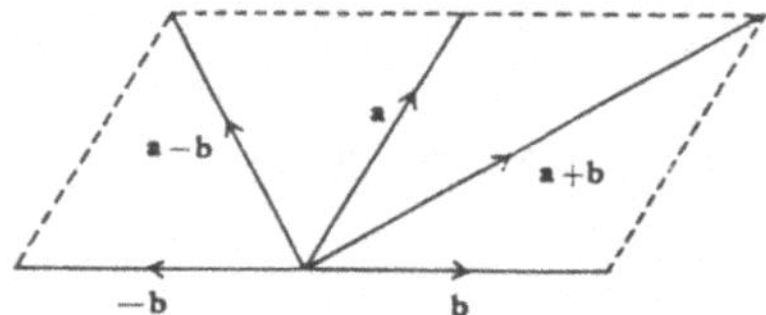

Fig. 101

24. Man zeige $(\mathbf{a}+\mathbf{b}+\mathbf{c}) \cdot (\mathbf{b} \times \mathbf{c}) = \mathbf{a} \cdot (\mathbf{b} \times \mathbf{c})$.

25. Sei

$$\mathbf{A}_1 = \lambda_1 \mathbf{a} + \mu_1 \mathbf{b} + \nu_1 \mathbf{c},$$
$$\mathbf{A}_2 = \lambda_2 \mathbf{a} + \mu_2 \mathbf{b} + \nu_2 \mathbf{c},$$
$$\mathbf{A}_3 = \lambda_3 \mathbf{a} + \mu_3 \mathbf{b} + \nu_3 \mathbf{c}.$$

Man zeige

$$\mathbf{A}_1 \cdot (\mathbf{A}_2 \times \mathbf{A}_3) = \begin{vmatrix} \lambda_1 & \mu_1 & \nu_1 \\ \lambda_2 & \mu_2 & \nu_2 \\ \lambda_3 & \mu_3 & \nu_3 \end{vmatrix} \mathbf{a} \cdot (\mathbf{b} \times \mathbf{c}).$$

26. Man zeige, daß für die Einheitsvektoren $\hat{\mathbf{a}}$ und $\hat{\mathbf{b}}$ gilt

$$|\hat{\mathbf{a}} \times \hat{\mathbf{b}}|^2 = 1 - (\hat{\mathbf{a}} \cdot \hat{\mathbf{b}})^2.$$

Man zeige, daß es sich dabei um eine andere Form der trigonometrischen Gleichung $\sin^2\theta = 1 - \cos^2\theta$ handelt.

Kapitel 3

27. Man skizziere die Kurve mit der Parameterdarstellung

$$\mathbf{r} = \begin{cases} (\sin t, \cos t, 0) & \text{für} \quad 0 \leqq t \leqq \frac{1}{2}\pi \\ \left(1, \frac{1}{2}\pi - t, 0\right) & \text{für} \quad \frac{1}{2}\pi \leqq t \leqq \frac{3}{2}\pi, \end{cases}$$

und zeige, daß sie glatt ist.

Hinweis: Man zeige, daß $\mathbf{r}$ und der Tangenteneinheitsvektor $\hat{\mathbf{T}}$ an der Stelle $t = \pi/2$ stetig sind.

Kapitel 4

28. Man zeige, daß für $f(x, y) = \sin xy$, gilt $f_{xy} = f_{yx}$.

29. Sei u eine Funktion von x und y, die die folgende Differentialgleichung erfüllt:

$$\frac{\partial u}{\partial x} + u = \frac{\partial^2 u}{\partial y^2}.$$

Sei $v = ue^x$. Man zeige, daß gilt

$$\frac{\partial v}{\partial x} = \frac{\partial^2 v}{\partial y^2}.$$

Kapitel 5

30. Ein dreieckiges Prisma habe die Eckpunkte $(0, 0, 0)$; $(1, 0, 0)$; $(0, 1, 0)$; $(0, 0, 2)$; $(0, 1, 2)$; $(1, 0, 2)$. Man berechne

$$\iiint_\tau x^2 \, dx \, dy \, dz,$$

wenn τ der Bereich ist, den das Prisma einschließt.

Kapitel 6

31. Eine stetig differenzierbare Skalarfunktion λ sei positiv in einem Bereich τ, der von einer einfachen geschlossenen Fläche S begrenzt wird. In τ seien stetig differenzierbare

Vektorfelder **u**, **v** und **A** gegeben mit: a) $\mathbf{v} = \mathbf{u} + \operatorname{rot} \mathbf{A}$, b) $\operatorname{rot} \lambda \mathbf{u} = \mathbf{0}$, c) die Tangentialkomponente von **A** verschwindet auf S. Man beweise:

$$\int_\tau \lambda v^2 \, d\tau \geqq \int_\tau \lambda u^2 \, d\tau .$$

Hinweis. Man betrachte das Integral zu $2\lambda \mathbf{u} \times \mathbf{A}$ über S.

32. Gegeben seien zwei Skalarfelder φ und φ', die beide in einem Bereich τ die Laplace-Gleichung erfüllen. Dabei sei τ von n einfachen geschlossenen Flächen S_1, $S_2, \ldots, S_n$ begrenzt. Auf den Flächen S_i $(i = 1, 2, \ldots, n)$ gelte

$$\int_{S_i} \frac{\partial \varphi}{\partial n} \, dS_i = \alpha_i, \qquad \int_{S_i} \frac{\partial \varphi'}{\partial n} \, dS_i = \alpha_i',$$

und $\qquad \varphi = C_i, \qquad \varphi' = C_i',$

wenn C_i und C_i' konstant sind. Man zeige mit dem zweiten Greenschen Satz:

$$\sum_{i=1}^{n} C_i \alpha_i' = \sum_{i=1}^{n} C_i' \alpha_i ,$$

5.2. Lösungen

Kapitel 1

3. Es sind vier Punkte $(\pm \frac{1}{2}\sqrt{2}, \pm \frac{1}{2}\sqrt{2}, 0)$.

4. Es sind acht Punkte $(\pm \frac{1}{2}, \pm \frac{1}{2}, \pm \frac{1}{2})$.

5. a) 5; b) $\sqrt{61}$.

7. $\frac{1}{3}\sqrt{3}, \frac{1}{3}\sqrt{3}, \frac{1}{3}\sqrt{3}$

8. 1, 1, 0

12. 0, $\frac{4}{3}$. Die Punkte O und N stimmen überein.

14.
$$\begin{aligned} x &= x' \sin\theta \cos\varphi + y' \cos\theta \cos\varphi - z' \sin\varphi \\ y &= x' \sin\theta \sin\varphi + y' \cos\theta \sin\varphi + z' \cos\varphi \\ z &= x' \cos\theta - y' \sin\theta . \end{aligned}$$

Kapitel 2

20. Die Vektorsumme der vier ausgeführten Bewegungen ist Null.

23. Die Diagonalen eines Rhombus schneiden sich rechtwinklig.

Kapitel 3

27. Fig. 102

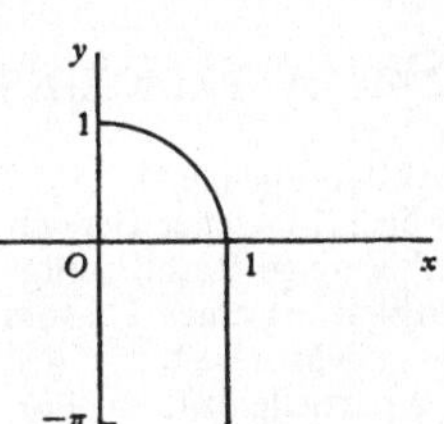

Fig. 102

Kapitel 5

30. 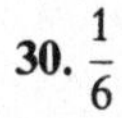 $\frac{1}{6}$

Kapitel 8

1. $\begin{pmatrix} a_{22} & -a_{21} & a_{23} \\ -a_{12} & a_{11} & -a_{13} \\ a_{32} & -a_{31} & a_{33} \end{pmatrix}$

12. $\begin{pmatrix} 0 & b_3 & -b_2 \\ -b_3 & 0 & b_1 \\ b_2 & -b_1 & 0 \end{pmatrix}$

Kapitel 9

1. $c_1(1,0,0)$, $c_2(0,1,-1)$, $c_3(0,1,1)$, wobei entweder $c_1 = 1$ und $c_2 = c_3 = \pm\frac{1}{2}\sqrt{2}$ oder $c_1 = -1$ und $c_2 = -c_3 = \pm\frac{1}{2}\sqrt{2}$.

2. a) $I_1 I_3$; b) $I_3(I_1^2 - 2I_2)$.

3. $J_1 = \lambda_1 + \lambda_2 + \lambda_3$, $J_2 = \lambda_1^2 + \lambda_2^2 + \lambda_3^2$, $J_3 = \lambda_1^3 + \lambda_2^3 + \lambda_3^3$.

4. $n = 0$ und $n = 2$.

5. $b_{ij} = \alpha\delta_{ij}$.

Sachverzeichnis